绿色管家

中建三局绿色产业投资有限公司　等　编著

中国环境出版集团・北京

图书在版编目（CIP）数据

绿色管家/中建三局绿色产业投资有限公司等编著.
—北京：中国环境出版集团，2023.12
ISBN 978-7-5111-5656-3

Ⅰ. ①绿… Ⅱ. ①中… Ⅲ. ①环境综合整治—研究—
中国 Ⅳ. ①X322

中国国家版本馆 CIP 数据核字（2023）第 208805 号

出 版 人 武德凯
责任编辑 孔 锦
封面设计 岳 帅

出版发行 中国环境出版集团
（100062 北京市东城区广渠门内大街 16 号）
网 址：http://www.cesp.com.cn
电子邮箱：bjgl@cesp.com.cn
联系电话：010-67112765（编辑管理部）
010-67112735（第一分社）
发行热线：010-67125803，010-67113405（传真）
印 刷 北京中科印刷有限公司
经 销 各地新华书店
版 次 2023 年 12 月第 1 版
印 次 2023 年 12 月第 1 次印刷
开 本 787×960 1/16
印 张 18.25
字 数 300 千字
定 价 159.00 元

编委会

编写组

参编单位

中建三局集团有限公司

中国水利水电科学研究院

中建三局绿色产业投资有限公司

戴德梁行房地产顾问（武汉）有限公司

武汉碧水集团有限公司

武汉市水务科学研究院

武汉市规划协会

中信环境技术（广州）有限公司

序一

党的十八大以来，“绿水青山就是金山银山”理念成为全党全社会的共识，在这一理念的指引下，绿色发展按下快进键，我国生态文明建设驶入快车道。中国建筑第三工程局有限公司（以下简称中建三局）顺应国家发展大势，于2016年11月在湖北省武汉市组建成立中建三局绿色产业投资有限公司（以下简称中建三局绿投公司），致力推动全局产业升级、实现绿色发展。自成立以来，中建三局绿投公司始终牢记“国之大者”，将公司发展融入国家战略全局，坚定不移地走生态优先、绿色发展之路，在发展绿色产业、推进科技创新、打造民生工程等方面，积极承担央企责任，为国家绿色发展注入不竭动能。

中建三局绿投公司自成立以来，先后实施310余个生态环保项目和片区开发项目。在践行绿色发展理念的过程中，我感触日益深刻，体会日益深切，深知环境服务业要想整体升级，仅依靠政府或单个企业是难以实现的，需要行业企业共同参与。因此，中建三局绿投公司创新性地提出了基于项目全生命周期的系统性服务模式——“绿色管家”模式，并将模式理念精华整理成此书，书中对“绿色管家”模式的发展历程、服务内容、服务成果进行了较为详细的描述，可为生态环保、产业发展领域从业人员及政府决策机构等提供参考和借鉴。

借此书出版契机，我真诚呼吁各企业结合自身特点，打造契合自身业务体系的类“绿色管家”模式，主动提高政治站位，从区域发展的角度，将环境治理与城域发展有机结合，解决环境问题，推动流域整体发展，助推国家绿色发展。中建三局绿投公司将与业界同仁竭诚合作，进一步加强企业间合作交流，推动搭建综合性平台，构建一个以政府为主导、企业为主体、社会组织和公众共同参与的绿色产业发展联盟，使行业企业在一个共同的目标下，互动协作、资源共享，共同探索环境治理、区域发展新模式，实现行业整体的转型升级与跨越式发展。

中建三局绿色产业投资有限公司董事长

序二

纵观世界发展史，人类已经历两次重大文明变革。一万年前，农业产生，以农业文明代替原始（渔猎）文明，这是人类第一次文明转型；200 多年前，工业革命，以工业文明代替农业文明，这是人类第二次文明转型。进入 21 世纪，人类对矿石、石油、土壤、陆地、海洋等资源的开发和利用已接近极限，地球土壤、土地和水资源状况持续恶化。若继续延续工业文明的传统演进路径，人类文明发展将受到巨大挑战。

我国自古以来就重视生态环境保护。例如，中国古代哲学中的“天人合一”“物我两忘”，都表达了尊重自然和平衡的观念。此外，古代的土地管理制度、农业技术和水利工程等，也反映了人们如何通过有效地利用自然资源来实现可持续发展。党的十八大将生态文明建设列入“五位一体”总体布局；党的十九大将“增强绿水青山就是金山银山的意识”等内容写入党章；党的二十大明确指出尊重自然、顺应自然、保护自然，是全面建设社会主义现代化国家的内在要求。“生态兴则文明兴，生态衰则文明衰”。生态文明是人类社会进步的重大成果，是人类文明发展的历史趋势。

与其他类型的工程项目相比，生态环保项目具有投资成本高、经济效益低、实施周期长、项目涉及领域广、部门多等特点，这些特点使得生态环保项目在实施过程中面临着诸多挑战和难题。环保行业第三方服务模式已被证明是行之有效的。然而，正外部性问题仍是困扰国家绿色发展的重大“瓶颈”，只有解决好生态环境利用正外部性问题，使绿色企业从生态环境保护工作中受益，污染企业的生态环境治理成本内化，才能形成良性的生态环境利用秩序，实现生态产品价值，保障绿色发展。

中建三局联合其他行业领先单位编写《绿色管家》一书，书中提出的“绿色管家”模式即为生态环保领域的一次重大理念模式突破。该模式通过将片区开发与生态环境治理融为一体，以经济性显著、公益性欠缺的片区开发去补偿经济性欠缺、公益性显著的生态环境治理，从而实现经济效益与社会效益的自平衡。同时，通过提供“管家”服务，确保生态环保项目在全生命周期内得到全面有效的管理和保障。

行道难。愿政府、学术界、产业界加强合作，携手协力，共同推动环保事业的发展与实践。唯有如此，才能实现可持续发展的目标，让我们的后代也能享受到美好的自然环境和人文景观。

中国工程院院士

前 言

2012 年以后，中国经济增速结束了近 20 年年均 10%的双位数高速增长期，进入增速放缓的中速增长新常态时期。前期经济的高速增长以生态环境透支为代价，这导致各地大气污染、水污染、土壤污染等各类环境污染事件频发，尤其是 2013 年全国大范围多频次的重污染天气，使人们更切实意识到环境保护的重要性。自此以后，国家在发展社会经济的同时，也会格外注重对生态环境的协同保护。

党的十八大，党中央、国务院把生态文明建设纳入“五位一体”总体布局，相继作出了一系列重大决策部署。党的十九大，习近平总书记提出“建设生态文明是中华民族永续发展的千年大计。必须树立和践行‘绿水青山就是金山银山’的理念，坚持节约资源和保护环境的基本国策，像对待生命一样对待生态环境。”党的二十大，习近平总书记再次强调“必须牢固树立和践行‘绿水青山就是金山银山’的理念，站在人与自然和谐共生的高度谋划发展。”

随着环保问题上升至国家战略层面，环保“督察高压”也步入常态化。在执法趋紧、问责加大的态势下，环保行业问题凸显。由于存在战略布局缺乏全局意识、融资渠道单一受限、治理方案系统化程度不高、建设标准参差不齐、运营管理碎片化等问题，部分地区环境保护与产业发展难以统筹兼顾。

部分地方政府的生态环境主管部门及平台公司由于业务范围广、项目多、资金紧、要求高，难以全面深入地策划、实施环保项目。随着环保项目综合性、系统性要求不断提高，策划实施环保项目的难度也随之提高，这需要相关综合性环保企业提供一站式投资管控和技术支撑服务，以满足区域环保督察、生态建设、产业发展等需求。面对上述问题，国家在系统性和第三方治理层面进行了系列政策引导。2016年，环境保护部发布了《关于积极发挥环境保护作用促进供给侧结构性改革的指导意见》（环大气〔2016〕45号），在环境保护领域提出了“环保管家”概念，鼓励探索新型环境服务模式，推进环境咨询服务业发展。自此，“环保管家”作为一种综合服务模式成为环境服务业和环境污染第三方治理领域的新热点。

“环保管家”实施至今很好地解决了环境本底不清、多龙治水等环境问题，但资金缺乏、环境效益难以转化为经济效益等“瓶颈”问题依然存在。在此背景下，国家在生态环境导向的开发（Eco-environment-oriented Development，EOD）、绿色金融、节能降碳等方面进行了多方引导。为顺应新时代社会发展需要，助力城市可持续发展，更好地践行生态文明建设，中建三局绿投公司联合国内环保领域先行者结合国内现状、国家政策及国内外经验，提出了“绿色管家”模式。

“绿色管家”以政府机构和产业园区为服务对象，以生态保护与环境治理为基础，以特色产业运营服务为支撑，以片区 EOD 开发为载体，集成

“环保管家+产业导入”服务模式，按照环境勘察调查、问题诊断评价、系统方案设计、环境治理提升、产业规划导入一体化服务原则，对区域污水、水环境、土壤、固体废物、大气污染处理处置提供以治理效果为导向的环境综合治理托管服务，对片区开发提供以绿色产业规划、对接、整合、导入为核心的绿色产业托管服务，助力实现“碳达峰、碳中和”战略目标和“绿水青山”向“金山银山”的价值转化。

“绿色管家”是实现从“绿水青山”到“金山银山”转变的统筹发展新路径，是绿色低碳转型走向深入发展的大战略，是行业发展的必然选择。

“绿色管家”模式的落地实施，需要全产业链中各类企业的共同发力，需要实施主体以强烈社会责任感为基础，统筹各方资源，以前瞻性思考能力、全生命周期把控能力、全局性谋划能力、战略性布局能力、整体性推进能力为支撑，搭建综合开发服务运营平台，实现全产业链资源整合。

本书是中建三局联合众多生态环保、产业发展等行业领先单位在开展了大量的调查、分析、研究及实践工作基础上总结提炼而来的，通过将实践上升至理论，形成了可复制、可推广的经验模式，从而凝聚成了本书的体系和内容。全书共分三个篇章，第 1 篇发展篇，以水务环保领域为例，揭示生态环保治理模式由“就水治水”到“环保管家”再到“绿色管家”的变化；第 2 篇服务篇，主要介绍了“绿色管家”的两个服务内容，即绿色环境服务和绿色产业服务，每部分内容均从实操过程痛点出发，进而针对性地提出服务内容，最后辅以服务过程中用到的先进技术或方法作为结尾，形成从问题分析到解决方案再到技术手段的完整链条；第 3 篇案例篇，分享了“绿色管家”模式在生态环保、产业发展领域中的实践经验，系统阐述了“绿色管家”模式在项目中的具体应用。

本书只是开端，希望本书能够为各地方政府决策者提供一些新的视角，为地方实践提供理论指导及路径指引。由于时间仓促和水平所限，书中未完全阐释“绿色管家”模式的全部内容，难免有疏漏和不当之处，敬请广大读者批评指正。如有引用的内容有遗漏，请联系作者或出版社，以便重印或再版时进行增补和修改。我们期望与更多的合作伙伴携手同行，共同践行“绿色管家”模式、逐步丰富“绿色管家”内涵，并使其适应未来行业变化可能带来的全新需求，为人民创造良好生产生活环境，为建设美丽中国作出贡献。

目 录

1 发展篇

2 服务篇

3 案例篇

1 发展篇

我国环境污染存量大，随着中央生态环境保护督察（以下简称中央环保督察）的深入，部分地区隐藏多年的污染问题也随之暴露，很多地方政府面临繁重的环境治理任务，在业务范围广、项目多、要求高的行业背景下，环境保护部（现生态环境部）在 2016 年正式提出“环保管家”概念，“环保管家”作为第三方治理服务模式应运而生。

“环保管家”从整体性角度把区域环境问题看作一个系统的、发展的、动态的生命体，直面环保领域若干困局，在一定程度上提升了区域环境质量，夯实了区域生态本底。

但传统生态治理具有强正外部性（保护者获得的利益小于社会收益），生态环境作为一种公共物品，难以通过市场机制进行有效的资源配置，在我国财政收支形势日渐紧张、收支矛盾日益凸显的情况下，环保产业也面临巨大的资金缺口。同时，在气候危机等多重因素叠加下，国家越来越重视减污降碳及绿色转型，在这样的背景下，国家层面提出了 EOD、绿色金融、节能减排等方面政策，推动“减污降碳、产业协同”。

“绿色管家”基于项目实践，在帮助政府改善生态环境的同时，解决项目资金问题，不增加政府债务负担，实现自平衡，充分将绿色项目的经济效益与环境效益相结合，“绿水青山”与“金山银山”相统筹，破解了“烧钱项目的缺钱困境”。

1.1 从“就水治水”到“环保管家”

治水理念随着治水实践的深入而逐步发展和完善，总体来说，我国治水思想经历了从“就水治水”到“系统治水”的转变。“就水治水”是指在解决水体污染问题的过程中，仅聚焦水体本身污染的治理，未深入剖析问题产生的原因，“头痛医头、脚痛医脚”，对与之相关联的管网、泵站、污水处理厂等涉水要素缺乏关注，导致难以达到预期治理目标，且容易出现反弹。不断的探索实践表明，科学治水不能“就水治水”，而要坚持系统思维、整体观念、统筹推进。当前，“问题在水里、根源在岸上、关键在排口、核心在管网”已成为水环境治理工作的重要共识，在中央治水方针的指引下，水务环保行业转变治水思路，创新治水实践，丰富治水内涵，“就水治水”已完成了向“系统治水”的转变。

笔者在本节基于“就水治水”阶段水务环保领域痛点问题，结合国内外优秀的治水经验，从理论和实践层面，对国内外水污染问题解决方案进行总结提炼。

1.1.1 国内“就水治水”阶段痛点问题

1.1.1.1 问题一：生态环境本底不清

近年来，随着我国经济的高速增长，以及工业的迅猛发展，环境污染事件日益增多，环境污染问题日渐引起人们的重视。随着中央环保督察的深入开展，部分地区隐藏多年的污染问题逐渐暴露出来，据统计，第二轮中央环保督察共通报典型案例 137 个，其中涉水（水务）案例 28 个，涉及本底不清案例 3 个，约占比 10.7%。另有数据表明，2020 年 8 月，江西省南昌市老城区 415.85 km 老旧管网，存在破裂、错接、脱节、变形、腐蚀等问题多达 12 300 个；“十三五”期间，湖南省株洲市的老旧污水管网改造完成率仅为 11.9%、雨污合流制管网改造任务完成率仅为 53.6%；2020 年，广西壮族自治区崇左市污水集中收集率仅为 6.7%。

在城市化进程快速推进的背后，城市排水系统中管网、泵站、闸门等基础设施信息不准确、基础资料有缺失的现象屡见不鲜，导致各地在治水过程中无法精准溯源查明原因。此外，各地本底情况千差万别，治水思路和治水模式也有较大差异，在治水过程中，因区域本底情况掌握不全面，导致水环境治理效果不佳，并且水污染问题反复出现，这样既不利于环境目标的实现，同时也会造成人力资源和经济成本的损失。

1.1.1.2　问题二：环境治理“多龙治水”

水的自然汇集方式决定了水污染的流域特征，污染物无论以何种方式进入水体，均会随着水体的天然汇集方式而流动，水污染对水资源的破坏或不良影响会在流域范围内显现。

在流域范围内，水体跨越多个行政区，各排水单元涉及多个责任管理主体，各行政区之间、各管辖部门之间责任边界不清、各自为政、多龙治水，排水系统上下游割裂，管理部门的管理对象仅聚焦有限范围内的排水单元，无法充分发挥出全过程系统治理的优势，也无法从根本上解决水环境问题，导致治水始终停留在局部碎片化治理。

1.1.1.3　问题三：责任主体割裂

在我国，常规的水环境治理类项目实施模式是业主单位先进行本底调查招标，再规划招标，而后依次进行可研、初设、施工和运营招标，或者按照涉及施工运营一体化的 EPC+O 模式招标。在此种模式下，依照本底调查结果编制规划，以规划为引领进行设计，按图纸设计要求施工，在已有项目条件下，按照现实情况据实运营。此过程中，看似每个环节都在为业主单位负责，但哪个环节能够真正做到为项目兜底呢？

显然，一旦出现不达标的现象，每个环节都可以往上推脱，而唯一无法推脱的业主单位，虽然分别与勘察、设计、监理、施工等责任主体签订了合同，看似深度参与了各环节、精准把控了全过程，但在大部分工程项目中，业主单位只负责组织协调、管理等事项，并不充当生产单位或承建单位，而且在实际工作中，还要考虑分包商、检测单位、材料（构配件）供应商、设备供应商等有关各方，这些单位直接与勘察或施工等单位签订合同，其他责任主体对其无约束能力。更重要的是，水环境治理是一项工程量大、涉及面广、情况复杂的综合性工程，涉及水利、环保、市政、生态、景观等多个专业，业主单位虽然已形成系统完善的行政管理体系，但是专业管理方面却面临较大压力。

工程实体质量的达标是一个连续的过程，排除建设前期决策的影响，工程的勘察、设计、施工、验收等环节应该是一个有机整体。由于长期以来，各方责任主体互相独立，既无隶属关系，又无合同关系，平等地与业主单位相处，是几方共同负责，但一旦发生事故，责任推诿现象又屡见不鲜。

1.1.1.4 问题四：治理缺乏系统性

“就水治水”阶段，很多区域治水都存在“头痛医头、脚痛医脚”的现象，仅从问题点出发采取措施，缺乏系统管理，往往地方投入很多资金去解决环境问题，但仍无济于事。究其原因，一是缺乏科学指导，不能从系统层面，精准找出原因和拿出对策；二是缺乏超前意识，只注重“短平快”的效果，从长远计、算大账、算长远账、算整体账、算综合账的意识不够。

环境问题是系统的，不能仅解决点的问题。一个环保项目，要解决的是整条线上的环保问题；一个区的项目，要解决的更是整个面的问题。另外，水务环保是存在延续性的，要解决的不仅是当下治理的问题，还应该常态化、延续化地解决问题。

1.1.1.5 问题五：环境服务行业未形成规范化体系

环境服务行业是环保设施工程建设质量与稳定达标运行的保障，直接影响环保产业发展水平。我国现有的环境服务企业大多依靠内部约束，外部约束即法律约束缺失、法律协调机制缺乏，虽有相关引导性部门规章及规范性文件，但大多散落在综合性政策中[1]，制约了环境服务行业的平稳发展。虽然在环境服务市场化过程中出现了合同环境服务、政府采购环境服务等模式和机制创新，但均处于起步探索阶段，发展尚不成熟。相比国外，我国环境服务行业规模在环保产业所占比例偏小，滞后于环境保护工作对环境服务业的需求，未来还有很大提升空间[2]。

综观水环境治理领域企业，几乎均以“水环境解决方案服务商”“城市环境综合服务商”等类似话语作为公司定位，公司几乎全部具有“研发、投融资、设计、建设、运营”全产业链覆盖优势，这种“大而全”的统揽竞争现状很容易使行业分工体系出现无序化和分裂化，难以形成“大企业+专业化”、专业公司干专业领域的规范化环境服务体系。

1.1.2 国外“就水治水”阶段问题及解决思路

水污染问题是世界各国所面临的共同难题，各国都制定了相关法律法规和政策来加以引导，并进行了诸多实践工作。总体来说，国外城市水环境管理最初大多是以政府为治理主体，而随着治水实践的发展，各国的治理理念又基于各自面临的问题及各自的国家体制，产生了不同的水污染治理模式。

1.1.2.1 国外“就水治水”阶段存在的问题

1.1.2.1.1 美国

第二次世界大战结束后至 20 世纪 60 年代，美国环境污染的范围进一步扩大，工业污染、城市扩张等带来的新的污染问题接踵而至。由于战后工程大量兴建，工业废水散乱排放至大江河海，影响了水质，污染了水源，对人类健康造成了一定的危害。煤炭的广泛应用，加重了相关地区的空气污染，同时，煤炭燃烧后产生的灰渣导致市政固体废物逐渐增多，严重影响了城市面貌，也引起了人们的广泛关注。而 60—90 年代，农业环境又进一步恶化，尤其是化肥农药的过度施用对周边湖泊水体造成严重污染，威胁到公众的健康与生命安全。

针对以上环境污染问题，联邦政府和各州、各地方政府根据自身的管辖范围和关注内容采取相关措施遏制环境污染。国会和联邦政府于 20 世纪 60 年代颁布了《清洁空气法》《水质法案》《固体废物处置法》，在政策层面进行引导，同时在资金和行动层面联合各州、各地方政府开展污染治理工作，直至 80 年代，环境污染得到了有效控制。但是，随着联邦政府在资金、人员上的投入不断增大，联邦政府面临巨大的财政及人员压力，无法持续援助各州、各地方政府，这给政府法案的施行带来了极大的困难。而各州、各地方政府因在治理专业性、资金保障性、人员充足性上较为欠缺，在缺少联邦政府支持的条件下，仅依靠其自身力量难以彻底解决环境污染问题。

1.1.2.1.2 日本

从 20 世纪 60 年代开始，日本全面开展环境污染治理相关工作，经过 70 年代的集中工业污染治理、80—90 年代的环境公用设施集中建设与升级，至 21 世纪初，日本已经形成了相对健全的环境治理管理体系，环境质量得到全面改善。但是进入21世纪之后，日本环境治理开始面临一些新的困境。

一是工业废物处理领域排污企业面临工业废物处理问题。出于成本控制、企业核心工艺及生产信息保护等多方面的考虑，多数日本生产型企业选择自行运营管理本企业的相关污染治理设施。但随着排污标准、污染物管控要求、资源回收利用要求的提高，企业治理成本上升，专业人才、运营能力不足问题凸显，同时超标排放风险也不断提升，上述问题时刻困扰着排污企业。

二是环境公用设施运营领域面临困境。日本的生活污水处理、生活垃圾处理等相关环境领域基础设施的建设高潮期已在20世纪末结束，现有设施的运营管理主要由各地方政府的直辖事业单位直接负责。这一管理机制虽然起到了良好的效果，但已开始面临新的问题。首先，随着设施投运时间越来越长，设施老化问题日益突出，相关运营成本不断增加；其次，由于日本人口结构的老龄化及绝对人口数的下降，设施运营收益减少；最后，政府部门专业管理人员逐渐到了新老交替阶段，技术人才不足、综合技术能力不足等问题开始显现。

日本在21世纪之前通过建立健全的环境治理管理体系有效管控了环境污染问题，但随着工业企业排污成本增大、环境公用设施运营成本和收益不相匹配等问题的出现，企业和地方政府因专业技术人员不足、专业技术水平不够，无法满足现有技术和运营能力要求，从而难以依靠自身解决上述问题。

1.1.2.1.3 欧盟

欧盟的情况与美国类似，从20世纪80年代开始，由于欧盟各成员国水务运营开支的持续提升和人口增加带来的消耗量增加，使得欧盟各成员国政府的财政负担日益加重，水污染随着城镇化进程的推进也日益严重，欧盟各成员国政府的技术和管理能力已不足以完成高效的供水及水污染治理工作，因此，欧盟各成员国政府开始通过颁布法案的方式将权力下放至地方政府。

然而单靠法案的施行，只是将责任转移给了地方政府，并没有解决水务的实际问题。一方面，欧洲一系列框架协议对水质要求的日趋严格直接加重了地方政府的运营压力；另一方面，地级市自身资源能力的制约也使其无法独立进行水务运营。以法国为例，法国的中小型地级市数目多且人口少（城市人口少于2 000人的城市超过3万个，仅有10个城市总人口超过20万人），而饮用水供给及污水处理服务的组织及日常维护全部由地级市负责，在供水消耗激增及水质恶劣态势持续的情况下，各地方政府需要大量的设施及日益复杂的处理工序来满足公共健康要求和水质标准。由于水务系统本身具有规模经济的效用，在发展必要的水务技术和能力时受到了极大的制约，在人力、技术和经济方面都存在难以平衡的压力和困难，因此地级市仅依靠自身资源难以独立进行水务运营。

1.1.2.1.4 新加坡

新加坡是个城市国家，截至 2022 年，国土面积为 733.2 km^2，总人口约 564 万人，工业、商业和金融服务业很发达。作为一个高度城市化但自然资源匮乏的国家，新加坡在 1965 年建国初期就面临着严重的水资源短缺和水污染问题，主要体现在 4 个方面：一是水量严重匮乏，水资源总量不足。新加坡建国仅 5 年，用水需求就增长了 60%，用水需求上涨迅速，同时供需缺口也持续扩大，80%的用水依赖从马来西亚进口。二是水质污染严重，新加坡被生活污水、工业废水、畜禽养殖废水等各类污水环绕，新加坡河和加冷河一年四季恶臭四溢，周围的海域也布满了垃圾，连饮用水安全都无法保障，一度实行水配给制。三是治水基础薄弱，建国初期新加坡是个经济欠发达国家，人均国内生产总值仅有 1 580 新元（当时约合 516 美元），全国仅有 2 座污水处理厂。四是在政府内部水污染防治职能分散，常常无法可依。

在 2001 年以前，新加坡在水资源方面实行了一系列措施，一是建立了与环境和水有关的法律体系；二是根据土地规划来实施污染控制、河流减污和工业区的建立；三是建设了一个世界级的城市卫生系统，包括水和废水网络，以及污水处理厂，覆盖了整个岛屿。以上措施在整体上形成了较为系统的水资源框架结构。

但在新加坡政府内部涉水管理上，涉及水务管理最主要的机构为贸易与工业部（MTI）下的公用事业局（PUB）和环境部（MTE），公用事业局负责全国的饮用水、电和煤气的管理，环境部负责整体的环境管理，涉及污水排放及处理、水资源收集等与水环境相关的事务，由于上述水务管理主体责任单位的权力划分，导致新加坡难以聚焦水资源供给和水污染治理，致使水资源短缺和水污染问题缺乏长久有效的解决措施，这也一直制约着新加坡水务事业的进步和发展。

1.1.2.1.5 小结

不同国家（地区）在面对污染治理问题时都是根据自身情况采取合理有效的应对方式。从上述资料分析可以看出，美国、日本、欧盟等国家和地区基本都是先依靠国家层面进行政策引导和体系搭建，解决一部分的环境问题，而后将目光聚焦到地方政府，由地方政府对污染问题进行全面管理，这样由上而下的水污染治理体制，对地方政府的管理制度、资金投入、技术要求、人员参与等方面的要求较高，致使美国、日本和欧盟的地方政府都面临着财政压力，依靠地方政府自身力量，难以全面解决环境问题。新加坡则不同，虽然同样面临着财政压力，但是通过国家层面的管理与引导，新加坡已经形成了相对健全的污染治理体系，能够覆盖新加坡国内的所有地区，其主要问题来源于内部涉水管理上，平行水务管理主体之间责任单位权力划分问题，制约着新加坡水务事业的发展。各国面对上述环境污染治理的个性与共性问题，均进行了一系列的探索，并形成了与之相适应的治理模式。

1.1.2.2　第三方环境治理模式

面对各种各样的环境问题，美国、日本、欧盟等国家和地区政府不得不通过立法引导来遏制环境污染带来的环境灾害，但是由于面临的环境问题越来越复杂，仅靠政府难以满足社会的环保需要，各国几经探索，最终形成了一种全新的模式来化解环境污染治理难题——第三方环境治理模式，该模式利用社会资本方（如环保公司/企业）的专业化治理能力来解决环境问题，治理后通过绩效考核实行按效付费，这样不仅能解决人力、技术上的难题，找到专业化的技术团队进行全过程环境治理服务，还能有效缓解地方政府资金上的压力。因此，按效付费是一种有效应对当前环境污染治理问题的方式。

美国、日本和欧盟等国家和地区环境服务行业发展起步较早，第三方治理体系也较为成熟。随着环境服务模式的发展应用，不同国家和地区对此也有着不同的称谓，其中美国和日本称为“合同环境服务”[3]，欧盟称为“环境协议”，虽然名称不同，但本质是一样的，均是指环境责任主体（政府或排污企业）以合同或契约的方式，向提供环境服务的专业企业采购综合环境服务，并依据环境效果支付费用，服务商对最终环境效果承担责任，双方分享项目带来的环境经济效益。该模式目前已广泛应用于水污染、固体废物污染及大气污染等领域[4]。专业企业主要分为系统环境解决方案及服务提供商、专业技术及咨询服务提供商两种类型。

而在新加坡，环境管理尤其是水资源管理，已经上升到国家高度，受到全民重视，并作为国家战略重点研究和关注。面对内部涉水管理问题，通过向下寻求第三方环境治理服务显然不能解决其面临的问题，内部架构调整才是解决问题的关键。而新加坡几经探索，也最终形成了与之适应的治水模式，本书中，笔者将其定义为 PUB 模式。

现行 PUB 模式下的新加坡水务管理，主要以 PUB 为核心，其他相关部门作为补充。公用事业局具有政府监管的行政职能和经营公共企业（国有企业）的双重功能，是半自治的行政管理机构，也是经营机构[5]。PUB 模式的应用使新加坡能够以如此少的水资源量支撑着发达的经济和舒适的生活环境，足以证明 PUB 模式的重要作用。

1.1.2.2.1 合同环境服务/环境协议

（1）美国

美国的生态环境保护是一场自下而上的全民运动，民间组织和公众是主力军，有法律法规的保障，对政府的不作为可以提起诉讼，而政府的作用主要是立法、执法以及投资等。为了进一步推动生态环境保护建设，美国推行的政策及措施工具更加灵活和多样化，综合利用政治、法律法规、经济和社会等手段解决生态环境问题。为此“合同环境服务”顺应市场应运而生[6]。

美国国防部在 20 世纪 90 年代开始将“基于效果的环境服务采购合同”应用于污染治理的项目，并出台了相关的应用指南。根据美国国家环境保护局（EPA）的管理办法，对于政府采购的污染治理合同环境服务，美国国家环境保护局不是项目参与方，它的职能是为项目实施提供服务和监管（如提供前期调研数据，指导制定项目目标、监测计划和质量管理方案等）。同时，针对“基于效果的环境服务采购合同”，美国联邦政府采购政策办公室（OFPP）、预算和管理办公室（OMB）制定了相关的指南，认定“基于效果的环境服务采购合同”适用于环境治理领域[7]。

在美国，实行合同环境服务模式的代表公司是美华公司，美华公司的主要业务是为各类水资源利用项目提供规划、设计和建设管理服务，在全球超过 30 个国家开展业务。美华公司完成的项目案例包括美国佛罗里达州开普科勒尔市的水资源管理项目、中国广东惠州南海壳牌的工业污水处理和净水工程项目等[8]。

（2）日本

21 世纪后，尽管日本并未提出明确的合同环境服务概念，但和“合同环境服务”模式应用与推广相关的工作却在近年来得到切实推进与发展。尤其是在环境公用设施领域，在相关政策以及配套措施的促进下，城乡生活污水治理、生活垃圾焚烧处理领域的合同环境服务相关工作得到快速推进。截至 2019 年，在日本约 2 200 座生活污水处理设施中，引入第三方企业开展整体打包服务的设施已超过 400 座[9]。

由于日本已经基本完成了环境污染问题的集中治理，现阶段其环境污染第三方治理主要集中在现有设施的运营管理领域。

（3）欧盟

法国是欧洲最早应用环境协议的国家，并采用多项激励政策（如援助或者减免税赋等政策）以促进环境协议的顺利实施。法国实行合同环境服务模式的代表公司为威立雅环境集团（以下简称威立雅），威立雅以污水、废水处理为核心业务，为不同国家和地区的企事业单位提供系统的环境解决方案和相应服务。除欧美国家之外，威立雅公司将合同环境服务已经推广到亚洲和其他发展中国家及地区。例如，威立雅在卡塔尔签订了 2 家市政污水处理厂的运营和维护合同，回用污水作为灌溉和农业用水。根据环境服务合同，威立雅的水务公司将负责维护 2 家污水处理厂的资产，保证污水处理达标率达到 95%及以上。同时威立雅还将应对故障停运和紧急事件等各种情况，并负责对其中 1 家污水处理厂计划的升级改造进行管理[10]。

德国在法律中对环境协议的使用条件做出较宽松的规定，为了实现合同的公平、公正，在合同签订过程中引入了相关公共部门的参与。德国高能耗行业和能源部门的 14 个工业行业协会发布《全球变暖工业宣言》，自愿承诺到 2005 年在 1990 年基础上降低能源消耗 20%。

荷兰是欧洲国家中实施环境协议推动节能和减排时间最早、覆盖面最广、执行效果最好的国家之一。荷兰政府与工业协会于 1992 年签订了减排 CO_2 的环境协议，目标是到 2000 年全国 CO_2 排放量比 1989 年减少 3%～5%。到 1996 年，约占荷兰工业能源消费 90%的 1 000 家公司参与了环境协议。2000 年，石油、钢铁、水泥、化工、玻璃、造纸等工业部门又与政府签署了新的协议，以应对国际形势的新变化。与环境协议相配套，政府承诺不再采取新的、更严厉的节能或减排法规，减免节能投资税，给予一定的经济补贴，允许企业可以在相对灵活的时间内采取相对灵活的方式和方法完成节能减排目标等。荷兰第一轮环境协议已于2000年到期，取得了较好的效果，2000年相较1989年，能效提高了22.3%（年均节能2%），相当于每年减排900万t CO_2。经估算，该协议的实施为荷兰工业部门带来的经济效益每年高达 7亿欧元。

欧盟作为一个整体在环境治理中也使用环境协议。1993年，欧洲议会发布了《第五环境行动纲领》，提出“欧盟新的环境行动计划建立在结合管制、市场和自愿手段的基础上。过去的环境手段以强调禁止性措施为特点，新的战略更多地依赖合作性措施，鼓励多采用自愿协议和其他自我管制的方式”。后来在2002年又发布了《关于“简化和改善环境管制”行动计划框架下欧盟层次的环境协议》，该协议将重点放在欧洲委员会的环境协议上，在自我管制和协同管制两种制度下，对欧洲委员会所采用的环境协议做了详细规定，如在环境协议下应使用的形式、条件以及评估标准和程序，为环境协议的发展奠定了良好的法律基础[10]。

1.1.2.2.2 PUB模式

2001年，新加坡公用事业局整合了原环境部的涉水事务，成为综合、全面的水务管理机关，这使得新的公用事业局全面负责新加坡的供水、集水和废水系统任务。现在，公用事业局是负责与水有关事务的最主要法定机构，其职能包括保护和扩大水源、雨水管理、海水淡化、水需求管理、社区鼓励计划、集水区的管理，将不是核心任务的具体活动外包给私营部门。这体现了该国十分重视水资源，将水资源管理作为国家战略。总体来说，新加坡现行的水务管理，主要以公用事业局为核心，其他相关部门作为补充。

自2002年以来，PUB便开始与水行业合作解决新加坡水资源短缺难题，探索研究覆盖整个水循环系统。PUB专注于7个细分领域并以宏观目标为导向，依各自领域的需求与企业进行合作研究，研究领域包括水处理、海水淡化、中水回用、水网络管理与节水、智能控制系统、废水处理、水质与安全、工业水处理、水环境管理[11]。将技术研发应用于水资源管理的过程中，PUB在水资源循环利用、水资源管理、水处理先进技术研发等方面承担着重要作用并作出了巨大贡献。

丹麦作为欧洲水处理技术领先的国家，其在20世纪70年代也遇到许多水问题（用水多、水污染等）。1990—2015年，丹麦经济一直增长，人均水资源消耗量却在持续降低，关键在于政府通过政策驱动“水创新”。过去30年间，丹麦水价上涨幅度大大高于物价涨幅。经济杠杆背后，政府、企业与学校结成创新伙伴，不断推动水处理技术的创新进步。丹麦政府每年拨付 1 000 万～1 500 万欧元提供给企业和大学，寻找水资源的创新解决方案。政府在投入资助研发资金的同时，也向企业提出要求，实现商业效果转化和产品出口，增加企业收入。

1.1.2.2.3 小结

美国、日本和欧盟实行合同环境服务/环境协议是基于本国和地区的发展特点和实际情况而采用的第三方环境治理模式，这种模式给环境污染治理提供了一种新的参考，也形成了一个专业化服务与考核付费的市场，通过供求双方的选择，加强合同环境服务/环境协议的推广应用，有助于强化环境服务市场的竞争意识，提升整体污染治理服务的管理和治理水平。新加坡也基于本国推行水资源保护和循环利用国家战略的实际情况推出 PUB 模式，依托国家政府部门的统一治理和管理，结合国家对于水资源的高度重视，实现自身在水资源方面的自给自足和水循环方面的绿色协调发展，在全球供水系统、水资源循环利用和水处理技术领域处于领先地位。两种模式的共同点均是利用专业化的治理解决面临的环境污染问题，只是在实施污染治理的主体上存在差异。

但合同环境服务/环境协议适用于单一环境要素的全过程管理或某一阶段管理，如分别针对大气污染、水污染和固体废物处置的全过程或阶段管理，而不适用于跨区域的环境污染治理，存在管辖权（范围）的划分、资金人员的投入、绩效考核达标等方面的问题。PUB 模式则是管辖权分明，完全聚焦在政府部门（公用事业局），模式较为特殊，适用于经济技术较为发达、环境治理全民参与的国家和地区，依托自身优势有能力完成环境污染治理。

通过上述分析可以看出，美国、日本、欧盟等国家和地区的污染治理方式与我国有明显的相同点，我国最初也是以政府为主导，就污染问题进行针对性研究，开展污染治理，而随着环境监管体系日益完善、处罚力度不断加大、环保执法检查日趋常态化，单一政府投资和运营管理模式已制约了污水处理的投资及运营良性机制的发展，单纯依靠政府进行治水的弊端逐步暴露，地方政府寻求专业的第三方治理服务需求不断增加，国家针对此种现象发布了一系列政策，环保行业企业也相应进行了一系列的探索与实践。

1.1.3 我国第三方环境治理政策导向

基于“就水治水”阶段我国水务环保领域面临的诸多痛点问题，国家从政策层面进行了指引，笔者通过分析发现，此阶段水务环保领域逐步推行了第三方环境治理等相关政策，此类政策从无到有到渐成体系，不断完善，引导着水务环保领域发展方向，对水环境的系统治理发挥了不可或缺的作用，而通过各政策间的层层推进，“就水治水”也实现了向“系统治水”的根本转变。

1.1.3.1 阶段一：积极探索

对于水环境问题的治理，过去大多采用“头痛医头、脚痛医脚”的方式，这样的治理思路治标不治本，无法从根源上解决水环境存在的问题，并且还会造成治理反复和资源浪费。随着环境保护重要程度的不断凸显，国家对环境污染的治理力度不断加大，环保投入逐年增加，各类环境污染治理设施加速建设，但我国环境形势仍然严峻，受困于目前的治污效果，推行第三方环境治理是有效缓解环境治理压力的方式之一。

由于我国在第三方环境治理领域缺乏相关实践经验，推行第三方环境治理时也是不断探索和尝试的过程，希望找到一种全新的有利于环境污染防治、污染治理的实施模式。在这个阶段，国家陆续发布了一系列规范化、指导性文件，积极推行专业化、社会化的第三方环境污染治理模式，为第三方环境治理提供了有力的政策支撑。

2011 年，环境保护部印发了《环境保护部关于环保系统进一步推动环保产业发展的指导意见》（环发〔2011〕36 号），要求鼓励环保企业提供系统环境解决方案和综合服务，积极探索合同环境服务等新型环境服务模式。这是国家政策首次提出“合同环境服务”的概念，文件不仅对环保企业提出了更高的要求，同时也为环保产业未来的发展提供了新的路径。

2012 年，环境保护部发布了《环境服务业“十二五”发展规划》（征求意见稿），在鼓励环保企业提供系统解决方案和综合服务的基础上，把重点发展综合环境服务作为主要任务之一，并积极培育大型专业环保公司，提供全过程综合环境服务，充分强调了发展综合环境服务的重要性和必要性。

2014 年，环境保护部印发了《关于同意开展环保服务业试点的通知》（环办函〔2014〕377 号），同意辽宁省环保厅、江苏省环保厅、中国节能环保集团公司、桑德集团有限公司、航天凯天环保科技股份有限公司、永清环保股份有限公司等 19 家单位开展环保服务业试点。这将文件的指导性意义落到实处，在实践中探索综合环保服务模式。同年，国务院发布了《国务院办公厅关于推行环境污染第三方治理的意见》（国办发〔2014〕69 号），提出环境污染第三方治理是促进环境服务业发展的有效措施，要以环境公用设施、工业园区等领域为重点，营造有利的市场和政策环境，改进政府管理和服务，健全第三方治理市场。文件再一次强调要推行第三方环境治理，为综合环境服务模式提供支撑，同时在政策、市场、管理等方面为第三方环境治理提供良好的实行环境。

在探索阶段，国家出台的一系列政策文件都是为了鼓励第三方环境治理，推动环境服务业发展，探索综合环境服务模式在环境污染治理领域的可行性和适应性，在当前“绿水青山就是金山银山”的理念下，这些政策的出台在水务环保领域也发挥着重要作用，推动第三方环境治理更多地运用到城市水环境的治理中，为城市水环境的系统治理、改善城市整体面貌注入更多动力和活力。

在国家出台的一系列政策文件当中，笔者认为《环境保护部关于环保系统进一步推动环保产业发展的指导意见》和《国务院办公厅关于推行环境污染第三方治理的意见》在推动和保障第三方环境治理实施方面具有重要指导作用，现对两个文件的主要内容进行详细解读。

《环境保护部关于环保系统进一步推动环保产业发展的指导意见》政策解读

2011 年 4 月，环境保护部印发了《环境保护部关于环保系统进一步推动环保产业发展的指导意见》，文件提出要充分认识环保产业的战略性、基础性地位，进一步发挥环保系统在推动环保产业发展中的作用。同时鼓励发展提供系统解决方案的综合环境服务业。大力提升环保企业提供环境咨询、工程、投资、装备集成等综合环境服务的能力，鼓励环保企业提供系统环境解决方案和综合服务。鼓励政府、企业综合环境服务外包。制定综合环境服务的服务标准和技术标准，在工业园区、城市和重点行业开展综合环境服务试点，积极探索合同环境服务等新型环境服务模式。文件不仅强调了环保产业的重要性，还针对环境服务业提出了新的要求，根据时任环境保护部科技标准司赵英民司长对该指导意见的解读[5]，其亮点主要体现在以下几个方面：

（1）突出环保产业的战略性、新兴性

一方面，环保产业的发展结果，必将带动我国环境质量的提升，从而为破解我国资源和环境“瓶颈”打下雄厚的基础；另一方面，环保产业在国民经济中所占的比重越大，整个经济就越“绿色”，经济发展方式就转变得越好，也就越能实现“建设资源节约型、环境友好型社会”的目标。因此，环保产业在国民经济中会逐渐上升到战略性产业的高度。

过去的环保产业以环保装备制造业为主，很难纳入“新兴”的范畴。近年来，随着大批污染治理设施投入运行，中国的环保产业正一步步向以服务业为主转变。以环境服务业为主的环保产业，将极大地扩张整个环保产业规模，将环保产业与环境保护更加紧密地结合起来，从而创造一个全新的产业模式。

环保产业在国民经济中的地位，是“战略新兴产业”，而环境保护是环保产业发展的前提，这意味着当前加大环境保护力度不仅不是经济发展的对立面，反而成为转变经济发展方式的重要内容，两者高度一致。进一步说，广义的环保产业甚至有可能成为我国在资源环境“瓶颈”制约作用下经济可持续发展的重要突破口。

（2）环保产业业态转型，培育发展环境服务业

在推动环境服务业发展方面，文件提出将以推进污染治理设施专业化、社会化运营服务为突破口，不断完善建立规范的污染治理设施第三方专业运营管理、特许经营、绩效考核等制度，形成专业企业的系统服务外包市场，并首次提出合同环境服务的概念，以合同环境服务和合同减排管理为主要模式，鼓励发展提供系统解决方案的综合环境服务业。鼓励政府、企业综合环境服务外包。制定综合环境服务的服务标准和技术标准，在工业园区、城市和重点行业开展综合环境服务试点。

《国务院办公厅关于推行环境污染第三方治理的意见》政策解读

2014 年，《国务院办公厅关于推行环境污染第三方治理的意见》提出，到 2020 年，环境公用设施、工业园区等重点领域第三方治理取得显著进展，污染治理效率和专业化水平明显提高，社会资本进入污染治理市场的活力进一步激发。高效、优质、可持续的环境公共服务市场化供给体系基本形成；第三方治理业态和模式趋于成熟，涌现出一批技术能力强、运营管理水平高、综合信用好、具有国际竞争力的环境服务公司。

该文件从环境公用设施投资运营市场化、第三方治理机制、第三方治理市场以及政策引导支持 4 个方面对第三方治理提出专业化的要求和意见，在促进第三方治理实施运用方面提供了全方位的支持和保障，文件的亮点主要体现在以下几个方面。

（1）加强金融政策扶持，促进环保资本市场

该文件提出要加大财税支持力度，研究明确第三方治理税收优惠政策；创新金融服务模式以及发展环保资本市场。对第三方治理项目、第三方治理企业从税收、资金、绿色金融产品、融资等方面提供强有力的支持，最大限度鼓励第三方治理的推行和应用，在金融政策、环保市场上已经为第三方治理创造了有利环境，促进了第三方治理整体资本市场的形成建立。

（2）鼓励环境设施市场化运营，推动综合环境服务

该文件鼓励采取打捆方式引入第三方进行整体式设计、模块化建设、一体化运营。对以政府为责任主体的城镇污染场地治理和区域性环境整治等，采用环境绩效合同服务等方式引入第三方治理。鼓励地方政府引入环境服务公司开展综合环境服务。文件不仅鼓励第三方统筹设计—建设—运营服务，同时提倡开展综合环境服务，再次强调了第三方治理的系统性以及开展综合环境服务的必要性，在分散式运营管理的现状下，引入市场化力量进行环境设施服务更加符合环境治理的发展趋势。在文件出台不久前，《关于同意开展环保服务业试点的通知》同意辽宁省环保厅、江苏省环保厅、中节能环保集团公司、桑德集团有限公司、航天凯天环保科技股份有

限公司、永清环保股份有限公司等 19 家单位开展环保服务业试点，大力推动综合环境服务试点，也表明国家对于综合环境服务模式的应用持积极鼓励态度，也是水务环保领域的又一次机遇。

1.1.3.2 阶段二：逐步深化

在经历了前期的探索阶段后，国家对于推行第三方治理、开展综合环境服务具有更加明确的方向。工业园区为工业污染的主要污染源之一，对工业园区内污染的治理一直是个难题，也是环保工作者一直以来比较关注的方面。

2016 年，环境保护部印发了《关于积极发挥环境保护作用促进供给侧结构性改革的指导意见》（环大气〔2016〕45 号），要求鼓励发展环境服务业，鼓励有条件的工业园区聘请第三方专业环保服务公司作为“环保管家”，向工业园区提供监测、监理、环保设施建设运营、污染治理等一体化环保服务和解决方案。这是国家政策首次正式引入“环保管家”的概念，将提供一体化环保服务和解决方案的第三方专业环保公司统称“环保管家”，利用“环保管家”解决环境污染的问题，并聚焦到工业园区污染治理领域，方向更明确、针对性更强。

2019 年，国家发展改革委、生态环境部联合印发了《国家发展改革委办公厅 生态环境部办公厅关于深入推进园区环境污染第三方治理的通知》（发改办环资〔2019〕785 号），提出培育工业园区第三方治理新模式。工业园区依法委托第三方开展治理服务，提供包括环境污染问题诊断、系统解决方案，污水和固体废物集中处理处置、烟气治理、污染物排放监测以及监管信息平台等环境综合治理服务。文件具体描述了工业园区“环保管家”的主要服务内容，以此来指导第三方治理服务工作的开展，同时对限期治理不达标的情况也提出了相关要求。

2021 年，国家发展改革委、生态环境部联合印发了《国家发展改革委办公厅 生态环境部办公厅关于开展园区环境污染第三方治理第三批遴选工作的通知》（发改办环资〔2021〕831 号），拟遴选第三批开展第三方治理的工业园区，这是不断推进实行工业园区“环保管家”的重要举措，也体现了国家对于实施“环保管家”服务模式的把控和决心。

《关于积极发挥环境保护作用促进供给侧结构性改革的指导意见》政策解读

2016 年 4 月，环境保护部印发了《关于积极发挥环境保护作用促进供给侧结构性改革的指导意见》，要求鼓励发展环境服务业。坚持污染者付费、损害者担责的原则，不断完善环境治理社会化、专业化服务管理制度。建立健全第三方运营服务标准、管理规范、绩效评估和激励机制，鼓励工业污染源治理第三方运营。推进环境咨询服务业发展，鼓励有条件的工业园区聘请第三方专业环保服务公司作为“环保管家”，向工业园区提供监测、监理、环保设施建设运营、污染治理等一体化环保服务和解决方案。

这是国家政策首次正式引入“环保管家”的概念，其推广应用的对象是工业园区，工业园区作为我国工业发展的重要载体，在国民经济发展中起着越来越重要的作用。国家逐步意识到依靠企业自身进行工业园区污染治理的成效是有限的，同时工业园区内的企业因为污染物处理成本高、以营利为目的等原因忽视了污染环境的污染物的治理，“环保管家”身份的专业型环保公司将解决企业的顾虑，全方位系统性帮助解决工业园区存在的环境污染问题，提升“环保管家”在工业园区污染治理领域应用的广度和深度。

《国家发展改革委办公厅　生态环境部办公厅关于深入推进园区环境污染第三方治理的通知》政策解读

2019 年 7 月，《国家发展改革委办公厅　生态环境部办公厅关于深入推进园区环境污染第三方治理的通知》提出主要任务包括：①培育第三方治理新模式：工业园区委托第三方开展治理服务，提供包括环境污染问题诊断、系统解决方案、污水和固体废物集中处理处置、污染物排放监测以及监管信息平台等环境综合治理服务。②规范合作关系：工业园区或排污单位确定委托第三方治理企业（具有相关资质、相应能力）开展环境污染治理；参考《环境污染第三方治理合同（示范文本）》签订环境服务合同，明确委托事项、治理边界、责任义务、相互监督制约措施及双方履行责任所需条件。③探索实施期限第三方治理：对因污染物超过排放标准或总量控制要求，被生态环境主管部门责令限制生产、停产整治且自行治理污染能力不足或拒不自行治理污染的工业园区排污单位，有关部门可督促其在规定期限内委托第三方治理。

在推进工业园区第三方治理的同时，统筹考虑到第三方治理实施的全过程，从合作关系、服务内容到不达标风险应对，站在推动实施第三方治理的角度系统整体地规范和指导工业园区第三方治理的要求和细节，为不断完善第三方治理的各项要求和条件提供了指导和依据，全面细致地助力推广第三方治理的实施运用。

在逐步深化的过程中，工业园区与“环保管家”进入大众视野，不少大型环保企业陆续成立相应的事业部或部门拓展管家式业务，如长江生态环保集团成立了水管家公司致力于长江流域沿线水环境综合治理；北控水务集团成立了北控工业环保科技有限公司致力于工业园区的环保治理；中建三局成立了“绿色管家”事业部致力于为城市环境污染治理提供一站式系统解决方案；航天凯天环保科技股份有限公司拓展了第三方环保管家服务业务致力于为工业园区提供综合环境服务；中国广核集团有限公司形成了提供“产—学—研—转”一体化服务和“智慧平台”的环保管家致力于工业园区清洁生产和高效智能化管理。以工业园区为试点核心的第三方治理服务模式成为国家不断推广和宣传的重点内容，也表明了国家对于污染治理的决心和实行“环保管家”的积极态度，为后续“环保管家”应用到更大尺度的环境治理领域奠定了基础。

1.1.4 “环保管家”模式应运而生

在国家大力支持与引导下，国内部分企业在结合国外先进经验及国家政策基础上，积极探索实践不同模式的“环保管家”，典型代表有工业园区环保管家、环境全科医生、水管家和环保管家$^+$。

1.1.4.1 模式一：工业园区环保管家

工业园区环保管家的提出首次真正意义上诠释了环保管家的理念，也是环保管家模式在工业园区试点的实践和应用。这一概念的提出切实推进了环境咨询服务业的发展，工业园区环保管家以工业园区为主要服务对象，通过聘请第三方专业环保服务公司作为“环保管家”，向园区提供监测、监理、环保设施建设运营、污染治理等一体化环保服务和解决方案，充分利用环保企业在环境治理中的社会化、专业化服务。

工业园区环保管家的特点：

①企业通过向工业园区提供精细化管理、专业化治理、智慧化监测运营服务，使工业园区的环境污染得到有效管控，充分体现了工业园区环保管家模式的应用价值。

②着力聚焦在工业园区污染治理范畴，对工业园区内的水、大气、固体废物、噪声等污染能进行有效管控，但对于工业园区以外的环境污染治理，尤其是水环境治理，其适用性以及实施路径还有待研究。

目前，国内已有部分环保型企业推行实施工业园区环保管家模式，具有代表性的企业有中国广核集团有限公司和航天凯天环保科技股份有限公司。

1.1.4.1.1 中国广核集团有限公司

据报道，中国广核集团有限公司（以下简称中广核）环保管家利用物联网、大数据、移动互联网等信息技术，对安防监控、设备巡检、数据监测等提供信息化、集中化管理，助力管理升级[12]。对于企业，中广核环保管家可根据企业的需求提供专业化服务，为企业提供零排放清洁生产、环保设施的托管运营等方面一站式环保服务。对于工业园区，中广核环保管家可协助其从环保角度完成工业园区建设运营管理、污染治理、环境监测、环保设施运营等工作，完善工业园区环保管理体系建设、工业园区环保规划工作方案制订、污染物排放合规性服务、环保程序合法性服务、污染物治理专项服务，实现工业园区持续、稳定、健康、综合发展。对于政府，中广核环保管家可在污染排查诊断、技术咨询、事故应急及评估审批等领域提供技术支持服务。

1.1.4.1.2 航天凯天环保科技股份有限公司

航天凯天环保科技股份有限公司（以下简称航天凯天环保）以环境污染第三方治理模式服务于工业园区政府及企业，主要业务包括工业园区环境规划、污染物排放及环境监测、企业污水处理及集中污水处理厂建设与运营、工业废气治理、工业固体废物处置等。同时，还可以“环保管家”的身份为工业园区提供环保政策解读、环保问题咨询、环境监测、环境风险管控、污染物达标排放等综合服务。典型案例为衡水工业新区第三方综合整治项目，该项目中航天凯天环保为工业园区提供环境规划、污染物排放及环境监测、企业污水处理及园区集中污水处理厂建设与运营等服务。

1.1.4.2　模式二：环境全科医生

环境全科医生的理念聚焦于全方位环境问题的诊断，对于城市水环境、工业污（废）水、大气、固体废物等领域的环境污染问题，能进行系统全面的诊断并提供专业化的解决方案，为业主解决其需求和难题。该理念的实质为“合同环境服务”，但在 2018 年后宣传报道较少。这是由于在强调污染系统治理的大环境下，环境全科医生的理念虽然可以依赖其专业性快速有效解决环境污染问题，但是也可能存在难以满足考核长效达标的情况，这与其治理缺乏全生命周期服务不无关系。

环境全科医生的特点：

①涉及面更广，覆盖专业更多、专业性更强，基本能满足环境领域不同方向环境问题的需求，包括水环境、大气、固体废物、工业污（废）水、危险废物等方面，并提供专业化的解决方案。

②环境全科医生的服务更多地聚焦在提供系统解决方案及方案实施上，虽涉及环境治理的多个要素，但是无法凸显出专业化环保服务全过程。

目前国内已有部分省份成立环保管家联盟，并以环境全科医生的名义提供环保管家式服务，具有代表性的企业有湖南永清环保股份有限公司和杭州富铭环境科技有限公司。

1.1.4.2.1　湖南永清环保股份有限公司

湖南永清环保股份有限公司（以下简称湖南永清环保）是湖南省环保管家联盟成员单位。长期参与政府环保服务和环保行业服务工作，已为多个项目提供环境咨询服务。在政府合作领域，与江西省新余市政府签订《合同环境服务协议书》；与西藏自治区曲水县政府签订“环保管家”服务合同。在企业合作领域，为新疆广汇新能源有限公司提供“环保管家”服务，与内蒙古伊泰集团、华新水泥有限公司达成战略合作关系[13]。

湖南永清环保环保管家服务的代表性项目之一是为湖南省衡阳市耒阳市政府

提供管家服务，通过充当政府的环保顾问，为政府提供多项服务内容，包括：诊断耒阳市重大环境问题并提出整治方案，为耒阳市环境管理和污染治理提供宏观思路和解决方案；积极申请环保资金，创建试点示范；为改善耒阳市环境空气质量提供技术支撑，针对性制定科学减排措施，编制大气环境质量限期达标计划；为耒阳市水生态修复、水环境改善提供技术支持；为耒阳市发展规划提供环保决策支持；为耒阳市环境信息化管理、环保大数据服务提供技术支持。

1.1.4.2.2 杭州富铭环境科技有限公司

杭州富铭环境科技有限公司（以下简称富铭环科）专注于节能减排监测、治理、控制一体化的解决方案，主要生产环境监测高端分析仪器、污染治理和节能降耗的一体化设备。在城市环境质量、工业污（废）水、废气、固体垃圾、危险废物或医疗废物、农村面源污染治理等领域，富铭环科都能提供从监测分析到污染治理再到节能减排控制的一体化解决方案。

富铭环科环保管家服务的代表性项目之一为河南省重点污染源废水自动监控基站建设项目，主要负责区域内所有的自动监控基站建设，包括系统规划与设计、现场仪表安装、仪器设备集成、设备调试，配合完成各监控基站的验收，并在 5 年运行期内确保系统的正常运行[14]。

工业园区环保管家和环境全科医生作为环保管家模式的代表，聚焦在提供专业化的服务，对于各类环境污染问题，可针对性地制订系统解决方案，并落实到实际中，有效帮助业主或企业解决面临的环保问题。但在专业治理服务的系统性上有所欠缺，无法满足业主对于污染治理全生命周期管理的要求。

而水管家和环保管家$^+$不仅从全过程系统治理的角度出发，还思业主之所想，主动服务于业主，利用专业化的能力，积极谋划解决业主可能面临的问题，在服务的系统性和前瞻性上具有一定的优势。

1.1.4.3 模式三：水管家

水管家是以管家身份聚焦水环境为业主提供全流程服务，从规划设计到建设运营全周期统筹实施，为地方政府解决水环境治理问题。目前，水管家模式的典型代表是长江生态环保集团。

该模式以排水管网为突破口，提供广义的城市水务所涵盖的供水、排水系统及附属设施、湿地、城市河湖及其水生态保护等城市涉水事务的专业化服务，以城市水管家身份诊断城市水环境根本问题，提出系统解决方案，主要服务对象包括政府部门（包括水利、城建、环保、发改、财政等）、市（县）级政府以及各级河长，服务内容主要包括问题诊断与规划咨询、监控与辅助监管服务、水务基础设施投资建设运维三大方面。此外，通过与地方平台企业合作，开展存量收购、项目投资建设、授权经营、委托管理等模式的合作；利用政府和社会资本合作（PPP）、政府专项债券、资产置换、政府可支配财政预算、使用者付费、水处理价格机制改革等资金渠道，推进长江大保护工作[15]。

长江生态环保水管家的特点：

①水管家模式的实施路径不仅充分结合自身优势还考虑外部合作，最大化利用资源优势展现技术能力，同时还剖析水管家理念落地的实施模式和考核付费方式，统筹考虑“模式+技术+考核”的实施路径，模式研究深入且全面。

②水管家模式的探索综合了项目实施路径、技术方案、绩效考核等方面的研究，模式研究与项目实践还有待进一步融合。

③水管家模式的服务对象主要为政府部门及各级河长，通过初步洽谈、意向落实等阶段，形成完整的水管家服务内容，而后与政府签订合作协议，确定合作内容与合作形式，本质上为“合同环境服务”。

1.1.4.4 模式四：环保管家$^+$

区别于工业园区环保管家模式，环保管家$^+$模式不仅能帮助政府解决专业技术上的难题，而且能针对一片流域长期技术深耕，厚植本底，不断优化完善针对性解决方案，动态纠偏项目实施方案。这一模式的亮点在于其适用范围较广，不局限于工业园区或者单一技术单元，可应用于多要素、多层次、区域性的环境治理，环保型企业均可以充当环保管家，为城市的水环境治理提供自身的一站式专业服务，也推动环保管家模式的运用更成熟、更广泛。

中建三局在全国50余个城市实施了310多个水务环保项目，在工程实践中积极探索，通过对实施的一系列项目的成功经验进行总结、五大区域项目业主调研、30余位行业领军人物访谈交流等工作，结合系统治理、第三方环境治理国家政策研究及国内外环境治理服务模式分析，提出了一套可复制、可推广的环保管家$^+$

服务模式。从前期的政府诉求获取，到提供一站式、专业化的环保型服务，再到达标运营/绩效考核满足政府要求，这一全流程的服务，是对工业园区环保管家模式的更新升级，也是对区域/流域水环境综合治理模式的探索和创新实践。

水管家和环保管家⁺在环境治理服务上更加注重系统性和主动性，不仅会主动考虑业主可能面临的需求和难题，主动为业主排忧解难，还会提供全流程一站式的专业化治理服务，全面系统地解决环境污染问题。同时，这样的一站式专业化的系统服务还能有效应对时间紧、任务重、考核严的污染治理态势，相较于其他模式而言，水管家和环保管家⁺的整体性更好，也更加容易发挥出社会化、专业化环保企业的优势。

1.2 从“环保管家”到“绿色管家”

1.2.1 “环保管家”模式的局限

根据《中国生态环境统计年报》（2010—2020），2010—2020 年，我国环境污染投资波动较大，总体保持上扬态势，2017 年我国环境污染投资额达 9 538.95 亿元，但是环境污染投资占国内生产总值（GDP）的比例从 2012 年以来呈逐年下降趋势，2017 年比例降至 1.16%。2018 年环保政策密集出台，节能环保力度进一步加大，根据公开资料，2018 年环境污染治理投资增长率达 40%，其占 GDP 的比例回升至 1.48%。2019 年、2020 年受防范金融风险、PPP 入库合规性审查等政策影响，环境污染治理投资有所下降。

根据国际经验，当治理环境污染的投资占 GDP 的比例达 1%～1.5%时，可以控制环境恶化的趋势；当该比例达到 2%～3%时，环境质量可有所改善。发达国家在 20 世纪 70 年代环境保护投资已经占 GDP 的 1%～2%，其中美国为 2%，日本为 2%～3%，德国为 2.1%。尽管我国的环保投资整体呈上升趋势，其所占 GDP 比例却呈下降趋势，近年来仅占 GDP 总值的 1.0%，与发达国家还相距较远。2010—2020 年全国环境污染治理投资如表 1-1 所示。

表 1-1　2010—2020 年全国环境污染治理投资

年份	全国环境污染治理投资总额/亿元	投资额增幅/亿元	占国内生产总值（GDP）比例/%	比例增幅/%
2020	10 638.9	1 487	1.00	0.10
2019	9 151.9	−4 202.63	0.90	−0.58
2018	13 354.53	3 815.58	1.48	0.32
2017	9 538.95	319.15	1.16	−0.09
2016	9 219.8	413.5	1.25	−0.03
2015	8 806.3	−769.2	1.28	−0.21
2014	9 575.5	538.3	1.49	−0.03
2013	9 037.2	783.74	1.52	−0.01
2012	8 253.46	1 139.43	1.53	0.07
2011	7 114.03	−498.16	1.46	−0.39
2010	7 612.19	3 087.19	1.85	0.55

近年来，环保项目的投融资规模较大，30 亿元、50 亿元甚至 100 亿元的规模都很常见，业主多为政府部门或平台公司，地区财政资金拨付与国家政策息息相关，2019 年财政部印发《关于推进政府和社会资本合作规范发展的实施意见》（财金〔2019〕10 号）规范了 PPP 项目的推进开发建设，在增强了开展项目延续性的同时，也增加了项目融资困难程度。此外，地区财政资金还与区域经济发展密切相关，受新冠疫情的影响，部分区域的经济发展缓慢或停滞，财政压力的增大使得政府在新一轮的规划中更为谨慎，在规划中进一步加强了资金管控，严重制约了地方政府在环境治理领域的投入。

“环保管家”模式聚焦于环境保护，不应忽视的是，近年来环境气候危机和能源污染问题受到各个国家的关注，世界各国均希望在环境保护和节能减排上作出更加切实的改变，而中国作为全球制造业大国，需要大量的能源供给，能源消耗与环境保护之间的矛盾日益突出。“环保管家”模式的出现，虽然在很大程度上解决了环境本底不清、多龙治水等问题，但仍难解决生态环境治理缺乏资金来源渠道、生态环境治理总体投入不足、环境效益难以转化为经济收益等问题。

生态环境治理具有很强的正外部性（保护者获得的利益小于社会收益），如何将生态环境治理的价值体现出来，将环境效益转化为经济收益，如何通过解决生态环境问题促进区域产业发展、通过区域产业发展解决生态环境问题，妥善处理好生态环境和产业发展之间的矛盾关系，是实现区域可持续发展的重要命题，也是目前我国政府及相关企业不断探索的发展之道。“碳达峰、碳中和”（以下简称“双碳”）战略目标下，如何建立资源节约、环境友好和产业升级的和谐关系，也是各行业发展面临的重大机遇和挑战。

1.2.2 我国生态保护与产业开发政策导向

“环保管家”模式强调充分利用第三方专业化、社会化环境治理服务，为城市或区域的水环境治理提供新的治理思路和路径，模式实施后带来了较大的社会效益和环境效益，但是经济效益却不明显。

为了有效融合生态环境治理和区域经济发展，国家出台了系列政策文件，希望借助环境治理带动产业导入和发展，实现生态环境保护与区域经济发展相协调。

2018 年，生态环境部发布了《关于生态环境领域进一步深化“放管服”改革，推动经济高质量发展的指导意见》（环规财〔2018〕86 号），对环保产业的发展和生态环境经济政策提出了指导意见，提出要加快生态环境项目实施，释放环保产业有效需求，推进环境治理模式创新，提升环保产业发展效果。并提出探索开展 EOD 模式，推进生态环境治理与生态旅游、城镇开发等产业融合发展。在生态环境政策上要求创新绿色金融政策，化解生态环保企业融资“瓶颈”制约。这是国家首次从经济政策上支撑环保产业的发展，并聚焦 EOD 模式探索环境治理与产业发展的关联和意义，为环保产业的发展提供新的指引路径。

2020 年，生态环境部、国家发展改革委、国家开发银行联合发布了《关于推荐生态环境导向的开发模式试点项目的通知》（环办科财函〔2020〕489 号），针对 EOD 模式试点的相关内容进行了详细阐述，涉及发展理念、实施路径、投融资模式等，全面为 EOD 模式实施创造试点环境，并依托 EOD 模式的试点加强生态环境治理，探索生态环境治理与产业导入开发、区域经济增长协同的成熟路径。

2021 年，国务院印发了《国务院办公厅关于鼓励和支持社会资本参与生态保护修复的意见》（国办发〔2021〕40 号），鼓励和支持社会资本参与生态保护修复项目投资、设计、修复、管护等全过程，鼓励社会资本重点参与自然生态系统保护修复、农田和城镇生态系统保护修复，并探索发展生态产业。聚焦生态保护修复项目的全过程实施，希望通过社会资本加强对生态环境的保护和修复，同时结合生态产业的开发，与 EOD 理念相类似，都是将生态环境与产业相结合，共同推进美丽中国建设。

2021 年，生态环境部、国家发展改革委、国家开发银行联合发布了《关于同意开展生态环境导向的开发（EOD）模式试点的通知》（环办科财函〔2021〕201 号），提出要探索将生态环境治理项目与资源、产业开发项目一体化实施的项目组织实施方式，以试点项目为载体，积极探索创新生态环境治理项目组织实施方式，促进生态环境高水平保护和区域经济高质量发展。进一步推动了 EOD 模式的推广应用和实施，为生态环境保护和治理注入了新的理念和动力。

2022 年，生态环境部发布了《关于印发〈生态环保金融支持项目储备库入库试行指南（试行）〉的通知》（环办科财〔2022〕6 号），提出要加强金融对深入打好污染防治攻坚战的精准支撑，推进适宜金融支持的重大生态环保项目谋划，建设生态环保金融支持项目储备库（以下简称项目储备库），主要关注三个方面：一是对于生态环保项目的关注，尤其是重大生态环保项目，一直以来国家都是重点支持和鼓励；二是突出金融对环保项目的支撑，在金融上给予项目支持能促进项目更优质地落地实施；三是建立生态环保项目储备库，为 EOD 项目的进一步推广应用积累更多实践经验和经典案例。文件的出台在更深的层面上为 EOD 项目提供了指导。

2023 年，国家发展改革委、生态环境部、住房城乡建设部等部门发布了《国家发展改革委等部门关于印发〈环境基础设施建设水平提升行动（2023—2025 年）〉的通知》（发改环资〔2023〕1046 号），鼓励探索开展环境综合治理托管服务和 EOD 模式，将符合条件的项目纳入专项债的支持范围。

EOD 模式从提出至今一直是行业关注的热点，其以生态环境治理和产业导入开发、提升区域经济发展为亮点。该模式以生态环境治理为核心导向，在“绿水青山就是金山银山”的理念下，将环境治理、产业开发、经济发展融为一体，并随着“环保管家”向“绿色管家”的迈进得到不断的推广和应用。

《关于生态环境领域进一步深化“放管服”改革，推动经济高质量发展的指导意见》政策解读

2018 年 9 月，生态环境部发布了《关于生态环境领域进一步深化“放管服”改革，推动经济高质量发展的指导意见》，要求持续深化生态环境领域“放管服”改革，释放发展活力，激发有效投资空间，创造公平营商环境，引导稳定市场预期，实现环境、经济、社会效益相统一，为打好污染防治攻坚战、推动经济高质量发展提供有力支撑。有以下两个方面的亮点值得关注。

（1）推进环境治理模式创新，提升环保产业发展效果

该文件提出要探索 EOD 模式，推进生态环境治理与生态旅游、城镇开发等产业融合发展，在不同领域打造标杆示范项目。以工业园区、小城镇为重点，推行生态环境综合治理托管服务，启动一批生态环境综合治理托管模式试点。推进与以生态环境质量改善为核心相适应的工程项目实施模式，强化建设与运营统筹，开展按效付费的生态环境绩效合同服务，提升整体生态环境改善绩效。

2018 年，中央财政环保专项资金为 405 亿元，比上年增加了 19%。国家投入的治理费用在增加，而环保产业发挥的作用更为巨大。“十二五”时期以来，我国环保产业产值年均增速约为 26.9%。2017 年全国环保产业销售收入达 1.35 万亿元，较上年增长约 17.4%。2018 年上半年约为 6 690 亿元，同比增长约 18%。环保产业具有增长性高、上下游产业带动性好、吸纳就业能力强、综合效益优等特点，已成为国民经济新的增长点。该文件提出，在突出发展环保产业方面，通过污染防治攻坚战带动生态环境项目实施，充分释放环保产业有效需求。通过生态环境领域“放管服”系列改革的落实，力争实现两大目标：一是推动生态环境治理体系和能力现代化，生态环境管理效能大幅提升；二是拉动有效投资，激发经济发展活力和动力，发展环保产业，切实推进经济高质量发展。

（2）创新绿色金融政策，化解生态环保企业融资“瓶颈”制约

该文件提出要积极推动设立国家绿色发展基金，发挥国家对绿色投资的引导作

用，支持执行国家重大战略和打好污染防治攻坚战的重点地区、重点领域、重点行业。推动建立区域性及全国性排污权交易市场，推进全国碳排放权交易市场建设。引导开发性金融资金对生态环境治理的投入。鼓励绿色信贷、绿色债券等绿色金融产品创新，推动开展排污权、收费权、应收账款、知识产权、政府购买服务协议及特许经营协议项下收益质押担保融资。

通过对环保、节能、清洁能源等绿色领域提供金融服务，拓展项目实施资金渠道，引导资金流向节约资源技术开发和生态环境保护产业，更加注重绿色环保；同时绿色金融服务强调金融活动与环境保护、生态平衡的协调发展，最终实现经济社会的可持续发展。

《关于推荐生态环境导向的开发模式试点项目的通知》政策解读

2020 年 9 月，生态环境部、国家发展改革委、国家开发银行联合发布了《关于推荐生态环境导向的开发模式试点项目的通知》，文件中阐述试点目标：探索将生态环境治理项目与资源、产业开发项目有效融合，解决生态环境治理缺乏资金来源渠道、总体投入不足、环境效益难以转化为经济收益等“瓶颈”问题，推动实现生态环境资源化、产业经济绿色化，提升环保产业可持续发展能力，促进生态环境高水平保护和区域经济高质量发展。文件的亮点主要有以下两个方面：

（1）多管齐下解决生态环境治理资金问题

该文件中明确国家开发银行将对符合条件的试点项目在资源配置上予以倾斜，加大支持力度，为环境治理资金流入增添助力。中央预算、地方专项债、央/国企、国家绿色发展基金等多方资金流入并撬动社会资本投向生态环保领域。

（2）商业模式变化有望从根本上解决问题

我国环保产业的外部性和资金对项目收益内部性的要求是制约资金流入生态环境治理领域的核心矛盾，而 EOD 模式意在以特色产业运营为支撑，推动公益性较强、收益性差的生态环境治理项目与收益较好的关联产业有效融合，肥瘦搭配组合开发，实现关联产业收益补贴生态环境治理投入，创新生态环境治理投融资渠道，通过优化商业模式、提升收益水平的方式吸引社会资本投向生态环保领域；同时，通知要求试点工作需注重建立推进长效机制并进行试点项目的长周期运营维护，意在保障后续商业模式发展的可持续性，并为未来的推广打下基础。

1.2.3 国外生态环境治理与产业协调发展经验

国外在水环境综合治理与开发上有非常多的成功经验，如西欧的日内瓦湖、英国的伯明翰中心区运河等，这些河湖的综合治理最终实现了环境与经济的协调发展，其开发经验及做法对我们创新治理模式具有重要的借鉴意义，笔者将针对以下案例进行具体介绍。

1.2.3.1 案例一：西欧日内瓦湖治理

日内瓦湖位于瑞士和法国交界，是以会展、运动、艺术、文化为主要产业，多组团、多功能城镇相连构成的综合性世界湖区、无边界国际旅游目的地。日内瓦湖是阿尔卑斯湖群中最大的一个，也是世界第一大高山堰塞湖。湖面面积约 510 km^2，环湖总人口约 45 万人。

1960 年，日内瓦湖因大量的污水、废水排放，造成了严重的污染，一度成为“死湖”。严重的湖体污染威胁了环湖城镇人口的生活，也限制了环湖城镇的发展。因此瑞士和法国通过跨国协调，联手治污。在国家层面两国联合设立了日内瓦湖保护国际委员会，通过了《关于治理与保护日内瓦湖水域的公约》。在州层面通过建设废水处理网络，修改水资源管理相关法律，制订湖河自然恢复计划，打通产业界协作渠道。日内瓦州通过税务局与产业界协作制定《水资源保护法》，规模较大企业签署自查协议。在地方政府层面通过签署河流治理合同，开展多层次治理工作。成立日内瓦湖保护协会（ASL），发起清洁河流行动（ORP）、日内瓦湖岸清洁行动（OLRP）等。日内瓦湖治理的环保经费来自专门的污染税，无论是公司还是居民个人，均遵循“谁污染、谁付费”的原则。政府把征收的污染税用于环境保护。

在治理日内瓦湖的同时政府还注重产业经济和资源开发，打造“和而不同”的特色产业经济+共建集群的生命健康产业+挖掘历史资源、连接古今的人文艺术产业。环日内瓦湖区有许多著名的旅游城镇，各自选择不同的旅游产业发展重点，科学定位城市的发展方向，避免造成恶性竞争。从而形成了国际会议之都日内瓦、奥林匹克之城洛桑、世界疗养区蒙特勒、世界音乐盒之都圣科瓦等著名小镇品牌。除此之外，日内瓦湖还以共有资源的整体营销为导向，通过环湖合作、山地合作、山水合作等联动策略，整合资源，统一管理和整体营销，形成主题交通，串联不同区域的目的地，形成各种各样的旅游产品（如水上产品、湖滨产品、阿尔卑斯山产品等）。通过这一系列的行动，打造了日内瓦湖全方位防治体系，奠定了日内瓦湖成为世界湖区的基础。在有限的人口和土地条件下，走高端化路线，强化提升了湖区的形象，促进空间互动，实现“山、水、城、乡”一体化，找准定位，提出发展以观光、运动、养生和度假为主的旅游区，并由此获得了大量的经济收益。

1.2.3.2 案例二：英国伯明翰中心区运河改造

伯明翰是仅次于伦敦的英国第二大城市和主要工商业区之一。工业革命开始时，伯明翰曾凭借丰富的煤、铁资源，迅速成为英国工业革命中心，享有“工业革命的摇篮”的美誉。然而进入20世纪后，随着资源的枯竭和世界工业生产地向其他地区转移，伯明翰开始走向衰落，长达几个世纪的重工业生产给这座城市蒙上了环境污染和丑陋不堪的阴霾。

伯明翰境内的运河长度约为51 km，运河水网密布于城市的大部分地区，33%的城市人口居住于距运河1 km的范围内。为使伯明翰中心区重新焕发活力，河流改造是关键。自20世纪80年代以来，伯明翰市开始制订并坚定地实施了城市复兴和产业转型计划。

1983年，伯明翰市议会与英国水道局联合开始着手运河改造计划。首先从水质清污整治开始实施，连续3年的清污，清除了河里已经持续200多年的污染物，水质等级明显提高。同时致力于改善运河两侧的步道，增加运河的可达性，建造运河的边界界面、标识系统，进行两岸景观美化等，引起各方对水路开发的重视。

1988—1998年，伯明翰在中心区运河沿线成功开展一些城市复兴项目，主要包括国际会议中心、交响乐厅等大型会展及文化建筑。它们的成功吸引了私营地产商，各种会展场所和宾馆相继出现，成为水路廊道上充满活力的各个节点。通过运河的系统开发和改造，伯明翰的旅游业得以发展，水路的旅游和休闲价值又成为组织和发展零售、餐饮、办公的基础。

在城市改造过程中，伯明翰将自身定义为欧洲会展、休闲、旅游的中心，加大产业转型力度，充分利用老工业遗留的要素环境，以及铁路、公路、国际机场、水路运输纵横交错、四通八达的优势，大力发展金融、旅游、会展等现代服务业。为了发展会展业，伯明翰加大市政服务和文化设施建设的力度，斥巨资建成国际会议中心，在原有工业厂区改造的基础上建设国家展览中心，耗资 5 亿英镑兴建了一个集购物、娱乐与观光于一体的商务中心，并大力推广本地的足球运动、艺术表演、购物、美食活动等，努力让前来伯明翰的公务旅客及其家属尽量多地逗留在这座城市。同时，伯明翰注重运用高新技术、新工艺改造传统产业，将政府政策和财政的重点放在开拓生物制药、微电子、软件、工程设计、环境治理等新兴经济产业，新的核心业务和主导产业逐步形成。

如今的伯明翰，已从一个以制造业为主的老工业城市逐步转型为以服务业为主的现代化城市。

1.2.3.3 案例三：美国华盛顿湖治理

华盛顿湖位于美国西北角的华盛顿州，是华盛顿州的第二大湖，面积为 87.6 km^2，环湖人口为 516.2 万人（占华盛顿州总人口的 76.6%）。1900 年前后，位于西雅图市的华盛顿湖也经历了严重的污染，西雅图市开始向华盛顿湖排放污水。20 世纪四五十年代西雅图建立了 11 家污水处理厂，将经过处理的污水以 7.5 万 m^3/d 的速度排放到湖中。同时，由于磷酸盐洗涤剂开始广泛使用，大量富养水倾入湖中，导致有毒的蓝绿藻类过度生长，湖中的鱼类减少。湖水受到严重污染，水色污浊，大面积死亡的藻类堆积在湖滨。

直到 1968 年，华盛顿湖分流系统建成使用，湖水迅速好转，藻类减少；到 1975 年，华盛顿湖完全恢复，生态学和水质明显改善，湖水清澈度是 1950 年的两倍。

经过污染治理后，华盛顿湖以优越的环境吸引人才和企业进驻。目前华盛顿湖周边云集微软、亚马逊、星巴克、好市多、华盛顿国际商贸公司、Nordstrom 公司等美国 500 强总部。波音、AT&T 移动电话等也在西雅图设有大型分支机构。

除此之外，华盛顿湖还大力发展旅游产业，其环湖自行车道、环湖公园系统使西雅图被誉为“翡翠城市”“绿色都市”“最适合散步的城市”。截至目前，西雅图的塔科马机场旅客年吞吐量为 3 700 万人次，而整个西雅图都市区人口仅约 400 万人，拥有 69 家四星级及以上酒店，拥有各类酒店床位 1.7 万多张。

1.2.3.4 案例四：德国埃姆歇河治理

德国埃姆歇河是莱茵河的重要支流，所处的鲁尔区曾经是德国的钢铁和煤矿中心。19 世纪中叶至后期，鲁尔区几十年的快速工业化使埃姆歇河不仅面临着高人口密度和城市化带来的污水排放和雨洪问题，还遭受着工业化的重创，不可避免地成了一条城市的下水道。

为了治理埃姆歇河①，19 世纪末成立了德国第一个流域管理机构，即“埃姆歇河治理协会”，该机构有权独立调配水资源，统筹管理排水、污水处理及相关水质，专职负责干流及支流的污染治理。治理资金 60%来源于各级政府收取的污水处理费，40%由煤矿和其他企业承担。由此埃姆歇河开始了一个多世纪的治理之路。在北威州政府的推动下，持续 10 年周期的埃姆歇公园计划也于 1989 年启动。

这个计划覆盖了埃姆歇河流域 800 km^2 的巨大区域（包括 17 个城镇和 2 个行政区，250 万人口）。在发展导向上，埃姆歇公园计划通过在区域内推动多种创造性的城市再生项目，促进鲁尔区实现从“工业锈带”向绿色、现代、富足的大都市区的转型。不同于通常意义上的“公园”的概念，“区域公园”可以看作一个综合的“城市再生”工具。它既是城市与乡村的绿色开放空间廊道，串联起碎片化的绿地要素，修复生态系统，也在一个大的区域范围内形成空间认同感，并承载了对该地区历史文化的叙事功能。

埃姆歇景观公园面积为 450 km^2，其主体是由覆盖整个区域的自行车道系统、若干次级公园和游憩绿带构成。通过修复和再利用工业遗产，创造区域独特的形象和文化氛围，借此提升地区活力。此外，还有“在公园中工作”“新形式的住宅和住房政策”等相对传统的城市再生项目，关注经济发展和住房更新。除了将工业遗址和纪念物改造为博物馆，很多项目创造性地将工业遗产改造为商业、娱乐设施或办公空间。

① 埃姆歇河也译为埃姆舍河。

总体来说，埃姆歇公园计划成功地转变了鲁尔区的物质环境和区域形象，工业遗产的再利用推动了当地文化产业的迅速发展。它的社会效益远大于其经济效益，但它又反哺了社会综合治理和民生改善的质量，优化了城市风貌，提升了营商环境。

1.2.3.5 小结

埃姆歇河、日内瓦湖、华盛顿湖、伯明翰中心区运河等知名河湖的总体治理思路均是引入市场机制，加强产业化管理，实行“谁排污，谁付费”的制度，同时发展河湖周边的产业经济，合理利用自然资源，通过多渠道筹措资金，将环境效益转化为经济效益。产业的引入、环境治理改善是国外应对环境问题的方式之一，合理有效地缓解了资金上的压力，同时很好地融合了环境治理与产业导入发展，促进区域经济的快速发展。

1.2.4 “绿色管家”模式介绍

可以看出，无论是从国家政策还是国外先进治理经验来看，环境效益与经济效益充分融合是环境综合治理的必然选择。结合国家目前 EOD 模式、生态产品价值实现机制、绿色发展、减污降碳等相关政策组合，笔者创新性地提出“绿色管家”模式，集成“环保管家+产业导入”服务，为“绿水青山”向“金山银山”的价值转化提供新路径，为“双碳”目标的实现注入新动力。

1.2.4.1 “绿色管家”模式内涵

“绿色管家”以政府机构和产业园区为服务对象，以生态保护与环境治理为基础，以特色产业运营服务为支撑，以片区 EOD 开发为载体，集成“环保管家+产业导入”服务模式，按照环境勘察调查、问题诊断评价、系统方案设计、环境治理提升、产业规划导入一体化服务原则，对区域污水、水环境、土壤、固体废物、大气污染处理处置提供以治理效果为导向的环境综合治理托管服务，对片区开发提供以绿色产业规划、对接、整合、导入为核心的绿色产业托管服务，助力实现“双碳”战略目标和“绿水青山”向“金山银山”的价值转化。

1.2.4.2 “绿色管家”服务方针

“绿色管家”服务过程始终贯彻以下 40 字服务方针：全局谋划，整体推进；摸清家底，精准施策；立足现状，近远统筹；互动协作，资源整合；自我造血，持续发展。

以 40 字服务方针为指导，以客户为中心，以目标为导向，全面改善区域生态环境质量，提升发展品质，提升产业开发价值，实现发展与保护融合共生。

1.2.4.2.1 全局谋划，整体推进

坚持服务国家战略和城市发展，站位全局、着眼长远，从区域整体角度系统谋划，统筹考虑环境、经济二者关系，使其协调发展，保证流域资源可持续利用、生态环境持续改善以及区域经济长足发展，实现公共福利最大化。

1.2.4.2.2 摸清家底，精准施策

以流域本底调查切入流域水环境综合治理，通过系统摸排、精准溯源，全面掌握流域基础数据，准确识别区域水环境问题，确保环保领域问题无死角、无遗漏，确保后续规划设计方案编制有据可依、治理措施对症下药。

以片区深度调研、生态资源梳理等切入水产城融合，根据片区产业及资源特点，结合流域本底调查成果，推进公益性生态环境治理与关联产业开发项目有效融合，实现水环境与城域发展的良性循环。

1.2.4.2.3 立足现状，近远统筹

在摸清家底基础上，立足区域发展需求，充分考虑流域水情及区域发展现状，统筹城市水环境综合治理规划、产业发展规划，以科学的系统思维和顶层设计，综合考虑当下和中长期发展需求，制定明确的时间表、路线图，稳扎稳打，分步实施，统筹推进。

1.2.4.2.4 互动协作，资源整合

以客户需求为导向，加强各方合作，整合政府和社会资源，促进行业内部、跨行业、跨领域资源融合，实现关键技术、系统集成、商业模式、体制机制、政企关系全面创新，确保能够在短时间内聚集整合资金、人才、团队、技术等一切所需资源。

1.2.4.2.5 自我造血，持续发展

充分挖掘生态环境治理项目资源，通过注入文旅、运动休闲等元素，充分发挥其开发价值和盈利潜力。利用专业团队对优质资源的识别能力，引入更多市场化资源包装“文旅+休闲农业”“农林结合”“文旅+适度物业开发”等复合型项目，使原本单独运作缺乏收益能力的项目通过业态整合，形成“1+1＞2”的效果，打通流域治理项目财务平衡缺口与经济效应盈余的鸿沟，解决生态环境治理资金平衡难题。

1.2.4.3 “绿色管家”指导思想

以党的二十大会议精神为统领，围绕生态文明建设要求，深入贯彻“节水优先、空间均衡、系统治理、两手发力”的新时代治水方针，坚持“绿水青山就是金山银山”，统筹水系建设，优化水体调度，推进水生态体系建设，打造健康水循环系统，构建人水和谐新格局，坚持绿色低碳发展，大力推进节能减碳，实现生态保护、经济发展、绿色低碳发展协同共进。

1.2.4.4 “绿色管家”服务目标

①通过构建以政府为主导、企业为主体、社会组织和公众共同参与的综合性平台，实现中央、地方政府、社会资源全面整合，打通水务环保、产业发展领域全生命周期、全产业链链条，促进行业内部、跨行业、跨领域资源融合。

②通过全流程技术服务协助生态环境主管部门及平台公司解决各类环境问题，通过区域深耕持续改善环境质量，对流域进行持续性的本底调查，从根本上把握流域环境客观规律，化被动预防为主动治理，从根源上避免问题发生。

③通过引入更多市场化资源包装项目，充分发挥业态协同能力，打通流域治理项目财务平衡缺口与经济效应盈余的鸿沟，解决生态环境治理资金平衡难题，从而推动城域水环境提升到城域综合价值提升的迭代升级，为经济发展提供更大空间，实现水产城共荣。

参考文献

[1] 邬娜，王艳华，吴佳，等. 我国环境服务业发展水平评价[J]. 环境工程技术学报，2020，10（4）：685-690.

[2] 裴莹莹，罗宏，薛婕，等. 中国环境服务业的 SCP 范式分析[J]. 中国环境管理，2018，10（3）：89-93.

[3] Rech A U. Payment for environmental services：an environmental zoning guardianship instrument[J]. American Journal of Environmental Protection，2014，3（1）：5-11.

[4] Segerson K，Miceli T J. Voluntary environmental agreements：good or bad news for environmental protection？[J]. Journal of Environmental Economics and Management，1998，36（2）：109-130.

[5] 王镇彬. 关于新加坡公用事业局水务管理的探讨[J]. 吉林水利，2009（2）：54-57.

[6] 祝镇东. 美国生态环境保护的经验及其对中国生态文明建设的启示[J]. 经营管理者，2015（34）：2.

[7] 秦泗恩. 钢铁行业合同环境服务模式研究[D]. 天津：天津大学，2015.

[8] 许亚男. 合同环境服务运作机制及其应用研究[D]. 北京：对外经济贸易大学，2014.

[9] 常杪，杨亮，张天航，等. 日本环境污染第三方治理的最新实践与启示[J]. 中国环保产业，2021（2）：17-22.

[10] Orts E W，Deketelaere K. Environmental contracts：comparative approaches to regulatory innovation in the United States and Europe[M]. The Hague：Kluwer Law International BV，2001.

[11] JOETHWAITES，陈玥. 乌拉圭是如何成为风电强国的[J]. 风能，2016（12）：52-53.

[12] 中国固体废物网. 中广核环保新名片——园区环保管家[EB/OL].（2019-12-15）[2022-12-15]. https：//www.solidwaste.com.cn/news/300803.html.

[13] 北极星环保网. 永清环保甲级环评资质再扩项“环保管家”服务全面展开[EB/OL]. [2022-12-15]. https：//huanbao.bjx.com.cn/news/20170804/841346.shtml.

[14] 姚恩育. 富铭环科：环境全科医生[J]. 浙商，2012（20）：69.

[15] 环保在线. 长江环保集团推出“水管家”模式，共抓长江大保护[EB/OL].（2021-06-14）[2022-12-15]. https：//www.hbzhan.com/news/detail/141967.html.

2 服务篇

“绿色管家”模式综合考虑生态环保、区域发展、减污降碳等国家战略，为各方提供了目标方向，而如何让该理念真正变成行业发展壮大的动能却是重中之重。“绿色管家”在众多行业领先单位的积极探索下，总结出了切实有效的路径，并在“绿色管家”模式下提出了“绿色环境服务”“绿色产业服务”两个部分服务内容，每项服务均从实操过程痛点出发，进而针对性地提出服务内容，最后辅以服务过程中用到的先进技术或方法作为结尾，形成从问题分析到解决方案再到技术手段的完整链条。

2.1 绿色环境服务

本章内容从生态环境治理痛点开始，对当前水环境治理领域相关痛点进行了分析，从问题及需求出发，以实际问题为导向，介绍了“绿色管家”在水环境治理过程提供的全流程环境管理服务，并结合生态环境治理的痛点问题和相关服务内容，对运用广泛、具有推广前景的环境治理技术进行了梳理总结。

2.1.1 生态环境治理痛点

水环境治理项目影响面广、技术复杂、规模较大、工期较长，且具有较强的公共服务属性。囿于水污染成因诊断不彻底、环境管理需求不明确、治理内容不具体、权责界面不清晰，水务环保项目总是走不出“治反复、反复治”的怪圈[1]。同时，中央环保督察已成常态化，环保管理体制机制改革也已经进入深水区，面对错综复杂的环保形势，地方政府部门压力也日趋增大，但环保专业人才缺乏、系统治理经验不足、环境治理资金缺乏等问题，时刻困扰着生态环境主管部门。

以下为笔者对当前水环境治理领域相关痛点分析，期望从问题及需求出发，以实际问题为导向，找准“卡壳点”，为后续寻找应对之策提供指引。

2.1.1.1 痛点一：子项多关联强，目标可达难保障

环境治理类项目不同于房建、路桥等市政工程，实际工程效果无法在建设结束后立竿见影地全部呈现。水环境治理项目一般体量大、施工周期长、各子项关联性强，工程实施效果相互影响，实施完成后达不到预期治理目标已成为政府管理人员常年的痛楚。

2.1.1.2 痛点二：时间紧任务重，人力资源难匹配

随着国家对环保重视程度的不断增加，中央环保督察向下的压力也逐渐变大，但水环境综合治理系统性强，涉及市政、生态、水利、环保等多个专业，每个方向都需要大量的专业人才。时间紧、任务重，政府部门难以快速构建专

业生态环境综合治理人才班底，导致环境治理专业人员不足、力不从心的现象时常发生。

2.1.1.3 痛点三：成因乱统筹繁，系统治理落地难

水环境问题成因复杂，系统性强，需要从全局角度进行系统性规划和治理，加上部分城市水环境治理起步较晚，缺乏系统治理经验；水环境治理综合性强，需要协调众多机构部门相互配合，各环节合理统筹，导致专业团队进行系统规划设计容易，但综合治理项目落地实施难，各地仍是以单体项目零碎建设。系统规划设计和建设实施、运营形成断层，无法达到系统治理的效果，导致最终虽持续投入多项工程建设但环境治理收效甚微。

2.1.1.4 痛点四：问题复内涝频，宜居环境长效难

2019 年 12 月调查数据显示，黑臭水体在我国的分布较广，全国 295 个地级及以上城市共有黑臭水体 2 869 个，36 个重点城市有黑臭水体 1 063 个，而长江经济带 110 个地级及以上城市共有黑臭水体 1 367 个。此外，据住建部调研，2022 年汛期全国有 52 个城市因强降雨出现不同程度的积水内涝达 73 次，数量与往年同期持平。

近年来，公众的环保意识逐渐变强，公众对城市环境管理的参与度与环境要求都在提升，对生态宜居城市的渴望程度远超以往，对环境权益的维护、对公共生态产品的需求，与现阶段城市生态资源环境的承载力、生态公共产品的供给之间的差距日益凸显。黑臭水体、内涝渍水等问题治理已成为民生最迫切的诉求，满足人民对优美生态环境需要已然成为政府部门的当务之急。

2.1.1.5 痛点五：投入大收益低，环境治理融资难

在水环境治理领域，业主多为政府部门或平台公司，地区财政资金拨付与国家政策息息相关。水环境治理项目的投入较大，自 2019 年以来，政府对以 PPP 模式实施水环境治理项目更为谨慎，使得项目资金来源受到影响；从投资收益角度来讲，水环境治理项目具有极强的公益属性，投资回报低，十分依赖地方财政，对社会资本吸引力不足；此外，地区财政资金与区域经济发展密切相关，受新冠

疫情影响，部分区域的经济增长放缓，严重制约了水环境治理领域的资金投入。资金来源缺乏、总体投入不足等问题成为业主亟待解决的难题。

2.1.1.6 痛点六：流域广机制缺，跨界联动协作难

水环境综合治理涉及水务、水利、水土保持等业务，不同业务分属政府不同部门管辖，一个流域的综合治理可能要涉及多个行政区的几个甚至十几个部门。在项目实施过程中，需要不断协调相关部门沟通交流“跨界”问题，联动协作开展环境治理工作，加大了住建主管部门工作开展的难度，治理成效难得到保证。

2.1.2 环境服务内容

“绿色管家”模式下，环境服务以系统性、全局性及主动性的思维模式总领服务全过程，从整体性角度把流域水环境问题以一个系统的、发展的、动态的生命体进行考量，直面水务环保领域困局，以“全生命周期管理”的思维方式整合资源、汇聚合力，以达到水环境综合治理的目标。

“绿色管家”模式下，环境服务根据政府业务主管部门及平台公司的需求，针对环境治理痛点建立“菜单”，提供从本底调查、规划策划、投资建设到长效运营的“套餐”服务，也可根据需求，提供项目中某一个阶段的“单点”服务。无论是“套餐”还是“单点”，服务中的每一项或每一个环节都力求站在区域整体统筹的角度进行思考和施策。在“单点”模式下，以提供阶段性优质基础服务为前提，可提供基于区域整体的系统性环境管理咨询与顾问服务，在了解需求的基础上，优化本阶段基础服务内容，帮助业主了解区域问题，并给出基于整体统筹、系统治理的建议（图 2-1）。

图 2-1　环境治理服务内涵

专栏 2.1　武汉市黄孝河、机场河流域水环境综合治理

一、区域概况

武汉市黄孝河、机场河流域位于历史悠久的大汉口片区，流域规划范围 126 km^2，流域内现状总人口约 242 万人，是典型的高密度城市建成区。黄孝河、机场河流域水系众多，分布较为分散，共有 4 条港渠，以及大中小型湖泊共计 13 个。黄孝河、机场河承担着汉口片区雨洪调蓄的重要功能，是接纳江汉、硚口、江岸区域雨污水的主要通道。黄孝河全长 10.7 km，机场河全长 11.4 km，均有明渠与暗涵段。其中，机场河又分为东西两渠，最终在明渠末端交汇（图 2-2）。

二、治理历程

现今的黄孝河、机场河是随着汉口城市的发展逐步形成的城市排洪渠。1905 年后张公堤建成，黄孝河逐步变成汉口地区排污、排渍的总排水渠道。1953—1975 年先后 3 次对黄孝河进行河道整治，通过河道疏浚、扩建新建泵站等提高排水能力，并新挖了机场河等 12 条明渠，解决片区排水问题。1970—1980 年，渍水成灾、河床淤塞、淤积污染等问题越发严重，最终黄孝河变成了一条严重影响城市环境的臭

图 2-2 黄孝河、机场河流域水系现状

水沟。在 1982—1983 年为加强上游排水管理并解决洪涝与淤积污染问题，实施了黄孝河盖板工程，形成 4.3 km 城市地下箱涵，即如今黄孝河暗涵段，使黄孝河成为无源之河。随着城市的发展，汉口片区大面积开发，人口大量聚集，黄孝河污染问题日渐凸显。2007 年，武汉市通过黄孝河综合整治项目，实施了黄孝河明渠清淤工程、拓宽和驳岸工程。2008 年，机场河排水渠“明改暗”工程动工，东西渠上游部分明渠改为暗渠，局部消除了机场河黑臭问题。2011 年，为迎接辛亥革命 100 周年纪念，再次对黄孝河采取整治措施，工程完工后，阶段性解决了黄孝河水环境问题。2017 年，深度响应国家《水污染防治行动计划》（以下简称“水十条”），武汉市实施了黄孝河、机场河水环境综合治理一期工程，通过河道明渠及箱涵清淤、水质改善处置、生态补水等工程，基本消除了黄孝河、机场河晴天黑臭现象。

三、治理总结

黄孝河、机场河历经排水体制建设、河道清淤、明渠拓宽、岸线整治、管网和泵站新建、控源截污、生态补水等工程，但由于跨越时间较长和城市发展的实际情况，历史上数次治理均为就污治污，系统性不足，施治偏重工程化，措施零碎，关联性不足，水环境质量改善始终没有得到长效保持。多次治理和城市开发不系统的问题也导致环境本底情况复杂，资料缺失，排水系统问题不清，环境污染根源一直未得到有效解决，导致黑臭、内涝、水环境质量差等问题不断反复。

四、当前环境问题

黄孝河、机场河经多年演变，均已成为雨源性排水通道，经过一系列治理水环境已有显著改善，但受排水体制等问题制约，在 2015 年武汉市政府对其着力整治时仍存在部分环境问题。黄孝河、机场河流域上游为城市合流制排污通道，河道排口溢流污染频发，水体黑臭问题依然时有发生；水体流动性不强，水生态情况较弱；沿岸景观效果不佳，水质感官不良，水系与城市空间脱离；雨季内涝渍水，街道污水漫溢严重。水污染现象反复依旧是黄孝河、机场河流域当时棘手的环境问题（图 2-3）。

图 2-3　黄孝河箱涵淤泥堆积，明渠起端水体污染

五、政府总体诉求

长期以来水环境不佳，水体黑臭导致生态宜居性不足，雨季街道内涝渍水频发，对周边居民的生产生活造成严重影响。

国务院、湖北省相继印发“水十条”、《湖北省水污染防治行动计划工作方案》（鄂政发〔2016〕3 号），武汉市发布《武汉市水污染防治行动计划工作方案（2016—2020 年）》（武政〔2016〕28 号），2019 年，武汉市发布的《武汉市河湖流域水环境“三清”行动工作方案》中指出，以南湖、北湖、汤逊湖、黄孝河、巡司河、机场河流域水污染治理为重点，全面开展全市河湖流域水环境清源、清管、清流“三清”行动，旨在2019年年底前，全面摸清全市建成区排水管网混错接情况；2020年年底前，全面完成建成区排水管网混错接整改；2021年年底前，全市建成区河湖流域全面截污，基本消除劣V类水体，中心城区和新城区污水处理率分别达到95%、85%以上；2025年，全市河湖流域水质基本达标。

在民生、政策等多重压力下，消除黄孝河、机场河流域合流制溢流污染问题，改善周边居民的人居环境，实现武汉市打造“滨水生态绿城”的目标，全面提升汉口地区的水生态环境质量和防洪排涝能力是政府最为迫切的需求。

六、政府推动阻力

环境问题是一个动态、持续的过程，而环境治理通常会涉及多部门协作，经常是一个跨行政区域，甚至跨任期的任务，治理边界及责任权属常常难以确定；且水环境治理项目周期长、体量大，涉及水务、水利、水土保持等众多管理部门的长期合作协调，导致多方协同治理的效力也难长期保持。

地方政府虽然高度重视水环境问题，但是经历多轮治理后，部分污染问题仍然反复出现，而相关部门缺乏针对性的分析调查团队，没有精力系统全面地对造成污染的根源进行深入剖析，从而无法“治本”，进而造成不知从何处入手进行水环境综合治理的困境。随着生态环境获得更多重视，近年来相应治理政策、方针陆续出台，环境治理任务繁重，环保督察压力骤升，政府应接不暇，导致环境治理孤掌难鸣。

七、系统解决方案

在了解政府诉求，并进行了一定程度的资料收集及现场探勘后，主动帮助业主梳理了国家、地方环境政策，明确黄孝河、机场河流域治理是贯彻落实国家水污染防治及“四水共治”的重点，是全面提升汉口地区水生态环境质量及人民幸福感的必然要求。结合民生诉求及黄孝河、机场河流域现状问题，对黄孝河、机场河流域水环境问题进行了深度剖析，并提出了以下针对性的解决方案：

首先，要彻底根治黄孝河、机场河的水环境问题，必须对两河流域进行全面治理，需从系统性、全局性出发，秉承“统一规划、统筹建设、统一验收、统一运营、统一监管、统筹支付”原则，一体化实施环境本底调查、规划设计、建设实施及运营管理服务（图2-4）。

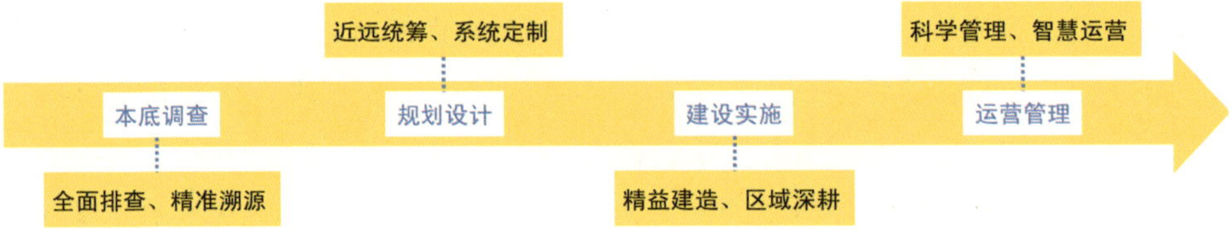

图 2-4　黄孝河、机场河水环境问题的解决方案

针对环境问题反复、污染成因不明的问题，需通过系统的本底调查对黄孝河、机场河流域进行精确的问题诊断与溯源，形成问题清单，从源头解决“本底不清”“治反复、反复治”问题。

在规划阶段，需统筹流域水资源、水环境、水生态综合治理和上下游协同治理，秉承“近远统筹、系统定制”要求，兼顾近远期发展，考虑工程实施难易程度、资金状态及治理需求迫切程度，站位全局，定制解决方案。

在实施阶段，需要以高度标准化的管理体系，以精细化的设计施工管理，确保对投资、进度、质量、安全的全面把控，同时需联动多方资源，优化资源配置，持续开展建设内容优化工作，达成项目收益的最优解。

在运营阶段，将运营思维贯穿项目始终，在项目立项及可研阶段即开展运营论证、市场调研，对项目运营数据、环境数据等进行经济测算。

在方案设计阶段，便需对项目运营提出优化需求，帮助设计团队进行设计选型，后续需以物联网技术为基础，搭建智慧环保体系架构，构建城市一体化运营管理机制，建立完善的智慧环保体系，提高环境治理运营效率，保证环境治理项目运营目标实现。

八、治理成效

根据上述系统性解决方案，按照“统一规划、分批实施”原则，2018 年，武汉市实施了黄孝河、机场河水环境综合治理二期工程，采用 PPP 模式，从治理河道水环境问题入手，以水质净化、排水防涝为主要核心功能目标，兼顾黄孝河、机场河生态和景观功能。综合采取“控源截污、内源治理；活水循环、清水补给；水质净化、生态修复”的系统策略，在水环境综合治理一期工程不黑不臭的基础上进一步开展综合治理工作，实现“水清、岸绿、景美”，并取得了良好的治理效果（图 2-5、图 2-6）。

图 2-5 黄孝河阶段性治理成效对比

图 2-6 机场河阶段性治理成效对比

在水环境综合治理二期工程之后，武汉市于 2020 年实施了黄孝河、机场河流域综合治理一期工程，将重心从河道转向流域。从源头、过程、末端进行系统治理，旨在实现黄孝河、机场河流域全面水质提升+污水提质增效+流域精细化管控。2022 年工程完成后，基本解决了主干排水管网系统的功能性缺陷问题；通过管涵修复（市区统筹）及污水提质增效，补短板强弱项；建设生态排口，强化了分流区初雨污染控制。

九、环境治理总结

黄孝河、机场河流域从水环境综合治理到流域综合治理，从整体性、全局性的角度，实施了详尽的环境本底调查，系统进行规划设计，综合考虑建设实施、运营管理，为业主提供全流程的水环境治理服务，落实各项治理工程措施，完善两河流域排水系统，消除河道黑臭现象，提升水体水质，恢复河道生态服务功能，使黄孝河、机场河成为汉口地区和武汉市的生态廊道、绿色廊道和文化廊道，为实现武汉市“滨水生态绿城”的目标打下坚实基础。

下文将以黄孝河、机场河为例，重点介绍水环境综合治理各阶段在实施过程中可能遇到的问题，梳理分析本底调查、规划设计、建设实施、运营管理各阶段政府部门的诉求，针对各阶段的问题，从“绿色管家”的角度提供整体性、系统性的解决措施，总结了在提供环境管理服务过程中的工作要点，并分享了“绿色管家”系统性、主动性服务在相关项目中取得的成效。

2.1.2.1 服务一：精准溯源、查治结合

随着城市化、工业化的迅速发展，城市水体黑臭现象频发，内涝积水反复，流域污染现象屡见不鲜。环境污染成因不明，城市本底数据不清，导致城市生态功能的恢复受到严重制约，部分城市更是存在年年治理，年年污染的情况。环境污染问题多是“久病成疾”，只针对表象进行处理往往无法根治污染，通过环境调查追根溯源，找到病根，才能彻底解决环境问题，保证青山常绿，绿水长清。

环境本底调查是环境治理的基础，旨在为建立系统性的解决方案提供数据支持和方向支撑。通过环境普查充分获取环境基础数据，摸清家底；结合环境现状详查掌握区域污染现状，识别污染严重程度；根据污染现状开展针对性的污染源调查，叩源推委，锁定环境问题成因；将本底调查数据进行统计分析，对源头污染进行定量计算，建立对应的展示系统和本底模型，直观展示流域现状环境问题。从根本原因入手，进行隐患分级，确定问题治理优先级，并同步开展治理工作，提高治理效率[2]。环境本底调查能够系统全面地梳理区域水环境问题，实现对城市水体、管网现状知根知底，污染成因追根溯源，识别城市环境痛点、难点，为治理决策提供精准依据。

专栏 2.2　武汉市黄孝河、机场河本底调查

专栏 2.1 中已提到，武汉市黄孝河、机场河流域从 20 世纪 50 年代起，就实施了多次治理，但水体黑臭问题一直未得到根治，并随着城市发展不断重现。长期以来水环境不佳，水环境污染对周边市民的生产生活造成较大影响，而机场河治理问题更是中央环保督察关注重点。

2015 年“水十条”发布，湖北省及武汉市积极响应并以黄孝河、机场河为突

破点，着手推进黄孝河、机场河流域水环境问题的治理。河水出“状况”，问题在水里，根源在岸上，核心在管网，关键在排口。经调查发现，汉口地区合流制系统庞大而复杂，污水收集系统完善程度、终端处理能力与当时实际排水量、排水方式不匹配，部分城中村存在散排、偷排，沿河排口有错接、漏接现象。由于各种历史原因，存在流域内管网资料不完善，且部分管网现状与资料不符，导致后续规划、设计等无法有针对性地提出解决方案。

城市水环境本底调查工作是水环境治理目标实现的基础，只有搞清楚现状、理清问题，才能对症下药，顺利完成水环境综合整治工作。因此，黄孝河、机场河水环境治理亟须查明环境本底情况、查明现状管网配置及分布状况、弄清主要污染来源，充分识别黄孝河、机场河流域水环境污染问题的根源所在，为黄孝河、机场河流域系统治理提供数据支撑。

由于黄孝河、机场河流域管网密布错综复杂，合流制与分流制体系并存，要在局限的时间内完成整个流域的本底调查，任务十分繁重；且排查周期过于紧张会导致排查质量及准确度受到影响；人员投入过大成本增加且参与成员的专业性难以保证；不同团队、割裂式排查导致系统性不足，排查成果的完整性会受到影响，增加数据整合、精准溯源的难度。

环境问题隐蔽性强，监管难度大，各类环保问题频发。掌握区域环境本底情况是生态环境治理取得预期效果的前提，笔者综合分析了百余个水环境综合治理项目政府诉求后，发现政府方对此类项目的本底调查工作存在如下共性诉求：

①能提供及时快速的本底调查服务，及时响应，快速组建专业调查人员对现场进行初步踏勘，分析地域当前环境问题，制订具有针对性的排查计划。

②能够开展全面细致的摸底调查，对本底现状进行充分调查，系统摸排，获取基础数据，全面排查区域环境问题。

③能够精准识别诊断环境问题，帮助政府生态环境主管部门及平台公司对区域环境问题的重要性、紧急性作出准确判断，为政府生态环境主管部门及平台公司的治理决策提供数据支持。

④能够深入研判环境问题的成因，精准溯源，保障后续方案编制有据可依、治理措施对症下药，为实现区域环境治理目标和可持续发展提供决策依据。

⑤能够建立长效本底监测机制和本底展示模型，通过不断的本底调查，使用三维模型将本底现状具象化展示，帮助生态环境主管部门及平台公司持续加深对区域本底现状的了解，为生态环境主管部门及平台公司提供长期的本底问题诊断和解决对策制定服务。

⑥在提供完整优质的本底调查服务的同时，提高效率，控制成本，能够整合使用先进本底调查技术，在输出可靠有效成果的基础上，控制本底调查资金成本。

上述诉求为笔者在众多项目执行过程中，总结提炼的政府对环境本底调查阶段的基本诉求，而结合民生、政策、项目实际情况等内外部情况分析，我们发现在本底调查阶段，仍存在下述共性需求：

①遇到突发紧急污染事件时，能及时响应，快速摸排，高效识别环境问题，制定紧急解决方案。

②具备本底调查与项目后续设计、实施、运营一体化服务的思维，在调查期间提前考虑环境治理后续各阶段的需求，在前期进行全面充分调研，提高项目全流程的推进效率及质量，避免因本底信息不全面导致设计不合理或实施中遇到突发状况影响施工进度。

2.1.2.1.1 服务内容

传统水务环保项目在本底调查阶段，为获取流域及排水系统本底情况，项目承接单位往往根据招标文件对工程内容所涉及区域的水环境进行大面积人工采样检测，排水系统现状的调查大多是全面使用管道 CCTV（闭路电视）进行摸排，实现对整个排水系统的管网缺陷全面无死角地排查。传统的排查方式能尽数查出所有管网缺陷及水体污染情况，但缺少针对性，对所有水体、管网进行地毯式调查的方式对时间、成本、人力等资源的需求均较大。以往部分业主偏向于花大代价做全区域的管网 CCTV、QV（管道潜望镜）排查，发现管网的所有问题，在解决了管网的严重问题后，却发现环境治理并没有取得理想的效果，最终前期调查和施工都成了治理过程中的部分工程措施。在实际工作中，工期、预算等条件均存在局限的情况下，高效、高质量地完成本底调查需要更系统、精细化、具有针对性的调查技术。本底调查作为环境治理的基础，也是一个系统工程，需要根据调查对象的历史矛盾、区域特征、污染因子、业主需求等因素进行综合考虑，通过有限的投入完成系统又具有针对性的调查。为了更高效地进行本底调查，应充分利用在线监测、IoT（物联网）、大数据、云计算等信息化工具，结合传统 CCTV 调查手段实现系统的现状调查及成因分析。首先应对项目本底情况进行初步分析，结合历史资料及现场踏勘情况判断区域排水系统的主要矛盾；然后对整个排水系统进行细化分区，并根据各区域特点逐层细化分解；在各分区针对性地布设监测点，利用水质水量监测对污水系统、雨水系统进行综合评估；依据评估结果对区域隐患进行分级，锁定问题严重区域；结合管道 CCTV 排查确定缺陷类型，指导设计施工。此外，在本底调查过程中偶然会遇到管道破裂、外水入侵等紧急问题，及时提供应急修复治理的服务，查治结合能够将持续性的环境问题对整个系统的危害降到最低。下文将结合真实案例来介绍环境调查服务的内容及应用。

专栏 2.3　B 市本底调查案例

B 市部分污水处理厂一直存在提质增效的难题，且“进水浓度低、处理效能不高”一度被纳入该省 2021 年省政府挂牌督办项目，根据相关要求，2021 年年底前，B 市城市污水处理厂 BOD（生化需氧量）平均进水浓度需有明显提高，城市生活污水集中收集率需较 2020 年提升 10%以上。

为此 B 市专门成立提质增效小组，耗时半年对全市雨污水管网开展全面排查，在其中问题最严重的污水处理厂服务范围内共发现管网缺陷 4 396 处，B 市水务局当即对部分缺陷进行了修复，可效果不佳，B 市污水处理厂进水浓度整体依旧偏低，省政府督办考核压力陡增。于是，B 市水务局委托 M 公司对该市进水浓度最低的 4 个污水处理厂片区的污水管网进行全面排查，找到进水浓度偏低根源，并开展紧急治理修复工作，完成提质增效目标。

M 公司随即组建团队对 B 市 4 个污水处理厂服务范围的污水管网开展现场踏勘调研，并收集分析历史资料，制定了水质水量调查+环境详查+管网应急修复的工作思路。

B 市 4 个污水处理厂服务范围为 312 km^2，处理规模分别为 2 万 t/d、2.5 万 t/d、2 万 t/d、9 万 t/d，均为满负荷运行，其中 1 号污水处理厂进水 COD（化学需氧量）甚至不足 100 mg/L，BOD 最低仅为 23.66 mg/L，问题异常突出。M 公司通过分析，对 4 个污水处理厂共布设了 143 个水质水量监测点，并根据重要程度划分 3 个监测等级，其中一级监测点设于污水处理厂、泵站主要入口、主干管网及合流区汇入总干管节点处，用于持续发现片区内管网问题，并形成B市智慧管网监测系统；二级监测点主要设于次干管污水汇集处，对区域入流入渗、雨污混接、管网运行风险等进行分析评估。三级监测点主要设于穿湖、穿河管前后，用于诊断重点点位管网问题。

根据其污水系统管网走向，结合现场踏勘情况，在1号污水处理厂服务范围共设置43个水质水量监测点，2号污水处理厂服务范围共设置33个水质水量监测点，3号污水处理厂服务范围共设置33个水质水量监测点，4号污水处理厂共设置24个水质水量监测点。经过为期1个月的水质水量在线监测，发现1号污水处理厂服务范围存在外水入渗风险点位共17处，存在管道淤积风险严重共33处；2号污水处理厂服务范围存在外水入渗风险点位共10处，雨污混接风险共12处，污水漫溢风险12处，管道淤积风险严重共24处；3号污水处理厂服务范围存在外水入渗风险点位共12处，污水漫溢风险（降雨期间）7处；管道淤积风险严重共13处；4号污水处理厂服务范围存在外水入渗风险点位共8处，雨污混接风险共5处，管道淤积风险严重共4处。根据项目治理外水入侵的目标，对外水入侵风险点加密布设在线监测设备，进行7 d水质水量监测，通过细化监测结果对外水入侵程度进行评估，并锁定B市4个区域外水入侵最为严重的风险点共20余处。

M公司根据各污水处理厂水质水量监测结果，立即对外来水贡献率较高的20余处管网开展了QV管道潜望镜排查及管道CCTV检测，发现1号污水处理厂、2号污水处理厂服务范围存在多处河水入侵污水管网、雨水管混错接等直接影响污水水质浓度的管网缺陷。M公司整理分析排查成果，形成了管网修复优先级清单，对水质影响最大的管网缺陷进行重点修复，通过管网封堵、顶管施工、非开挖修复等方式进行管网应急修复。

在M公司水质水量在线监测、环境详查及应急治理修复的方式下，B市污水处理厂进水浓度实现巨大提升，B市4个污水处理厂均达到了省提质增效考核目标。其中1号污水处理厂2021年第一季度平均值为93 mg/L，2022年第一季度进水水质均值为176 mg/L，两者对比，水质提升89.2%；2号污水处理厂2021年第一季度平均值为91 mg/L，2022年1月进水水质均值为107 mg/L，水质提升17.6%；3号污水处理厂2021年第一季度平均值为104 mg/L，2022年第一季度进水水质均值为129 mg/L，水质提升24%；4号污水处理厂2021年第一季度平均值为122 mg/L，2022年第一季度进水水质为138 mg/L，两者对比，水质提升13.1%。

在 B 市本底调查过程中，M 公司根据 B 市污水处理厂提质增效难度高、污水处理厂进水浓度低、环保督察时间紧等特点，制定了“水质水量调查+环境详查+管网问题分级诊断+应急修复”的工作思路，通过水质水量调查对排水管网实现全方位、全覆盖式监测排查，快速定位管网缺陷区域及管段位置；配合 QV、CCTV 等环境详查技术精准锁定管网缺陷类型及数量，并通过非开挖修复等方式实施了管网应急修复，帮助 B 市水务局在短时间内最大限度地提升了污水处理厂进水浓度，完成了提质增效目标。

环境调查服务是通过对污染源头、转移路径、收纳去向全覆盖，水文水质条件、管网分布情况等基础数据全扫描，进行系统性分析，实现现状问题诊断，从而指导后续规划设计及建设实施。环境调查服务主要包括环境本底普查、环境现状详查以及污染源调查。

（1）环境调查服务

1）环境本底普查

环境本底普查旨在掌握目标区域内环境问题的基本状况，对全区域开展系统排查摸底，对环境问题做到“全覆盖、全扫描、全诊断”。

通过对城市排水管网、排水口、水系、水生态等进行广泛全面排查，充分获取水环境基础数据，摸清区域管网、水体情况，对污染现状评估、流域水环境综合治理提供准确翔实的基础数据。调查工作主要包括管网普查、水域排口调查、重点地块入户调查及水质水量监测与评估。

2）环境现状详查

环境现状详查是基于本底普查结果，对普查暴露出的环境污染问题开展更深入、更有针对性的调查，评估污染严重程度。通过对存在水环境污染、管网缺陷、污水处理厂及泵站运行情况等问题的区域划分子控制单元，加密布设水体、管网采样点，明确污染因子，定向检测污染物种类、数量。

现状详查包括通过水质水量监测、CCTV、声呐等专业手段，查明水体污染成分、排水管道缺陷类型，找出水环境污染病症。

3）污染源调查

污染源调查对环境调查中发现的严重环境污染问题进行溯源，找到污染源头，摸清污染形成原因。城市水环境污染主要来自外源污染和内源污染。

城市外源污染可分为城市点源污染和城市面源污染。城市点源污染大多来自工业、企业的生活污水及生产废水的不当排放，高污染工业企业废水出水不达标、夜间偷排，部分老旧地区排水管网不完善，生活污水、工业废水直排入水体，均会成为污染源，直接污染水环境；城市面源污染来自城市下垫面累积的各种污染物在降雨时，随着地表径流的冲刷作用，进入受纳水体所引发的污染，不同下垫面在晴天积累的污染物类型及浓度不一，对水体的污染程度不同。

污染源调查通过现场摸排，精准溯源，得到区域污染物的产生量及进入环境载体的污染物排放量，结合功能区划和排口、废水、集中处理设施等基本信息，计算区域的环境容量，并利用模型软件进行污染物排放量计算，得到污染负荷。

（2）分析展示服务

分析展示阶段服务内容主要包含问题诊断、成因分析和本底现状展示。

1）问题诊断、成因分析

对本底现状进行调查后，对于获取的资料数据进行分析归纳，整合统筹，对源头污染进行定量计算，对污染过程进行定点定位，对污染末端进行定性划分，定量计算，通过分析数据对环境问题进行识别，对区域环境问题的成因作出评估诊断。

2）本底现状展示

对本底现状有了系统的认识后，可对本底现状进行具象展示，便于帮助生态环境主管部门及平台公司对治理工作进行把控和决策。建立对应的展示系统和展示模型，直观展示现状存在的问题，构筑清晰细致的流域本底模型。

（3）应急治理

本底调查的过程中，在作出现状分析和问题诊断后，对已识别的问题进行隐患分级处理，对紧急环境问题，采取紧急快速治理手段，及时解决，尽早解决污染严重的环境问题。

2.1.2.1.2 服务要点

传统的本底调查重点为面面俱到，对工程内容涉及的区域进行无差别式排查，将区域内的大小问题尽数查出，但这种排查手段周期过长、任务量大，且存在部分区域问题少、排查难度大，耗时耗力。此外，传统的本底调查侧重工程思维，多数只对出现问题的表象进行调查，极少会对问题成因进行系统分析，且只进行招标区域的排查方式可能会忽略排水系统间的相互影响，导致排查结果不全面、影响调查结果的精准性。

水环境综合治理项目一般工程范围较广，要精准高效地获取整个系统的本底情况，提供高质量的环境调查服务需要注意以下要点。首先进行系统分区，根据各子区域特点制订针对性排查方案；其次需要结合水质水量监测等技术有效的锁定问题区域，缩小重点排查范围；遇到紧急的环境污染问题必要时查治结合，及时进行应急修复，减少对排水系统持续性危害；根据排查监测成果进行隐患分级，形成问题清单，指导后续设计及施工。

专栏 2.4　武汉市黄孝河、机场河本底调查

专栏 2.2 中已提到，黄孝河、机场河流域需开展有针对性的本底调查工作。2018 年，Z 公司集结百余人团队，联合多家单位，对流域内的管网、污水处理厂等涉水要素进行了精确系统的本底调查。

项目开展前，Z 公司确定了以下本底调查目标：

（1）管网摸排，缺陷定位

通过对污水管网的流量与水质进行实时监测，实现对管网的入流入渗情况的摸排，明确各分区的入流入渗严重程度，并结合 CCTV 等管网探查手段，对入流入渗点进行定位，形成管网问题清单。

（2）为水环境综合治理提供监测信息

通过对雨水管网系统的排口进行流量监测，对合流制溢流与雨水排口进行实时监控，并沿排口向上溯源，控制错接漏接带来的排口溢流污染。

（3）为未来建立在线监测体系提供点位

根据临时测量的实施效果，保留部分监测点位作为长期固定在线监测点位，补充远传模块，为未来建设在线监测体系提供数据支撑。

并确立了下述布点原则：

（1）覆盖全系统，涵盖全要素

监测体系需要覆盖汉口片区的所有排水管网，同时兼顾污水管网、雨水管网与合流制管网，涵盖水力与水质全要素。

（2）兼顾经济性与技术性

在设计布点方案时，需要根据管网结构及水力拓扑结构、区块面积、覆盖人口数、管网长度等要素，按照污水系统与雨水系统将汉口片区进行合理划分，在保障监测效果的基础上，兼顾监测方案的经济合理性，合理布设监测点位，同时采取购买监测服务的模式，降低一次性投入。

（3）突出重点问题与重点区域

监测布点方案要对重点区域和重点问题进行有针对性的设计。重点区域主要包括建设渠片区、常青泵站片区与东西湖片区，重点问题主要为污水管网入流入渗分析、雨水排口与合流制溢流排口溢流监测。

（4）考虑监测位置和监测数量

对于入流入渗分析，监测点位置的选择主要考虑两个原则：在各排水子流域内最下游干管布置；上下游监测点流量差值需要在20%以上，可以通过管线长度进行估算，每段管线长度需占上游所有汇水区管线长度的20%以上。监测点的数量可通过汇水区的面积和汇水区土地利用类型及人口密度等综合决定，本次监测方案中，针对RDII（旋转探测仪）分析的监测点应达到每5 km^2 一个监测点的布点密度。并确定了以下技术路线（图2-7）。

调查过程中为了更加便捷地对该流域进行系统评估，项目团队对排水系统进行逐层细化分解，污水一级分区按照污水处理厂服务范围，划分为2个分区，污水二级分区在一级分区基础上，根据污水泵站服务范围等控制设施，划分为9个二级分区，污水三级分区在二级分区的基础上，结合污水主次干管划分为23个三级分区。雨水一级分区主要根据城市地形地貌和水系结构划分为5个汇水范围，二级分区在一级分区的基础上，结合重大闸口等控制设施划分为17个二级分区。雨水三级分区在二级分区的基础上，结合雨水主次干管、海绵城市等划分为32个三级分区。

在三级汇水分区的基础上，结合地籍信息、用地权属、地块内外排水管网布局等因素，划定四级分区，四级汇水分区已经细化至各小区内部，分区面积小，管控更加严格，因此四级分区不划定污水分区或雨水分区。通过地块的四级划分，进行源头管控，实现精细化管理。

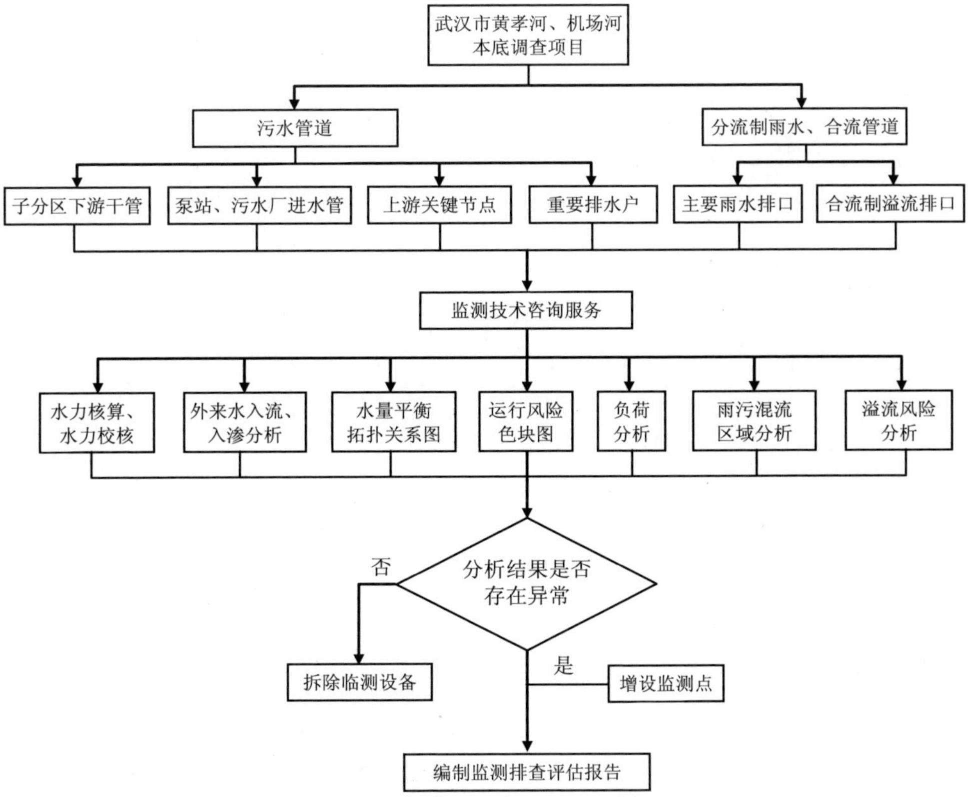

图 2-7　武汉市黄孝河、机场河本底调查技术路线

为了明确各分区的入流入渗严重程度，并对入流入渗点进行定位，根据管网结构及水力拓扑结构、区块面积、覆盖人口数、管网长度等要素，按照上述雨污水分区系统将该片区进行合理划分，建立监测体系，合理布设监测点位，保证对重点区域和重点问题进行有针对性的监测。结合监测目的，遵循布点原则，对该片区污水系统共布设 57 个流量监测点、14 个水质监测点，雨水系统共布设 27 个水量、水质监测点。

Z 公司基于实测流量和水质数据，分析计算出各监测片区污水收集量和外来水量，并根据外来水入渗率绘制入流入渗区域风险识别色块图，而后针对高风险地区进行有针对性的管网缺陷调查。通过调查，明确了功能性、结构性缺陷个数及点位，对管网健康度进行评估，根据分析评估结果对问题进行隐患分级处理，对紧急的问题，采取紧急快速治理手段。

以下为本底调查过程中的部分成果展示（图 2-8、图 2-9）：

图 2-8　排口、管网分布图

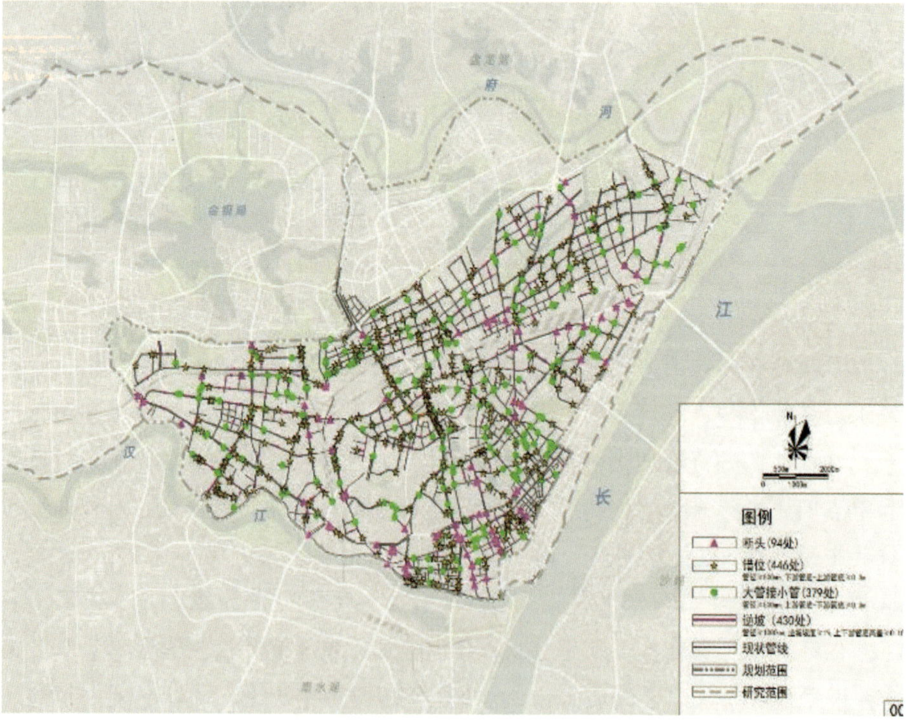

图 2-9　管网缺陷示意图

依托Z公司扎实详尽的本底数据，将黄孝河、机场河内源、外源等水环境及水安全、水生态现状进行系统评估并形成针对性问题清单，无论从深度还是系统性方面，均得到市政府及业内专家的高度认可，为该流域后续治理提供了精确的规划指引，指导业主分类、分级开展黄孝河、机场河流域治理工作，系统分期地实施了一系列水环境、流域综合治理工程，并取得了良好效果。

黄孝河、机场河本底调查阶段的工作，从整个系统的历史资料入手，翔实分析水系、区块面积、覆盖人口数、管网长度等材料，将以排水管网和污水处理厂泵站为抓手，对黄孝河、机场河流域整个排水系统进行逐层细化分解，精细化分区，根据四级分区有侧重地制订监测布点方案，并对重点区域加密布点，利用水质水量监测对污水系统、雨水系统进行综合评估，科学诊断区域内污水管网缺陷及雨污混流等情况。根据系统评估结果，形成针对性问题清单，高效指导建设施工。笔者通过多个不同类型的本底调查项目经验，最终总结以下本底调查阶段的工作要点。

（1）资料收集，全面排查

本底调查工作开展前很重要的一个工作就是提前熟悉待调查区域的历史情况，通过广泛收集基础资料并在项目全生命周期过程持续补充、对基础资料进行多层次解读，从该地区频繁发生或历史遗漏的问题入手，制订更有针对性、更全面细致的本底调查方案，使“绿色管家”模式下的本底调查具有全面性、系统性及全局性，让本底调查目标更明确，查无遗漏，排查效果更佳。

（2）系统分区，高效监测

为了确保在排查和在线监测过程中更高效地获取高度可靠的本底数据，需要将整个调查区域进行系统的分区分级，制订合理监测方案。对于污水体系，以污水处理厂为中心，形成厂、站、线、块的分区、多级监测体系，按照从下游到上游的追溯原则，从污水处理厂站—主干管—上游关键点—重要排水户等关键节点进行分级布点，并在重要污水泵站的进水管道、三级分区的支流汇入主管网处、社区接入口等位置进行精细化布点监测。

除了监测合理性，对系统进行分区时还需要综合考虑经济合理性，根据管网结构及水力拓扑结构、区块面积、覆盖人口数、管网长度等要素，按照污水系统与雨水系统对片区进行合理划分，在保障监测效果的基础上，兼顾经济合理性，合理布设监测点位，同时采取购买监测服务的短期模式，降低一次性投入。

（3）容缺模式，查治结合

在本底调查过程中会偶发地遇到一些棘手的环境问题，如过河管破裂、大量外水入侵污水管网等，需要及时对管网进行应急治理修复，但正常的修复施工一般需要业主首先进行招采，中标后方能进场施工，整个流程十分漫长，会降低修复治理的时效性，导致污水管网受外水的侵害被持续放大。如果能够在这种情况下设置容缺机制，排查时边查边治，对重点问题直接进行应急修复施工，在排查结束后再进行相应材料的受理及审批，能够更及时高效地修复污水管网系统，同时还能降低后期修复时二次进行管网封堵、降水等处理措施产生的成本。

（4）成因剖析，深入全面

成因分析是环境综合治理的基石，依托本底调查成果，溯源问题，明确区域环境问题共性和主因，为后续规划设计方案的可达性打下坚实的基础。在后续设计、实施、运维过程中，依然可以通过不断完善本底调查成果，对本底调查成果进行补充和复核，对已识别本底现状问题进行深入分析，综合分析区域环境问题的核心问题。

（5）隐患分级，对症下药

精准诊断环境问题，从根本原因入手，进行隐患分级，形成区域环境问题清单，确定问题治理优先级，针对环境影响权重较大的问题优先进行修复处理，提高治理效率。对于修复难度大、影响范围广、需要进行系统治理的环境问题，纳入重点治理问题；对于修复难度小、急需解决的环境问题，采取快速治理手段，及时解决环境问题，以最少的时间、工程量投入，创造最大的修复效果。

（6）效率成本，统筹兼顾

建立完善的本底调查组织体系，通过引入先进调查工具，提高本底调查效率，同时保证调查结果的稳定可靠。逐步建立本底调查技术库，不断提升本底调查技术手段，整合使用先进本底调查技术，控制本底调查资金成本。

2.1.2.1.3 服务清单

环境调查服务清单如表 2-1 所示。

表 2-1　环境调查服务清单

序号	服务事项	服务子项	服务内容
1	环境本底普查	水环境普查	对区域内的排水口、水系分布、水生态等进行广泛排查
2		管网普查	收集管网资料进行分析研判、现场踏勘、制订管网普查技术方案
3		厂泵站普查	对区域内污水处理厂、泵站、集中处理设施的数量、分布、运行情况等进行广泛排查
4	环境现状详查	水环境污染详查	对受污染水体、水安全、水生态破坏等开展深入调查
5		管网详查	对管网运行状况、管网缺陷、管网混错接等情况开展深入调查
6		厂泵站详查	对区域内污水处理厂、泵站、集中处理设施的处理能力、运行负荷等情况进行综合分析评估
7	污染源调查	点源污染调查	排河企业、工业污染源调查，城镇生活污染源调查，排水口调查
8		面源污染调查	地表径流污染源调查、城乡接合部地区分散式畜禽养殖废水污染调查
9		内源污染调查	城市水体底泥中所含有的污染物及水体中各种漂浮物等所形成的腐败物污染调查
10		水环境容量核算	将现场调查基础数据、污染物排放量数据，输入分析系统，计算流域的水环境容量
11		污染负荷调查	将现场调查基础数据、污染物排放量数据，输入分析系统，计算流域的平均污染物质通量、污染物负荷
12	问题分析诊断	实时监测与智能诊断	通过智能监测系统进行实时监测，通过源头定量、过程定位、末端定性进行问题智能诊断
13		模型模拟与提前预警	通过模型模拟，模拟环境未来趋势，进行污染事件和环境恶化的提前预警
14		AI 识别评估	通过 AI 智能分析识别，辅助评估环境现状
15		智能筛选与修复建议	智能筛选，对环境问题系统地提出解决对策，并且分析后筛选出修复建议
16		遥感监测	在比较恶劣的区域和环境下，运用遥感技术安全、准确地进行监测

序号	服务事项	服务子项	服务内容
17	本底现状展示	建立环境系统架构	建立水环境系统架构，通过本底调查数据的整合和收集，形成区域本底的数据库，形成环境系统架构
18		本底可视化模型	根据水环境系统架构建立本底可视化模型，将本底数据转换为直观、全面、具象的三维模型或动画
19	应急治理	隐患分级	根据智能诊断对问题进行隐患分级
20		紧急快速治理	根据隐患分级结果，对紧急环境问题，采取紧急快速治理手段，及时解决

2.1.2.2 服务二：近远统筹、系统定制

环境治理方案编制是针对当前区域环境问题，制定专业性和针对性的规划设计。统筹流域水资源、水环境、水生态综合治理和上下游协同治理，秉承“近远统筹、系统定制”原则，兼顾近远期发展，考虑工程实施难易程度、资金状态及治理迫切程度，站位全局，定制解决方案。

专栏 2.5　武汉市黄孝河、机场河方案编制

专栏 2.1 中提到，黄孝河、机场河流域，河道排口溢流污染频发，水体存在黑臭问题，水质感官较差；水体流动性弱，水生态情况差；沿岸景观效果不佳，水系与城市空间脱离；雨季内涝渍水，街道污水漫溢严重。水污染问题反复是黄孝河、机场河流域长期的环境问题。

项目实施前涉及两河流域部分方案存在干支流设计不同步、分段治理割裂、碎片化设计，工业和城市生活污染治理成效巩固深化不足，老城区、城中村及城郊接合部等区域环保基础设施建设还存在短板，未以流域为单位，全市“源、厂、网、河、湖、闸、站”未统筹建设，运行不协调，未能实现流域“一条龙”系统治水机制。

前期的治理措施以截污纳管、底泥清淤等治理措施为主，统筹流域水资源、水环境、水生态综合治理和上下游协同治理不够。治理手段主要依靠行政手段协调处

理试点中出现的问题，经济、法律、科技等手段运用较少，市场化程度、法治化意识不强，新技术、新理念运用不够。治理目标上，目标定制过高导致难以达成。治理理念上海绵城市等规划理念与大截排等水务设计理念冲突。同时还存在项目选址未与产权单位沟通固化，水文地质勘察资料不完善，工程费用估算偏理想化，方案设计与现场实际情况脱节，可实施性差等问题。

当前我国流域治理体系和治理能力现代化水平有待提高。流域管理与区域管理相结合的流域水环境管理体制亟须进一步健全，地下地上、陆海统筹协同增效的治理体系不够完善。部门间、地区间信息共享机制不健全，科技支撑、能力建设等发展不同步，导致项目市区两级分配时难以协调。生态保护补偿机制、生态产品价值实现机制等有待进一步建立健全，“绿水青山”转化为“金山银山”路径尚未完全打通。

武汉市委、市政府要求，后期规划方案需完成提质增效目标，落实“三清”行动方案，探索黄孝河、机场河流域精细化规划治理之路，通过强化综合施策，修复蓝网系统，坚持水岸同治，实现上下游联动、左右岸兼顾、水里岸上的全要素协同治理，全面推动河湖长治久清。

环境治理为系统工程，方案中若存在干支流设计不同步、分段治理、碎片化设计问题会直接影响治理效果。因此统筹流域水资源、水环境、水生态开展综合治理和上下游协同治理是方案编制发展方向。结合多个项目方案编制经验，政府对治理方案存在如下共性诉求：

①治理方案严格按照规范标准设计，充分保证成果质量，通过规范化、流程化的体系，保证方案的编制工作稳定高效。

②治理方案需具备系统性、专业性、针对性，确保方案的目标方向，能准确识别影响项目成败的关键资源、关键技术、关键节点等核心问题，兼顾投建运成本可控与区域环境目标可达。

③治理方案需具备有效性、可行性和落地性，有效解决当前区域环境面临的核心问题，有效解决生态环境主管部门及平台公司的痛点、难点需求，与其他上位规划匹配程度高，契合区域整体发展规划，能够在后续的实施和运维中顺利推进。

④治理方案需对目标可达和成本控制整体考量。注重方案细节，按照投资限额严格控制设计规模。

⑤治理方案需对区域环境治理进行时间与空间的总体布局。根据上位规划以及本底调查工作成果，近远统筹，明确近期治理任务和远期治理规划，分步规划实施项目。

⑥治理方案需多方考察不同区域的环境治理工作，积极探索新理念和新技术的应用，同时结合区域自身特点和优势，因地制宜，优化设计方案，使其能够契合区域的社会、经济、自然条件、本底现状。

⑦治理方案需要稳固前期环境改善成效。深化工业和城市生活污染治理成效，补齐老城区、城中村及城郊接合部等区域环保基础设施建设短板。

⑧治理方案需要根据问题的紧迫性和困难程度，同时考虑政府财政情况，协助政府设立近远期目标，兼顾近远期发展，制定针对性强的治理方案解决迫在眉睫的环境问题。

⑨治理方案能够革新治理思路和方式，帮助政府统筹流域水资源、水环境、水生态综合治理和上下游协同治理，同时运用经济、法律、科技等手段，加强市场化程度、法治化意识以及新技术、新理念的运用。

除以上基本诉求以外，政府还存在以下深层诉求：

①治理方案可提升流域治理体系和治理能力现代化水平。进一步协助政府健全流域管理与区域管理相结合的流域水环境管理体制，完善地下地上、陆海统筹协同增效的治理体系。

②能够帮助生态环境主管部门及平台公司协调环境治理方案与前期本底调查、后续建设和运营的关系。

③保障和改善民生是转变经济发展方式的根本出发点和落脚点，生态效益是经济社会发展评价体系的重要指标，治理方案需综合考虑生态效益和民生问题。

2.1.2.2.1　服务内容

流域水环境方案编制工作需要从保护流域生态系统整体功能的角度进行流域综合管理。我国的流域治理几乎都是跨多个市区级行政区域的，流域水环境保护方案编制工作具有显著的外部性，要求合适级别的政府管理。由于流域水环境保护涉及的范围广、内容多，部分地区、部门协调不足，当前的许多治理方案间没有明确的关系，缺乏接口和控制，方案内容不统一，致使流域水环境保护治理方案没有形成体系。

“绿色管家”根据城市发展的不同阶段，发现当前环境主要矛盾，对应组织研究该城市的交通、环境、功能调整等方面的重大问题，制订一段时期内的环境治理战略，保证方案的前瞻性和可控性。同时从不同角度出发，结合城市发展的状况，根据治理的紧急程度及时间的紧迫性，选择不同的治理理念，保证治理目标的可达，下文将结合真实案例对“绿色管家”模式下，某中心城区流域水环境治理方案编制工作进行简要介绍。

专栏 2.6　A 市中心城区流域水环境治理方案编制

粤西地区某百亿级生态环境提升工程，Z 公司协助业主进行可行性研究报告编制工作。

B 省环保督察检测了 A 市中心城区 22 条共 28 段、79.45 km 河渠水体，其中 4 段中度黑臭，10 段轻度黑臭，中心城区河道黑臭问题亟须解决。为解决水体黑臭问题，A 市前期开展了中心城区水系整治第一阶段工程，中心城区水体旱天已基本解决黑臭现象。但根据中央第四生态环境保护督察组反馈意见，仍有部分河道有“返黑返臭”现象。

A 市召开全市污染防治专题会议，会议强调坚决打好污染防治攻坚战，要求加快水系综合治理的脚步。Z 公司根据政府方建设目标要求，第一时间派遣技术团队约 20 人在 A 市驻点办公。技术团队结合中央环保督察反馈情况，人民群众呼声较高及市领导关切的紧迫性问题，结合现有资料开展全域勘察工作，Z 公司本底专班累计投入 40 余人，调研中心城区 22 条水系，累计踏勘 1 000 多 km；配置 QV、RTK（实时差分定位）、流量计等多种设备，开展现场测量 100 余次，测样 200 余次，对 A 市主城区部分河渠流域范围内污染源、管网、水环境、厂站位置、建设规模、用地情况、水安全、水动力和水景观情况进行调查分析，并基于 Z 公司“源、网、厂、河”全要素系统治理理念分析黑臭根源，开展 A 市相关工作。

中心城区包含 5 个行政区，共计约 458.12 km^2，主要河涌共 22 条，总长度 93.22 km。经详尽的本底调查和资料分析，发现中心城区部分地区在源头层面上存在排水管网雨污不分流问题；在管网层面上存在管网建设运维差，导致排口溢流严重，并出现内涝问题；在净水厂层面上存在厂进水浓度低，部分区域污水收集率低的问题；在河道层面存在河道雨季易返黑返臭、生态基流差、岸线破损等问题。同时 A 市由于人口增长超过了规划预期，城市人口流动不均衡，呈现突出的中心聚集化趋势，导致中心城区不可避免地承担更多的人口压力；一期开展大截排工程，工程实施后雨污混合的废水给污水处理厂造成了很大的冲击，来水量波动幅度大，暴雨时污水处理厂不堪重负，少雨时污水处理厂则来水不足造成污水处理厂设施的闲置与规模浪费；上游雨水收集送下游处理导致上游生态补水严重不足影响了区域水生态平衡计划。基于以上问题，开展 A 市中心城区水系综合治理第二阶段项目概念性方案、规划、可行性研究、设计和勘察等工作。

针对上述问题，技术团队主要开展以下工作:

一是保证治理方案定制化、系统化，找准痛点，制订治理方案。根据 A 市水系的特点，强化治理的系统，有效衔接排水工程专项规划、海绵城市专项规划等城市基础设施建设规划，全面展开水系综合治理工作，将该地区治理方案定制为正本清源、激浊扬清，清污分流、各行其道，厂网联动、系统调度。

二是合理统筹近远期目标，固本谋远，编制方案。根据 A 市财政情况及当前问题的紧迫程度，制定 2023 年、2025 年、2030 年 3 期目标。2023 年，消除 A 市中心城区已完成整治的 28 段黑臭水体中 4 条水质反复问题；重点解决 B 河氨氮超标问题，基本消除 B 河流域范围内建成区生活污水直排口。2025 年，基本消除城市建成区生活污水直排口和收集处理设施空白区；城市生活污水集中收集率力争达 70%以上；污水处理厂进水浓度 $BOD_5 \geq 100$ mg/L；中心城区河湖稳定消除黑臭，实现长治久清。实现污水应收尽收、雨水不积涝成灾，构建清晰独立的雨污分流两套系统。2030 年，防洪（潮）标准达到 100 年一遇；内涝防治重现期 30 年，雨水管网一般地区采用重现期 3 年，主干管采用重现期 5 年，特别重要地区采用重现期 20 年；旱季漏排污水截污率 100%，河湖水质基本达到Ⅴ类水标准；中水回用率达到 60%；充分利用碧道建设和已有绿道，统筹山水林田湖草沙，推动河库联网、陆海统筹、流域综合治理，建设生态廊道，带动周边产业发展，提升人居环境，实现可持续发展；逐步营造智慧滨水区氛围，展现“智慧新城”的形象。在规划设计和管理过程中运用智慧手段，并推进既有基础设施的智能化改造。

三是分片实施，提质增效。针对部分区域污水管网建设严重滞后、历史欠账多的突出问题，按照“分片建设，建设一片，见效一片”的思路和“偿还历史欠账与杜绝新增错乱接乱拍同步推进”的要求，制定近远期目标。

四是立体海绵，综合见效。充分利用表层、浅层、深层三维空间布局雨水系统，充分利用规划绿地系统，构建雨水浅表排放通道。

五是建立模型，验证可达。通过该工程逐步营造智慧滨水区氛围，在规划设计和管理过程中运用智慧手段，同时推行既有基础设施的智能化改造。可将水质净化厂、配套管网、闸门、泵站纳入系统实时调度方案辅助决策的范围内，对溢流污染，河道水质超标等问题进行预测和综合调度管控，对工程实施进行数字化模拟，基于暴雨洪水管理模型（SWMM）模型，搭建 A 市中心城区排水系统模型和对方案的规划、可研和初设进一步验证目标的可达性。

六是逐项优化，严格把控。高质量、高标准完成方案第一轮征求意见稿，并向市财政局等多个部门及相关区县两级政府两轮征求意见共计 330 余条，逐条落实修改。同时基于市财政整体统筹要求，结合工程目标，完成总投资控制。

最终历经 5 个月，高质量、高标准完成了可行性研究方案的编制工作，并帮助政府设置下一步推进思路，推动项目更快落地。

在 A 市方案编制过程中，Z 公司协助政府建立城市环境发展战略研究体制，根据城市不同阶段的发展阶段和主要矛盾，制定一段时期的环境发展战略；强化近远期环境规划，建立弹性的环境规划体制；通过前期本底调查获取数据，结合 SWMM 建立 A 市排水系统模型对 A 市中心城区，保证项目目标可达。“绿色管家”模式方案编制从前期策划阶段开始介入，全生命周期参与方案策划，规划、可行性研究报告、勘察和设计，针对性地提出治理方案和优化建议，最大限度地提升项目综合效益。

（1）概念性方案

概念性方案主要是深挖生态环境主管部门及平台公司需求、精准识别项目痛点与难点，通过前期现场调研，识别项目核心问题，把握项目开展难点，找准项目实施痛点，提出项目开展思路，规划项目技术路线，明确项目实施内容及愿景，匡算项目工程量及工程投资。

（2）规划

规划依托本底调查成果和概念性方案成果，结合区域发展现状，对区域环境治理制订全面长远的发展计划，区域对未来整体性、长期性、基本性问题进行思考，设计未来整套区域治理行动的方案，在协调城市环境治理过程中方方面面的利益起着综合调控作用，是指导城市环境治理的蓝图。

（3）可行性研究报告

可行性研究报告是根据规划落实到具体项目推进时的过程方案，是在调查研究和分析论证项目技术可行性和经济合理性的基础上，进行方案比选后编制的方案，从产业、技术，到区域各种环境、法规等各种因素进行具体调查研究分析，确定有利和不利的因素，判断项目是否必要，是否可行，预估项目效益，为生态环境主管部门及平台公司的进一步项目决策提供依据。

（4）勘察

勘察是根据项目的要求，查明、分析、评价建设场地的地质、地理环境特征和岩土工程条件并提出合理基础建议，编制建设工程勘察文件，水务环保项目勘察服务内容包括地质勘察、工程测量、地下管线探测、管网排查、污染源调查、水环境调查等工作。

（5）设计

设计是根据项目需求，编制初步设计及施工图设计文件，通过图纸，把设计意图和设计结果表达出来，作为后期项目实施的依据。设计输出成果为所有专业的设计图纸，含图纸目录，说明和必要的设备、材料表，并按照要求编制工程预算书等。

2.1.2.2.2　服务要点

当前流域水环境治理方案编制工作，部分方案不具有完整的水环境质量目标，同时水环境管理要素欠缺，上下级不存在明确的指导控制和反馈机制的系统。方案内容、时间、空间、结构未形成一个统一整体，与其他方案之间的协调性有所欠缺，水环境目标、内容衔接、行动协调、编制工作程序等均有调整空间。

“绿色管家”在方案编制阶段将流域水环境治理相关的方案整合到一起，形成一个层次分明、分工明确、运转高效的整体，根据项目情况动态调整方案。按方案编制对象所处的地位，将流域决策分出不同层次，不同层次的问题在相应层次能级上处理。制定前瞻性总体目标，贯彻方案总体目标的指导作用，综合考虑水管理的各方面要素，包括水资源涵养系统、流出过程系统、水资源利用系统、水污染防治系统和水生生态系统，使各方案目标明确一致，流域水环境治理方案更加高效，下文结合黄孝河、机场河方案编制过程中的服务要点进行总结。

专栏 2.7　武汉市黄孝河、机场河方案编制

专栏 2.5 中提到，政府实行精细化流域治理，考虑从顶层规划设计层面开展谋划或者策划。基于此，Z 公司联合其余 4 家单位，组建百余人团队，以黄孝河、机场河雨水收集系统为规划范围，同时为统筹考虑流域系统的水环境综合性问题，将黄浦路、东西湖和谌家矶等片扩展为研究范围。进行黄孝河、机场河流域治理规划编制。Z 公司完成以下工作：

（1）定制方案，精准有效

针对该区域问题突出的排水防涝、水环境治理、水空间保护及景观、排水管控 4 个方面，进行定制化方案，保证规划切实有效，通过对城市水体环境的改善和修复，构筑全方位的控污体系，打造多样的绿地开敞空间体系。

（2）治理理念，动态转变

因海绵城市改造时间与短期内完成两河治理的现实冲突，遂制定方案项目短期内完成“大截排”改造，保证流域内河道不再黑臭，中远期再完成城市海绵化的升级，同时将前期大截排设施用于雨水调蓄，在不违背项目上位规划目标的情况下，保障短期目标的可达性。

（3）近远统筹，目标合理

完善两河流域排水系统，消除河道黑臭现象，提升水体水质，恢复河道生态服务功能，打造“蓝绿交织，清新明亮”的健康水系格局，打造流域治理国际典范，保证规划的前瞻性和先进性，方案编制时，对项目进行近远期规划。

至 2021 年年底，水质明显改善，主要指标达《地表水环境质量标准》（GB 3838—2002）Ⅴ类；化学需氧量≤40 mg/L；溶解氧≥2 mg/L；至 2025 年年底，水质稳定达到 GB 3838—2002 Ⅴ类，部分水质指标达到 GB 3838—2002 Ⅳ类

标准；化学需氧量≤30 mg/L；总磷（以 P 计）≤0.3 mg/L；氨氮≤1.5 mg/L；至 2035 年年底，水质达到 GB 3838—2002 Ⅳ类标准，恢复河道水生态系统，健全河道生态服务功能，打造“蓝绿交织，清新明亮”的健康水系格局，打造国际城市内河治理典范。

（4）项目分级，合理清晰

根据市区财政情况，以及市区统筹管理能力的区别，综合考虑各市区项目推进能力的大小，对项目进行合理的市区分级，将源头和过程等的治理划分至区级，将末端治理划分给市级，保证后期项目的高效推进。

（5）模型评估，准确有效

建立流域评估指标体系，对评估单元进行划分，并依据调研结果建立水质水量模型，对系统进行整体评估，需覆盖排水系统的环境、水文与水力性能。首先，建立完整的评估指标体系，以评估指标体系为指导，进行后续评估工作，包括水环境类、内涝风险类、设施效能类、社会影响类、水生态类。其次，基于现状调研建立水质水量模型，经过降雨模拟与模型校验使模型能够模拟真实排水系统情况。最后，基于水质水量模型分别对水环境承载力、内涝风险与设施效能进行评估，突出重点区域，验证工程治理是否目标可达。

（6）逐项优化，严控总投

历次政府汇报、水务局、规划组讨论及内审等完善修改，对项目规模进行多次调整，在保证目标可达的情况下，严格控制总投资，保证政府投资的可控性。

（7）跨区对标，取长补短

在武汉市黄孝河、机场河方案编制过程中，不断总结 Z 公司在其他项目方案编制过程的经验，进行跨区域对标，不断优化黄孝河、机场河治理方针，从最初的靶向治理、区域治理走向最后的流域治理。

（8）全程协调，动态纠偏

从流域质量长期管控的角度，对规划方案的实施情况与实施效果进行监测与管控，主要包括用户排水许可管理、流域综合评估等，从源头对排水行为进行管控，依靠第三方评估对流域治理的效果定期进行考核评估，包括工程进度、环境改善、资金使用绩效等，对问题进行动态纠偏。

黄孝河、机场河方案编制阶段的工作，以大型排污口为突破口，推动全流域的水质提升工作。全面建成污水全收集和全处理系统、开展溢流污染和面源污染的防治体系建设、推进水生态修复。科学分析水体的特点、污染成因和水环境承载能力，利用现代工程技术、生态技术、信息技术，科学规划源头减排、过程控制、末端治理、生态修复等工程措施，稳步有效提升水质。清醒认识水质提升的内在规律和问题所在，最大限度地发挥既有设施效能，减少反复、避免浪费，合理确定工程项目，既要尽早实施、持续推进，又要确保实效，建立长效管控和维护机制。最终总结工作要点如下述。

（1）定制方案，精准有效

定制方案过程中需通过方案细节设计、多方案比选、不断优化设计方案等手段，对基础数据进行分析整合，对方案进行多维度比选、反复论证，使方案有据可循、目标可达、落地性高、实施性强、经济合理、切实有效，具备专业性、系统性及针对性的特点。

（2）方案编制，前瞻可控

在方案编制系统化定制化的前提下，方案编制需保证一定的前瞻性，需全面加强城市环境规划对于综合发展战略的研究能力。根据城市发展的不同阶段，发现城市环境的主要矛盾，如有的城市以防洪排涝为主要目标、有的城市以景观提升为主要目标、有的城市以截污和水质还清为主要目标、有的城市以水质考核为主要目标等，对应组织研究该城市的交通、环境、功能调整等方面的重大问题，制定一段时期内的环境治理战略，保证方案的前瞻性和可控性，避免方案滞后于城市发展。

（3）治理理念，动态转变

在方案编制过程中，从不同角度出发，可能会出现不同的治理思路，如从水务角度和城市规划角度出发，时间和空间的站位不同，导致相互矛盾的治理理念。需结合城市发展的状况，根据治理的紧急程度及时间的紧迫性，选择不同的治理理念，保证治理目标的可达。

（4）系统治理，协同推进

坚持“山水林田湖草沙”生命共同体理念，从流域生态系统整体性出发，以小流域综合治理为抓手，强化“山水林田湖草沙”等各种生态要素的系统治理、综合治理，以河湖为统领，统筹水环境、水生态、水资源，推动流域上、中、下游地区协同治理，统筹推进流域生态环境保护和高质量发展。

（5）近远目标，合理统筹

通过分析区域环境重点难点问题，按照问题的紧迫性和困难程度，分前期、中期、远期策划包装项目。兼顾近远期发展，制订针对性强的治理方案解决迫在眉睫的环境问题，利用充分论证的技术方案攻坚克难，同时站位全局，充分考虑区域经济发展可能对环境带来影响的隐患，提前制定优化措施，预留治理空间，最终实现产业导入，使区域建设与区域环境和谐发展。

（6）发展理念，生态优先

坚持绿色发展理念，尊重流域治理规律，注重保护与发展的协同性、联动性、整体性，从过度干预、过度利用向节约优先、自然恢复、休养生息转变，以水定城、以水定地、以水定人、以水定产，促进经济社会发展与水资源水环境承载能力相协调，以高水平保护引导推动高质量发展。

（7）治理目标，模型验证

采取数字模型验证手段，明确设计参数，分析方案目标可达性。运用 BIM（建筑信息模型）正向设计，可视化呈现设计方案及实施效果，保障设计质量、持续优化成本。对基础数据进行分析整合，采用数值模拟，基于 SWMM 建立城市水环境系统模型，模拟运行，分析方案可达性，最终使设计方案做到有据可循，确保目标可达。

（8）跨区对标，取长补短

不同区域的环境治理，由于各区域社会、经济、自然条件等不同，各区域有着适用于自身的一套环境治理理念。作为“绿色管家”，在实施区域环境治理工作的过程中，进行跨区域对标，对标在环境治理上取得卓越成绩的区域，学习其先进的治理理念和手段，取长补短，综合考量本区域条件，优化环境治理的方针。

（9）规模资金，严格把控

在保证规划方案满足目标可达的基础上，尽可能控制项目资金成本，严格把控项目设计规模。精准调控、有序释放建设规模流量，统筹地上和地下空间利用，强化多专业整合、用地功能复合、空间环境融合，高效利用现有资源，保证设计方案对资金、资源的合理分配。

（10）全程协调，动态纠偏

建立健全设计服务响应体系，全过程参与区域环境治理工作。往前协调与本底调查的关系，深入分析本底调查成果，对本底调查成果的质量进行复核，并在设计过程中根据需要对本底调查提出补充需求；往后协调与实施和运营的关系，全面交底设计成果，为后续建设和运营提供支撑依据，对建设和运营过程中产生的问题及时动态纠偏，真正做到调查、勘察、设计、建造、运营一体化。

2.1.2.2.3 服务清单

环境治理方案编制服务清单如表 2-2 所示。

表 2-2 环境治理方案编制服务清单

序号	服务事项	服务子项	服务内容
1	概念性方案	识别痛点难点问题	根据本底调查和多方沟通，准确识别生态环境主管部门及平台公司痛点难点，识别项目核心问题
2		明确项目开展思路	根据问题和生态环境主管部门及平台公司痛点难点，明确项目的整体开展思路
3		确立项目技术路线	根据项目开展思路，选择契合的技术路线
4		明确项目实施内容	根据生态环境主管部门及平台公司的需求和需要解决的环境问题为导向，明确具体的项目实施内容
5		明确项目愿景	了解生态环境主管部门及平台公司的远期目标，结合区域产业，提出项目的未来期望和愿景
6	规划	制订远期发展计划	制订全面长远的发展计划，对未来整体性、长期性、基本性问题进行思考和考量，设计未来整套区域治理行动的方案
7		制订项目实施计划	制订项目的实施计划，对区域环境治理进行项目划分、实施时间区间划分等
8		近远目标统筹分析	分析区域环境重点难点问题，按照问题的紧迫性和困难程度，统筹前期中期远期目标，为生态环境主管部门及平台公司制订长期环境治理计划
9	可行性研究报告	方案定制优化把控	对基础数据进行分析整合，对方案进行多维度比选，进行反复论证，可使设计方案有据可循、目标可达、落地性高、实施性强、经济合理、切实有效
10		技术方案比选	进行方案比选，对各种因素进行具体调查研究分析，确定有利和不利的因素

序号	服务事项	服务子项	服务内容
11	可行性研究报告	环境容量计算	采取数字模型验证手段，量化环境容量指标
12		目标可达性分析	根据环境容量和污染负荷，明确设计参数，分析方案目标可达性，把控项目的设计成果，判断项目是否可行，预估项目效益
13		投资估算	根据项目方案，初步拟定投资估算
14	勘察	地理环境特征评价	根据项目的要求，查明、分析、评价建设场地的地质、地理环境特征
15		岩土工程条件评价	现场详细勘测并分析评估工程区位的岩土工程条件，提出合理基础建议，编制建设工程勘察文件
16	设计	初步设计说明	编制初步设计说明书，明确初步设计的设计意图和内容
17		初步设计图纸	包含所有工程子项的初步设计图纸，图纸内容清晰完整
18		初步设计概算	根据初步设计图纸，出具初步设计概算书，对项目造价有整体的认识分析
19		施工图设计说明	编制施工图设计说明，对施工图进行准确详尽的说明
20		施工图编制	对初步设计图纸进行深化细致的设计，包含全部工程子项，图纸设计规范标准，可实施性强
21		工程预算书编制	根据施工图纸，结合国家和当地的定额准确计算并出具工程预算书
22	配套服务	设计规模把控	充分结合生态环境主管部门及平台公司需求、现有资源配置、环境问题现状，在保证环境问题可以得到解决的前提下严格把控设计规模，杜绝过度治理
23		资金利用把控	合理优化设计方案，通过把控设计规模、优化治理工艺、选用先进技术产品等方式合理控制项目建设资金成本
24		跨区对标优化方案	立足区域自身特点，多维度对标，编制环境治理对标报告，并根据对标成果优化调整设计方案
25		后期设计服务	充分对接项目实施、运营方，完整翔实地对实际成果进行交底和移交，并提供后期设计服务
26		设计成果动态纠偏	根据全过程的本底调查，以及项目实施、运营反馈的问题，实时优化设计方案，并对应调整远期治理方案，动态纠偏设计成果

2.1.2.3 服务三：精益建造、区域深耕

在项目实施阶段，以高度标准化管理体系，实现精细化设计管理、施工管理，保证对投资、进度、质量、安全的全面把控，同时联动多方资源，优化资源配置，持续开展建设内容优化工作，达成项目收益的最优解。

专栏 2.8　武汉市黄孝河、机场河项目实施

专栏 2.1 中提到，黄孝河、机场河项目作为重点水环境项目，重点民生工程，外界关注度高，面临环境复杂，工期紧张等众多客观因素，项目在实施过程中，进场即赶工，造成项目在进度、商务、质量及安全文明施工等各方面均存在较大压力。

黄孝河、机场河流域治理工程项目实施阶段主要存在以下问题：

（1）可研编制时间仓促，落地实施难度大

可研报告半年编制完成。项目选址未与产权单位沟通固化，水文地质勘察资料不完善，工程费用估算偏理想化，方案设计与现场实际情况脱节，可实施性差。

（2）工期紧张，政府压力大

作为生态环境部重点督查工程，华中区首个城市高密度建成区水环境综合治理项目，该项目关注度高，工期紧张，政府受中央环保督察压力大，实施标准要求高。

（3）项目边界影响因素多，调度机制实施难

项目横跨四区，考核指标涉及 9 条断面 8 大类 35 项 98 条，该工程主要解决暗涵末端环境问题，前期工程存在历史遗留问题，源头雨污分流、海绵城市、闸站控制等众多外部因素均对该项目产生影响，不确定性大。

（4）周边建设限制多，项目实施方案策划要求高

项目位于城市高密度建成区，邻避效应凸显，部分项目周边居民意见较大，几大子项均为复合式利用，对施工方案的先进性、安全性要求高，且需要充分保障项目进度、质量目标。

（5）绩效付费下的实体化运营，风险化解技术支撑要求高

特殊目的实体（SPV）实体化运营，按考核付费，社会资本方尤其是中建三局

为项目履约风险的主要承担人。技术全程服务项目履约，工期、商务、目标可达等风险均需技术管控合理化解。

（6）项目环境问题认知不深入，探索投资、建设和运营的最优解困难

当前环境治理项目实施，项目环境问题的认知不够深入，无法保证投资、建设和运营的最优解。

针对项目实施，政府要求项目快速进场，按期完成项目实施，保证项目质量，实现项目总投的最低化，解决水质全面提质增效，厂网一体精细管理问题。

对于环境治理项目实施，政府诉求主要在项目进度、项目投资、项目质量和项目安全等方面，具体诉求如下所述。

①以工程合同为核心，保证项目实施按期完成。加强施工管控，采用新技术、新工艺、新设备，对生产要素进行优化组合、动态管理，统一调度指挥，平衡近远期各类矛盾，确保项目如期完成。

②确保施工安全和施工质量，杜绝安全事故和质量事故发生。加强作业和程序的规范化和制度化，对项目实施全过程进行质量安全监控，完善各类工艺技术质量标准细则，保证项目实施过程的质量安全。

③全过程控制项目总投，实现项目总投的最低化。在合理考虑施工现场设施以及工程质量的基础上，降低工程成本，加强项目实施各项环节的过程检查和过程监控，做到动态控制成本，及时采取有效措施纠正成本误差。

④在项目实施过程中，需同时兼顾征拆协调的进度及合法性，尊重群众意愿。

结合笔者在项目实施过程中的经验，政府还存在以下诉求：

在项目实施过程中，需做好协调工作。包括近外层关系协调：协调设计、监理、业主等单位的相互合作、监督管理；协调项目规划、实施与运营期间过渡问题和远外层关系协调：与金融组织、社会团体、服务单位、新闻媒体以及周边群众等的协调。在项目实施过程中，想人民之所想，行人民之所嘱，把人民对美好生态的向往变为现实。

2.1.2.3.1 服务内容

流域水环境综合治理项目实施过程边界条件复杂或专业之间交叉多、无统一施工规范、部分单位施工人员或项目管理人员缺乏专业技术能力。流域水环境综

合治理项目实施过程，缺少国家或行业标准规范，部分单位经验不足造成施工过程不规范，出现材料设备的浪费与闲置，降低施工效率，增加施工成本。另外，建设和规划等相关职能管理部门协调合作力度不够，各单项工程产权单位之间互相推诿，不能按时间或空间有序地开展工作。

“绿色管家”模式，以项目功能实现为最终目标，针对流域治理项目子项多、规模大、周边环境复杂等特点，对相关子项工程及关键工序进行全面铺排，梳理项目水处理技术路线达成、分段验收交付时间，制订科学合理的项目实施方案，实现项目高效管理，保证项目安全、质量、成本和进度目标的达成，下文将结合案例对某水务项目的项目实施服务内容进行分析。

专栏 2.9　B 市某水环境治理工程项目实施

A 公司在 B 市实施的某大型水务环保项目，该项目涉及专业多，工序复杂，且涉及运营考核。为保证工程“三控三管”目标，A 公司建立全生命周期的技术管理体系，统筹设计、施工、运营各阶段技术工作，主要包括以下内容:

（1）进度管理

梳理项目水处理技术路线达成（污水处理项目）、分段验收交付（市政管网项目、清淤疏浚项目）时间，结合各传统节日、汛期等对水量影响，综合考虑各子项征借地难度，确定项目关键线路。建造过程通过控制单体构造物开工时间、工序合理穿插，控制关键节点，减少工作面闲置，避免出现窝工、返工现象，保证工期目标的顺利达成。

（2）质量管理

通过全过程质量管控，减少返工造成的浪费，提高一次成活率，降低质量风险，从而达到高品质、高精度的建造要求。坚持样板引路制度，以实体样板为依托，明确工序施工要求和质量标准；进行质量风险识别和监控，减少地下结构渗漏等质量通病的发生；开展实测实量，以高精度、高标准约束过程实施，发现问题及时改正提高建造项目交付质量水平。

（3）安全管理

推进安全防护设施标准化，制订项目安全管理实施计划、危险因素识别与评价、安全管理运行控制、安全监督管理、安全事故管理等。

最终历时一年半，在保证项目质量的前提下，提前完成B市流域水环境综合治理工程，项目效果得到政府高度赞赏，顺利解决B市水环境问题，帮助B市消除黑臭水体。

A公司在B市的项目实施阶段，通过制订科学合理的项目实施方案，实现项目高效管理，保证项目安全、质量、成本和进度目标的达成。“绿色管家”模式可在项目实施过程中持续加深对区域本底问题的认知，掌握本底变化，动态纠偏施工，不断优化完善针对性解决方案，实现区域持续深耕。

项目实施阶段的服务内容主要有以下几个方面：

（1）界面管理

界面管理主要包括协调设计、施工等单位的相互合作、监督管理；协调项目规划、实施与运营期间过渡问题；与金融组织、社会团体、服务单位、新闻媒体以及周边群众等的协调。

（2）设计与技术管理

设计与技术管理服务内容主要有工艺、支护结构设计、主体结构设计、机电专业设计等专业技术优化4个方面。包括减少设计上的错漏碰缺，删除多余工序、多余产品功能造成的浪费，降低施工难度，提升建造可实施性，降低运维成本，增强目标可达性等内容。

（3）计划与工期管理

计划与工期管理，以满足合同工期节点要求为基础，服务内容有梳理项目技术路线达成、分段验收交付时间，综合考虑各子项征借地难度，确定项目关键线路。建造过程通过控制单体构造物开工时间、工序合理穿插，控制关键节点，减少工作面闲置，避免出现窝工、返工现象。

（4）质量管理

质量管理通过全过程质量管控，减少返工造成的浪费，提高一次成活率，降低质量风险，从而达到高品质、高精度的建造要求。主要内容包括编制质量管理实施计划，制定质量管理机构与职责、质量风险识别与防控、质量创优管理、质量管理过程控制、质量检查与整改、质量分析与改进、质量投诉与处理等。

（5）安全与职业健康管理

安全与职业健康管理遵循系统性、动态性、可行性原则。以客观为依据、以规范为标准、以技术为手段，充分考虑局部和整体、全过程和阶段性。主要服务内容包括制订项目安全管理实施计划、危险因素识别与评价、安全管理运行控制、安全监督管理、安全事故管理等。

（6）智慧施工管理

智慧化施工管理主要服务内容包含：一是智能设备管理，包括智慧巡检模块、智能无人施工电梯、智能化施工装备集成平台等；二是智能物资管理，包括云平台集采、钢筋 BIM 集约化加工等；三是智能劳务管理，包括实名制管理、AI 无感考勤；四是智能质量管理，包括移动巡更模块、智能化实测实量工具、BIM 综合管线优化；五是智能安全管理，包括 BIM+VR（虚拟现实）安全体验、AI 慧眼安全管理+AI 防疫、卸料平台荷载预警、临边预警等；六是智能环境管理，包括智能路灯、智能水电表、有害气体监测、污水监测等；七是智能平台管理，包括云筑智联管理平台和智慧工地云平台。

（7）区域深耕

以区域流域水环境综合治理为导向，无缝衔接区域规划，坚持污染治理与生态提升并举，通过持续性“本底调查”，通过系统勘察、全流域模拟、持续监测为治理提供基础数据支撑，及时解决实施阶段的各项技术问题，为后续的提质增效、管网修复提供良好基础。强调“因地制宜，一城一策”，通过区域环境系统问诊，实现区域环境问题全要素治理，形成该区域特定治理方案。

2.1.2.3.2 服务要点

对于流域水环境综合治理项目，水体条件复杂，技术应用经验少，技术难度大，处理手段以生化、物化和化学反应为主，条件要求高，部分单位对于此类项目可控性较差。

“绿色管家”模式，在确保项目考核目标的基础上，通过精细化的设计管理，实现对投资、进度、质量的全面把控，借助先进的模型模拟，通过精准控制系统、智慧水务平台等项目的建设，实现了资源合理分配，降低成本，下文将结合黄孝河、机场河水环境治理项目实施对服务要点进行分析。

专栏2.10 武汉市黄孝河、机场河项目实施

专栏2.8中提到，黄孝河、机场河水环境治理项目在进度、商务、质量及安全文明施工等方面均存在较大压力。基于项目的投资、建设、运营、完美履约的目标，对项目的安全生产、质量、进度、投资、水安全、水环境等要求进行分解，最终完成以下工作：

（1）先导破冰，信任建立

通过先导示范段项目完美履约与政府建立信任，与政府和平台单位建立融资—投资—建设—运营联动链条，定期组织项目协调会，水务局项目推进专题会等，形成各方合力，解决项目疑难杂症，服务项目整体功能目标。

（2）尊重历史，依法依规

项目推进过程中，处理历史遗留问题，如两河沿岸混接、错接、漏接未完全处理；附近污水处理厂扩建及尾水未达标；片区雨污分流改造未完成等；同时设置报批报建工程师组成的报批报建工作小组，分别建立内部及外部的沟通协调机制，并根据报批报建办理的不同阶段中出现的主要矛盾做好相应处理，保证项目前期的合法合规性。

（3）拆迁协调，与民融合

牵头各参建单位建立协调工作机制，明确各关联方管理职责划分及相关事项约定，保障项目各项重大工作部署顺利推进。同时谋划开展国家级观摩会，增加项目媒体关注度和社会影响力，多次进入社区宣传，解决项目附近居民担忧问题，避免出现投诉、阻工等问题，与民融合。

（4）集成功能需求，优化子项资源配置

原可研设计中，A 河明渠拓宽工程拟在 B 大道现状箱涵左侧新增两孔，单孔宽×高=6.8 m×3.5 m；在 C 大道现状箱涵左侧新增一孔，右侧新增两孔，孔口尺寸宽×高=6.0 m×3.5 m。B 大道及 C 大道交通环境极为复杂，交通导流及迁改费用高，施工难度大，投资产出比极低。通过构建水文水质模型，模拟多工况下 A 河明渠的

防洪排涝能力；组织设计专题会、专家咨询会；通过初设固化方案。

在满足河道 50 年一遇排涝能力的前提下，优化断面型式（取消扩孔），增加河道清淤工程，优化调度提前启动泵站预排，最大限度保障水质目标的达成。将投资重点倾向水质保障子项。同时对合流制溢流（CSO）等重要子项结合选址调整，进行了支护和结构的优化设计；对明挖管道工程优化为顶管和盾构型式，保证施工连续性的同时，降低了征地、迁改等低效投资；对明渠景观等非量化考核子项的建设内容结合专家意见进行核减。

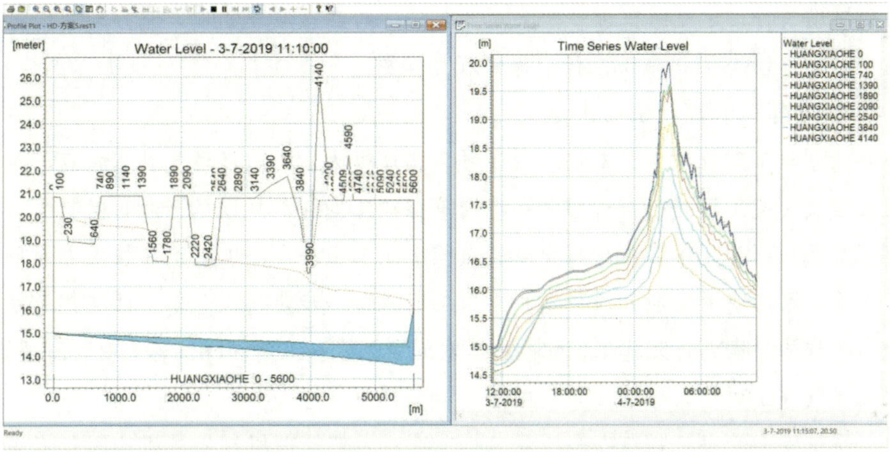

图 2-10 优化方案防洪排涝能力模拟

（5）投建运联动，提升投资收益

该项目收费模式分为两种：一种是经营性项目，采用“可行性缺口补助”模式；另一种是非经营性子项目，采用“政府付费”模式。按照合同约定，若项目能在确保系统目标可达的前提下，通过优化施工顺序、工艺、设备选型等手段减少投资利息和运营成本支出，可增加投资收益。

该项目施工顺序方面，优先解决对水体影响大的排污口整治及铁路桥地下水厂工程，在短时间内有效提升水体水质，将调蓄池等工程放在后期实施。

该项目地下污水处理厂收入单价固定，合理增大工程费用，降低后续运维成本。经过类比分析，电耗、药耗为设计优化的重点方向。通过对高程精准控制，将进水由泵提升调整为自流进水，节省运行费用 58.3 万元/a。

鼓风机是污水处理厂能耗户，占全厂电耗的40%～60%，为好氧池、膜吹扫提供气源，需长期稳定运行，经技术、经济性综合比选，选用“韩国进口变频空气悬浮风机+精准曝气控制系统”，实现对曝气量的精准控制，对比传统曝气设备可降低能耗 20%以上，节约运行费用 99.9 万元/a。引入精准除磷系统，节药比率可达25%，节约运行费用 202.47 万元/a。

（6）项目部署，周密有序

以项目功能实现为最终目标，建立健全技术管理体系，定稿并发布设计变更等系列制度文件。建立指挥部—分公司—公司—局四级联动机制，充分利用岩土专家驻点办公，动态优化施工设计，保障现场实施。

（7）紧盯管理，主动作为

计划与工期管理：针对该工程子项多、规模大、周边环境复杂等特点，对各子项工程及关键工序进行全面铺排，特别是存在工期履约风险的子项，对制约工期关键因素深入研究。项目从材料设备、工艺、施工工法、施工组织等技术方面采取优化措施，保证使用功能和质量前提下，工期风险一步步得以化解。如在某子项中增加临时栈桥，解决交叉施工、材料及运输问题，节省工期 60 d；某子项取消顶管井，解决燃气施工风险，节省工期 122 d。

质量安全管理：紧盯安全质量目标。针对内部管理机制人员机构固化容易出现评估不够客观、注重内部短期目标忽略长期风险等缺点，项目将专家咨询常态化，即作为项目管理力量的补充，也作为项目技术管控的有力手段。并积极开展设计方案及施工方案现场复核，确保工程保质保量完成。

（8）基于运营目标可控的技术管控

该项目边界条件复杂，任一边界条件不达标，都可能导致河道水质出现波动，为确保高标准、多目标、大尺度的运营维护管理考核目标的实现，特别是水质目标的可持续性，依托 MIKE 系列模型工作，通过细致调查及本底监测，构建耦合数学模型进行定量化分析，模拟流域水动力、水环境状况，同时评估在各种工程措施和治理方案下河道污染负荷、流场、浓度场的变化，并予以技术优化，化解运营风险。

CSO 调度方案优化：通过对近 20 年降雨强度的精细化分析，结合暗涵高水位运行的现状，发现在可研设定的（24.4 mm，65 min）降雨强度下，河道溢流频次不满 10 次考核要求，借助模型模拟，优化了 CSO 强化处理设施的循环回流处理设计，并形成了与“气象监测+天气预报”联动的提前启动调度方案。通过优化 CSO 传输箱涵的延长，充分发挥调蓄净化设施处理能力的同时，利用发挥箱涵末端的溢流+提升泵站的功能，形成河道行洪的第二通道，进一步降低溢流风险。

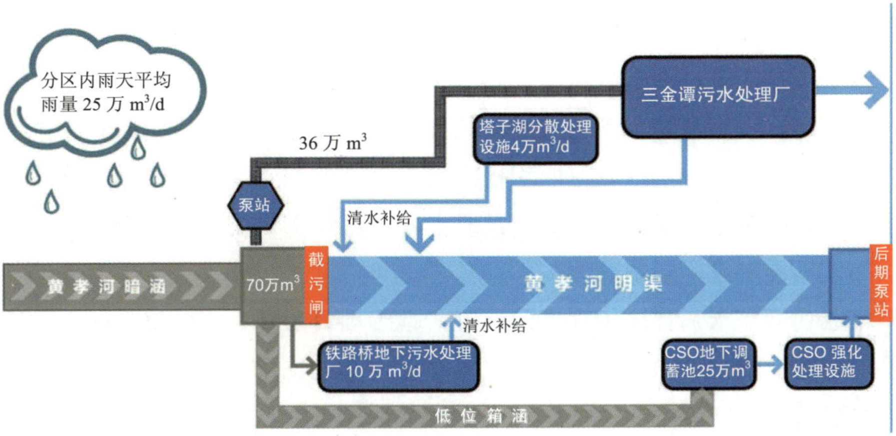

图 2-11　第二行洪通道

（9）区域深耕，服务增值

该项目位于高密度建成区，边界条件复杂，项目策划阶段布置 127 个水质水量监测点，通过系统勘察、全流域模拟、持续监测为治理提供了基础数据支撑，及时解决实施阶段的各项技术问题，也为后续的提质增效、管网修复提供了良好的基础。建立基于共享、兼容理念下的区域智慧水务平台，为打造城市级水务平台奠定基础。

（1）先导破冰，建立信任

通过先导示范段项目等前期合作的完美履约与政府建立信任，与政府和平台单位建立融资—投资—建设—运营联动链条，形成各方合力，解决项目疑难杂症，服务项目整体功能目标。

（2）尊重历史，依法依规

在项目推进过程中，处理历史遗留问题，同时建立内部及外部的沟通协调机制，并根据报批报建办理的不同阶段中出现的主要矛盾做好相应处理，保证项目前期的合法合规性。

（3）拆迁协调，与民融合

牵头各参建单位建立协调工作机制，明确各关联方管理职责划分及相关事项约定，保障项目各项重大工作部署顺利推进。同时谋划开展国家级观摩会，增加项目媒体关注度和社会影响力，多次进入社区宣传，解决项目附近居民担忧问题，避免出现投诉、阻工等问题，与民融合。

（4）项目部署，周密有序

项目部署，贯穿整个工程建设的始终。精心准备、细化方案，有序推进工程建设各项工作，充分发挥各方面积极因素，合理利用资源，加快施工速度、提高工程质量、确保施工安全、降低建设成本，获得经济效益。

（5）工程建设，科学合理

集成功能需求，优化子项资源配置，基于项目目标，将估算与概算进行合理分配，实现投资价值的最大化；投建运联动，通过优化施工顺序、工艺、设备选型等手段减少投资成本和运营成本支出，增加投资收益；打通本底数字平台与智慧建造平台，采用先进的 BIM 技术、物联网、互联网、大数据等前沿技术，围绕“人、机、料、法、环”五要素开展管理，构建数字化、信息化的智慧工地，确保项目进度、安全和质量。

（6）项目建造，精益高效

提高管控成效，通过设计优化，减少多余工序；推广标准化、信息化、机械化技术革新，施工措施优化，减少资源浪费、降低质量风险和建造成本、提升工程品质；工序合理穿插，减少工作面闲置；系统性合约规划，减少无效成本浪费；全过程质量管控，提升工程品质；通过安全环境标准化管理，提高资源周转可利用效率。

（7）聚焦问题，区域深耕

持续进行区域本底调查工作，打造集污染源调查、智慧诊断、精准排查、咨询策划与规划等于一体的技术服务标准化流程；对本底调查、数字模型模拟等技术服务进行提炼总结，指导后续科学有效地开展相关工作。深耕区域，聚焦区域环境问题，提炼、集成专项技术，厚实专业建造，形成企业标杆、行业领先的全生命周期项目示范。

2.1.2.3.3 服务清单

环境治理项目实施阶段服务清单如表 2-3 所示。

表 2-3 环境治理项目实施阶段服务清单

序号	服务事项	服务子项	服务内容
1	项目实施	界面管理	对内协调：项目内部关系协调、项目部与作业层的协调
2			近外层关系协调：协调设计、监理、施工等单位的相互合作、监督管理；协调项目规划、实施与运营期间过渡问题
3			远外层关系协调：与金融组织、社会团体、服务单位、新闻媒体以及周边群众等的协调
4		设计与技术管理	工艺设计优化：实现工艺设计动态优化；建立工艺设计云平台，实现跨平台的协同工艺设计
5			支护结构设计技术优化：优化设计方案和优化细部结构
6			主体结构设计技术优化：上部结构设计、中部主体结构设计和下部基础结构设计。还包括结构选型、结构受力设计、结构的布置设计
7			机电专业设计技术优化：对机电系统、机电参数、机电选材等优化，对机电图纸进行精细化设计
8		计划与工期管理	项目结构分析：进行详细的项目结构分析，系统地剖析整个项目结构构成
9			进度控制管理小组：成立管理小组，定期不定期召开会议，严格执行讨论、分析、制定对策、执行、反馈的工作制度。项目管理者联盟，项目管理问题
10			控制流程制定：编制计划的对象由大到小，计划的内容从粗到细，形成了项目计划系统
11			计划控制：以项目进度计划为依据，不断进行跟踪检查，收集有关实际进度的信息，比较和分析实际进度与计划进度的偏差，确定调整措施，对原进度计划进行修改后予以实施
12		质量管理	建立质量控制体系：从人力、技术、设备、后勤等方面提供良好的保障并按质量保证体系，严格控制工程质量
13			制定质量管理机构与职责：依据不同分部分项工程的质量管理要点，不同施工专业的施工质量控制特点，对质量管理目标进行分解，确定各分包单位的质量管理目标和职责

序号	服务事项	服务子项	服务内容
14	项目实施	质量管理	质量风险识别与防控：风险的感知，判断可能发生的事故；风险的分析，分析引起这些事故的原因和条件
15			质量管理过程控制：主要可以将其分为 3 个阶段，即“事前”的质量控制阶段、“事中”的过程控制阶段和“事后”的质量把关与处理阶段
16			质量检查与整改：建立质量检查与整改机制，出现不合格的情况及时进行处理
17			质量分析与改进：分析产生质量问题的危害性、分析产生质量问题的原因、分析解决质量问题应采取的措施
18		安全与职业健康管理	危险因素识别与评价：依据项目地理条件、气候规律、行业特点，识别主要风险
19			安全管理运行控制：通过对需控制的重要环境因素有关的运行和活动进行控制，确保环境方针、目标的实现
20			安全监督管理：实行分级管理，一级抓一级，坚持“谁主管，谁负责”原则
21			安全事故管理：事故信息的报告应及时、准确和完整；信息的处置快速高效、分级负责；事故调查实事求是、尊重科学
22		智慧施工管理	智能设备管理：智慧巡检模块、智能无人施工电梯、照明远程控制模块、塔吊运行监测、塔吊吊钩可视化、塔吊人脸识别定时控制、5G 塔吊远程控制、塔吊安拆关键工序可视化监控等
23			智能物资管理：云平台集采、云平台优选
24			智能劳务管理：实名制管理、劳务工资代发、AI 无感考勤
25			智能质量管理：移动巡更模块、智能化实测实量工具、BIM 综合管线优化
26			智能安全管理：BIM+VR 安全体验、移动巡更模块、智能安全帽、AI 慧眼安全管理+AI 防疫、卸料平台荷载预警
27	—	区域深耕	通过项目实施帮助生态环境主管部门及平台公司加深对区域现状的认知，为政府的整体治理和下一步行动计划提供指导依据

2.1.2.4 服务四：智慧管理、运营前置

环境治理项目运营即通过运营管理，实现项目运营维护过程的规范化、制度化、流程化和系统化，确保运营维护工作的顺利进行，运营目标的顺利实现。当前运营工作面临着实时数据获取困难、部门间信息共享困难、环境数据分析技术落后等问题。“绿色管家”项目运营了以物联网技术基础，搭建智慧环保体系架构，构建城市一体化运营管理机制，建立完善的智慧环保体系，提高环境治理运营效率，保证环境治理项目运营目标实现。

专栏 2.11　武汉市黄孝河、机场河智慧运营

专栏 2.1 中提到，武汉市黄孝河、机场河流域水环境综合治理，是以消除水体黑臭、净化水质、排水防涝为主要核心功能目标，兼顾河道生态和景观功能于一体的重大生态环保工程项目。

运营阶段主要面临以下问题：①如何实现水资源智慧调度系统，逐步实现黄孝河、机场河河道及相关治理设施的自动化和智慧化运行维护；②河道流域较长，沿河难免存在工业或生活污水排污口，以及部分隐蔽的排污口，并进行有规律或无规律的偷排污水，这将造成对河道的管理难度加大；③河道沿线绿化种植的树木、植被种类繁多，暴雨后，水位上涨，容易钩挂垃圾，滩地上的成片水草容易倒伏，影响湿地及河道景观，如何进行水生态及河道景观精细化管养。黄孝河、机场河前端均为合流制暗渠，不同雨情溢流入河道的合流制溢流污染情况也不同，如何控制合流制溢流污染对河道水质的影响是本项目运营难点。地下空间设备设施的维护保养难度大，如何保证地下设施的正常运行是一大难点。

武汉市委、市政府要求，为达到整体设计目标，除进行相应的工程措施外，还需建立长效管理机制，从项目全生命周期考虑运营管理工作，明确各阶段运营管控的要点，提高项目智慧运营水平，保障工程设施设备功能完备和使用正常，以巩固流域综合整治成果。

对于环境治理项目运营，除保证项目的正常运行以外，政府还关注项目能否发挥长效机制，是否构建城市一体化运营管理，为城市环境治理运营提供快速、有效的决策支撑，具体诉求如下：

①保障工程设施长期稳定，确保项目高效运行，实现区域环境达标。充分发挥长效管理机制，创造优美、整洁的城市环境。

②建立大数据平台，实现项目智慧运营。打破信息孤岛，对数据进行深度挖掘与分析，发挥数据的智慧决策能力，为运营管理提供快速、有效的决策支撑，实现联合调度与运行。

③提高运营管理效率，保证环境稳定达标的前提下，降低运营成本。对异常情况进行快速报警、降低损失，通过数据统计、对比和分析，优化生产工艺，辅助运营决策。

④构建城市一体化运营管理机制，通过统筹建设和协调运行，提高系统统筹保障能力和服务水平，提升环境质量，加大环境资源保护力度。

2.1.2.4.1 服务内容

当前部分地区对智慧水务的认知存在较大偏差，仅把监测以及监测数据可视化作为开发重点，数据分析、决策支持，辅助预警等能力还较为欠缺。同时智慧水务行业标准体系缺失，一个城市内的不同区域，缺乏统一标准的模式指导，造成同一个城市不同区域之间信息难以互通，存在信息孤岛。另外，水务数据基础薄弱，数据质量不一，难以对后期的分析决策步骤提供支持。

“绿色管家”既有对水文水资源等水务知识的专业理解，又能主导对信息通信技术的融合，将专业的咨询力量与先进的开发技术相结合，打破行业之间的壁垒，提供全生命周期的系统解决方案，通过水务业务系统的控制智能化、标准化、系统化，保障水务设施的安全运行，为城市提供更加高效的运营服务，下文将结合某流域水环境治理工程，对“绿色管家”模式下的某流域环境治理项目运营服务内容进行分析。

专栏 2.12 某流域环境治理项目运营

A 市某流域管理实行分级管理体制，各个区域负责该区域内的流域治理及智慧化建设。各个区域的智慧化建设思路不一致，发展程度有所差别，数据标准也不统一，造成了 A 市大流域系统的割裂，形成众多的信息孤岛。在流域系统如此割裂的情况下，对整个流域的治理工作显得举步维艰，需耗费大量的人力、物力即系河道的监督巡检，形成大量的数据报表，严重制约了 A 市流域智慧化管理工作。

为提高流域的精细化、标准化、智慧化管理，形成 A 市的流域数据大脑，Z 公司帮助 A 市构建统一的流域管理平台，打破各区域分裂的信息孤岛，构建整个流域的智能感知网络，形成流域大数据资源库，实现全流域的河道数据、感知数据共享，为流域决策做判断依据，提高了 A 市流域治理的现代化水平，其具体工作内容如下：

（1）构建智能感知体系

通过建立“天一地一空”三位一体的智能感知体系，实现流域内的多维度感知系统，在该流域共设计 957 个流域监测点，对河道水质水量、水文泥沙等实现自动检测，利用监测站、无人机多种监测方式，保证对流域河道的全覆盖，增强对流域水质、水情的智慧感知能力，为流域水力模拟及后期模型构建提供基础的数据。

（2）建立流域信息管理系统

对流域内河道基础信息、泵闸站基础信息、河岸基础信息进行统计，管理维护涉河项目、排水口、河道淤泥、河床信息、河岸信息、闸站坐标、闸站管辖单位、闸站建设年代等基础信息进行维护。

（3）创建流域决策系统

构建流域决策系统，实现对河道态势的综合管理和决策作用，主要包括水生态系统管理、河道水质管理、河道水情管理、泵闸站远程操控等。水生态管理系统主要包括水生植物、水生动物和外来入侵物种 3 个模块；河道水质管理系统主要包括对流域水质的实时监测、统计评价以及决策支持；河道水情主要包括实时水位、流速和报警系统；泵闸站远程操控系统在水情、水位等的基础上，对闸站的运行状态进行动态控制，实现对流域内防洪排涝、水量分配的统一管理。

该项目最终实现流域河道的统一管理，为流域水网河道信息的实时共享提供了有力支撑。实现了水系的统一性，打破数据壁垒，破解数据孤岛林立问题。建立了感知驱动的智慧监管系统，利用无人船、监测点实现对流域内 66 条河道的监测，运用水质和水文智能监测设备，采集多维度的业务数据，对流域进行网格化、动态化智能感知；同时实现流域的精细化管理，实现了水环境监控、管养维护、配水防汛等应用功能，极大地提升了河道管理工作的精细化。

Z 公司在 A 市的运营管理，以环境持续达标为导向，建立专业化运营团队，通过智慧化运营管理，实现项目运营维护过程的规范化、精细化、流程化和系统化，确保运营维护工作的顺利进行。运营服务主要包括以下内容。

（1）建立感知系统

智能感知系统的主要功能包括数据采集、数据管理、终端管理、异常分析、运维管理等，为智慧化管理提供数据支撑。

（2）搭建基础设施

搭建基础设施包括网络基础设施和云基础设施。其中网络组件主要提供网络支撑和智能感知数据，建设独立的实体物理网，满足城市的水务信息采集和业务应用承载，统一管理网络边界接口（互联网出入口、业务平台接口）；云基础设施是指运用各地的政务云资源，提供计算、储存等服务。

（3）健全数据体系

利用物联网、云计算等新一代信息技术，健全大数据体系，建成集水务数据储存、管理、服务功能于一体的流域水务数据中心，持续稳定地保证数据更新，为决策系统提供支持。

（4）完善决策系统

决策系统覆盖水资源调配、水环境治理系统、水安全管理等方面，基于大数据分析结果，下达决策任务。通过整合现有决策系统，完成现有系统的改造和重建，最终形成自动化的决策体系，根据智能感知数据，完成任务下达。

2.1.2.4.2 服务要点

当前针对流域水环境综合治理的智慧水务工程层出不穷，但是部分智慧水务项目，由于缺少顶层设计，缺少规划以及建设和运营的体制，仅仅是把通信领域的理念融合到水务领域中，构建出来“同质化”的智慧水务。

“绿色管家”模式，通过伊始贯终的智慧运营管理、信息化与数字化手段实现信息资源与生产经营的深度融合，保证水务系统的科学预测与联动调度，建立动态实时的资产管理系统，形成精细化的管理方式，搭建智慧水务的总体框架及其推进策略，保障流域水环境综合治理智慧运营工作的正常启用和稳步推进，下文将结合案例对黄孝河、机场河运营阶段的服务要点进行分析。

专栏 2.13　武汉市黄孝河、机场河智慧运营

专栏 2.11 中提到，政府要求对黄孝河、机场河运营建立长效管理机制，从项目全生命周期考虑运营管理工作，提高项目智慧运营水平，保障工程设施设备功能完备和使用正常，巩固流域综合整治成果。

针对政府诉求，Z 公司迅速响应，组建专业化运营团队，并完成以下工作内容。

（1）全生命周期运营管理

运营团队在该项目立项及可研阶段即开展运营论证，开展市场调研，对项目运营数据、环境数据等进行经济测算；在方案设计阶段，对智慧运营提出优化需求，帮助设计团队进行设计选型（如帮助设计团队选择“进口变频空气悬浮风机+精准曝气控制系统”约节省 100 万元/a）；在项目前期布置 127 个水质水量监测点，为后期模型建立及智慧水务运营打下良好数据基础。

（2）感知系统智能全面

运营团队建立指标科学、实时在线的一体化监测网络，项目前期即布置 127 个监测点，同时新建在线式自动水质水量监测站 4 座，视频监控点位 11 个，闸泵自控点位 4 个，监控中心 1 座，配套水环境物联网信息管理平台，采用微型化、数字化、智能化和网络化的微型传感器，利用数字化监测技术，形成水下、水体、水面、空中“四位一体”的多元监测技术体系，对两河流域水务环境各工况、工况纬度进行全覆盖监测，将各类水务信号解析转换为可用的信号并进行关联，更直观地了解水环境本体及相关因素情况。

（3）数据分析科学及时

运营团队虽布置了多个监测点，但是由于无法完全覆盖整个流域的所有重要节

点，部分监测点因需考虑便利性原则，而存在少量不科学因素。因此，运营团队在运用实时监测的数据上，还通过 SWMM 模型和 MIKE 模型进行调整、更新，提高模型的准确性与可靠性，保证数据分析科学及时。

（4）资产管理动态实时

根据项目各个子项运营情况，构建技术经济模型，记录设施维护活动，形成资产管理台账，为资产管理和设备实际使用寿命成本的确定提供依据。

（5）控制系统尖端智慧

该项目智慧水务系统控制系统主要是利用先进的数学模型和现代化信息技术手段，将检测数据、数学模型各类评估方法与业务应用相结合，对径流污染、城市内涝、水污染事故等灾害的分析预警和应急响应措施建议，实现旱流污水入水质净化厂、中小雨入 CSO 处理厂、超标雨量溢流入河 3 种调度运行。

依托 Z 公司的智慧水务系统，实现了武汉市城市排水的科学管理，加强了城市水安全建设，进一步减轻城市内涝以及保障水环境达标，营造更加和谐、美好、干净、安全的城市环境。

（1）运营管理，伊始贯终

规划设计、建设运营管理应统筹一体化推进，由专业运营团队对规划设计定位进行把关，提升流域治理规划可实施性。在项目实施过程中，通过将运营前置，系统化整合资本投资、规划策划、建设施工等资源，保障项目科学推进，最终实现项目经济社会效益最大化。

（2）感知系统，智能全面

建设高效信息收集系统，全面采集系统数据。智能感知包括环境数据采集内容，为智慧应用提供数据支撑。基于地表、地下和遥感监测相结合，固定监测和移动监测相结合的空、天、地一体化立体监测技术，形成智慧管理智能感知体系，实现对环境的及时、全面、准确、稳定地监测、监视和监控。

（3）数据分析，科学及时

对感知系统上传的数据进行动态计算，分析对策，进行生产任务的下达。及时进行工艺调控，制定严格内控标准，实现项目运营环境持续达标。同时对药耗、能耗进行管理，使工程在保证环境稳定达标的前提下实现能耗降低，保证运营成本在可控范围内。

（4）资产管理，动态实时

以资产状态保持为核心，通过全面及时的过程监控、针对性的状态优化等手段，对运营资产使用过程进行全方位管理，实现资产效能充分发挥，运营资产保值增值；通过资产管理，对资金到位情况、项目的运营情况、质量、成本的控制等进行实时监控，从而作出科学的计划调整决策，以保证运营的高效、安全。以目标成本为基础，实时统计实际发生成本，并与目标成本进行对比分析并及时纠偏，实现成本的动态控制。

（5）控制系统，快速稳定

控制系统拥有远程数据传输与自控终端设施，实现数据传输与自控指令下达，同时运用系统内部数据库调用、模型模拟、智能管控平台等不同模块的交互与展示，为运维提供重要的信息支持和技术保障，满足工程运行管理和联合调度的需要，达到全面发挥工程效益、持续改善区域环境的目的，实现低能高效运营。

2.1.2.4.3 服务清单

该阶段服务清单如表 2-4 所示。

表 2-4 该阶段服务清单

序号	服务事项	服务子项	服务内容
1	环境治理工程管理	管网管理	对截污箱涵进行巡视检查、水位和水流测试、水质分析、清淤
2			管网功能状况评估、管渠污泥运输与处理处置、管网修复及废除、新装管渠接收管理、管网设备管理
3		污水处理厂管理	对进水流量、进水水质和流域污染源进行监控
4			对各工艺单元目标去除污染物和主要运行技术参数进行检测分析，保证出水水质稳定达标
5			多种实验方法确定药剂量、自动投加先进解决方案、与优秀的药剂供应商联盟
6			每月对运营能耗进行统计比对，了解能耗的水平和变化，找出可以优化的潜力
7			设备、设施的管理与维护保养、设备中小修、大修、更新改造、备品备件管理以及除臭系统维护

序号	服务事项	服务子项	服务内容
8	环境治理工程管理	调蓄池及处理设施	调蓄池设备应按照设备运行要求进行定期修检与更换，维护内容主要包括日常清淤、设备维护及保养、调蓄设施出水水质保证
9		景观工程管理	绿化养护管理，通过日常养护、病虫害防治、绿化改造等现场实施，景观效果持续提升；湿地公园和沿河绿化带管理，包括水域保洁、道路清扫保洁；配套设施管理
10		河道运营维护管理	河道保洁，阻水建筑物及时清理，水生植物定期养护，有害植物及时清除，沿线排污口实时管控
11			堤岸及巡河道路工程整洁美观、道路畅通、渗水点及时处理
12			沿线附属设施管理，标志标牌信息准确、鲜明、无缺损；护栏顺直、清洁、无缺损；防眩板清洁、无缺损
13			水质异常处理，及时对水质异常情况进行处理，河道水质异常现象主要包括河道溶解氧较低、化学品泄漏、富营养化和水质浑浊
14			定期对曝气设备进行检查与维护，使曝气设备安全、经济运行，保持设备的技术等级水平，达到设计要求，延长曝气设备的使用寿命
15		河道水工构筑物	建筑物符合安全运行要求，各闸门、启闭机运转灵活、金属结构及启闭设备养护良好，混凝土无破损现象，土石接合部无隐患，无渗漏现象
16		泵站及闸坝	泵站及闸坝设施完整，关键设备运行良好；附属构筑物基本完好
17		监测管理	对堤防、涵闸进行安全监测，监测资料整编成册并及时归档，根据监测资料进行运行维护；各监测设施完好无损
18		防汛管理	防汛物资准备、落实防汛措施；建立抢险预案，防汛组织合理
19	智慧管理	城市河道闸站联合调度管理	平台数据整合，实现可视化展示；建立模型算法，通过水力模型、降水量、河道水位、泵站开机情况等大数据分析，提供决策方案并自主适配优化方案并实现自控；指令发布与执行闭环运行，实现报警管理
20		异常情况处理	利用事件处理模块统一进行事件处理，大幅减轻管理人员的工作负荷，提升系统管理、监控的效率和效果
21		数据分析与报告	包括监测数据分析与评估、水境关键考核指标分析与评估报告

序号	服务事项	服务子项	服务内容
22	智慧管理	硬件设备维护	保证监测设备的运转、清洁、完好；完善维护数据收集及业务跟踪
23		软件系统维护	保证信息平台的软件系统、数据库运转及升级；完善数据收集及业务跟踪

2.1.3 环境服务技术

21世纪以来，随着城镇化进程，我国水环境整治力度不断加强。2015年4月，国务院颁发了“水十条”，为“十三五”期间的水环境治理提供了指导方向。“十三五”时期我国开展了大量卓有成效的水环境整治工作，城市污水处理产能及配套管网建设与改造取得长足发展，城市的污水处理率也达到较高水平，用于城镇污染物控源减排和稳定达标的成套技术、产品和设备不断涌现，并逐渐走向集成化、系统化。流域水环境治理从“污水治理、截污纳管”的单一模式向“源头削减、过程控制、系统治理”全过程协同新模式转变。

随着“水十条”的推进，“十四五”时期流域水环境治理进入第二个5年发展期，地级及以上城市建成区城市水体面临进一步提质增效的治理需求。相比“十三五”时期，“十四五”时期的治水要求更高、范围更广、难度更大。

目前，我国的流域水环境综合整治工作已取得阶段性成果，出现了很多治理模式和成功案例，技术体系也不断发展和完善，但仍存在理念和体系建设上的短板，如何在“十四五”时期乃至更长的一段时间内科学治水，选用适应新时代发展要求的流域水环境治理技术，已成为时代趋势[3]。

在流域水环境治理技术高速发展的今天，涌现出了一大批应用范围广、治理效果好、综合功能强的技术工艺，本书基于当前的热点技术，选择了9项环境治理技术展开介绍，各项技术均具备突出的优点，具有较高的推广使用的应用价值和深入研究的发展价值。

环境调查技术是环境治理的排头兵，对决定整体治理效果有举足轻重的影响力。“5G高光谱水质在线检测与预警技术”能够在不影响水生态的情况下，实时高速稳定地获取大量水体水质数据，通过系统进行梳理分析，实现对水污染问题提前预警。“管网智慧诊断与缺陷排查技术”能够通过对管网关键节点的实时在线监控，利用模型及智慧平台对关键数据进行处理、分析、计算，从而评估排水管网系统的健康程度，对现状管网隐患进行诊断筛查。

环境治理工艺技术是保障治理目标实现的核心技术，精准分析环境问题，合理地选用先进治理技术可以达到事半功倍的效果。“排水管网缺陷修复技术”能够通过对有限条件下的管网缺陷进行修复，在不进行大规模开挖重建，控制投资规模的前提下有效解决管网问题。“河湖底泥生态清淤与资源化利用技术”能够有效控制河湖内源污染，实现河湖淤泥的高效减量化、无害化和资源化，“深层传输隧道技术”能够有效解决水浸、河涌污染、洪水威胁等问题，特别适用于建设密度高、人口密度高、洪涝灾害频发的地区。“CSO+初雨污染调蓄及强化处理技术”能够有效解决合流制溢流污染和初期雨水污染，在截污及处理的同时，降低市政污水处理厂雨季负荷，是被广泛应用的污染控制技术。“生物操纵生态系统恢复重建技术”能够恢复自然水体的生态系统，大幅提高水体自净能力，助力水环境的长治久清。

项目建造实施技术是将环境治理方案落地的终端技术，先进的实施技术可以提高生产效率，保障工程质量。“PC 装配式水处理设施建造技术”能够提高建造效率，缩短建造工期，节约资源能源，减少环境污染。

运营是保障环境治理长效运行的最后环节，为了环境治理工程能长久地造福于人民，需要利用信息化、科学化的运维技术体系。“智慧水务运维与管控技术平台”能够充分利用物联网、大数据、云计算及移动互联网等新一代信息技术，全面提升水务管理的效率和效能，科学赋能环境运维管理。

2.1.3.1 环境调查技术

环境调查技术是环境治理的排头兵，对决定整体治理效果有举足轻重的影响力。本书重点介绍 5G 高光谱水质在线监测与预警系统和管网智慧诊断与隐患排查两项技术。

2.1.3.1.1 5G 高光谱水质在线监测与预警系统

目前，流域水质监测采用常规水质自动监测站和人工采样检测的方式，均为对重要断面布设监测点，成本高、时间久、布点少，无法涵盖全流域，因此存在水质数据碎片化、检测结果滞后性、难溯源、难预测的难题。运用 5G 高光谱水质在线监测技术，无须化学药剂，可实现每隔 5 s 检测一次水质，一次水质检测数据涵盖 COD、BOD、TOC、高锰酸盐指数、氨氮、总氮、亚硝酸盐、总磷、溶解氧、pH、浊度、色度、叶绿素、悬浮物、综合营养化指数累计 15 项指标，可以及时掌握流域水质变化情况，快速发现外部污染并定位，同时建立水质模型，预测水质发展趋势，对污染事件及时进行预警。

（1）技术介绍

5G 高光谱技术是将 5G 通信技术与高光谱技术结合而衍生的新兴前沿技术，通过 5G 通信把高光谱设备在线采集的水质数据实时传输到数据运算中心进行数据分析处理，及时掌握流域水质变化情况，快速发现外部污染并定位，并通过监测系统建立水质模型，预测水质发展趋势并提前预警。

高光谱成像技术是基于非常多窄波段的影像数据技术，它将成像技术与光谱技术相结合，探测目标的二维几何空间及一维光谱信息，获取高光谱分辨率的连续、窄波段的图像数据[4]。图像中每个像元都具有连续的高分辨率光谱曲线，高分辨率的精细光谱数据能充分反映地物光谱的细微特征，目前大多数高光谱相机的光谱范围在 400～1 000 nm，主要在可见光和部分近红外波段，也有 1 000～1 700 nm 近红外波段的范围。基于其分辨率高、波段宽、时效性强等特点，得到与以往相比更加复杂、更加精确的物体图像。

5G 高光谱水质在线监测与预警系统利用高光谱水质监测设备的光源对水体进行照射，通过传感器采集“反射光谱”和“吸收光谱”来识别水体中污染物的浓度。该系统充分应用了 5G 通信、物联网、大数据、云计算等先进技术，实现海量水质监测数据的采集、传输、存储、算法建模、优化校验以及信息的及时分析与处理，并以可视化的方式提供辅助决策建议（图 2-12）。

（2）技术优点

5G 高光谱技术有以下优点：

1）高效稳定

5G 通信技术信号强，覆盖范围广，能实现海量水质在线监测数据高速率、低时延地传输到在线监测平台，让管理者实时掌握水体最新水质数据。

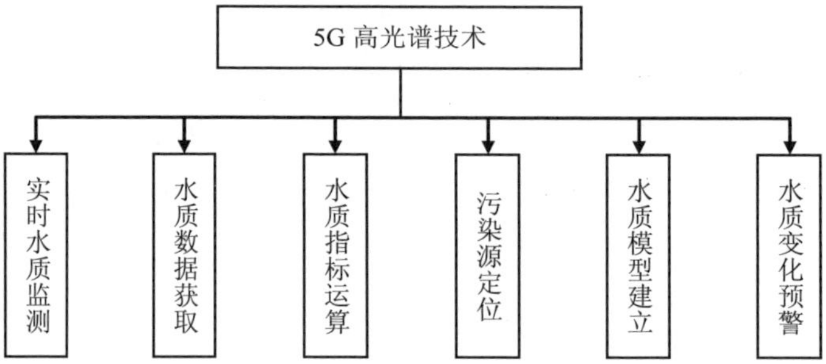

图 2-12　5G 高光谱系统功能

2）精度高

高光谱的分辨率高，精度一般为 10 nm 左右，并且高光谱数据可以完全涵盖地物的探测谱段范围（400～2 500 nm），从而可以有效地反映不同地物分子、原子和离子的晶格振动信息，大幅提高了精细信息的表达能力。

3）监测因子多

5G 高光谱技术水质监测指标更全面，单设备可测 15 种因子，改变了目前水质监测普遍单设备单监测因子的情况。

4）连续的地物光谱信息

高光谱影像在经过光谱反射率重建后，能获取与被探测物近似的连续的光谱反射率曲线，与它的实测值相匹配，将实验室中被探测物光谱分析模型应用到成像过程中。

5）运维成本低

不需要在岸边占地建设监测站；无传统化学法对化学试剂的需求，对水体无污染；操作简单，数据采集周期短，重复性好。

（3）系统组成

高光谱水质在线监测与预警系统组成如图 2-13 所示。

1）高光谱智能水质监测仪

搭载高光谱采集模块，实现多项水质指标同时监测，集卤素灯光源、微型传感器、电源和 4G/5G 传输模块于一体，可采用浮标固定形式在水体中稳定运行，监测仪固定于水面采集水质的光谱数据，通过自带网络模块传输到智能数据运算中心。

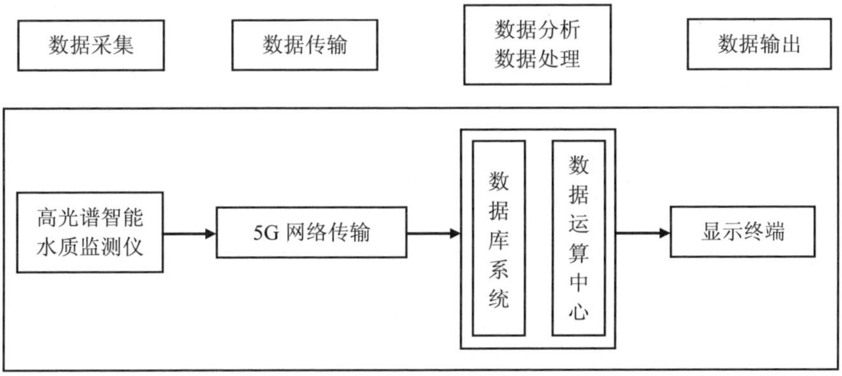

图 2-13　高光谱水质在线监测与预警系统组成

2）5G 网络传输

水质监测仪搭载耦合了 5G 网络传输模块，能够协助在线监测数据稳定、低延时地传输到在线监测平台，运维人员能够直观、及时了解现场情况，实现对水质污染情况更快预警，更高效地制订应急方案。

3）数据库系统

前端光谱信息通过 5G 无线传输进入数据采集与分析模块，该模块对数据、卫星定位、水温等数据进行汇聚、提取、建模、分析，得到相关水质指标和排污告警信息后，纳入水环境光谱信息数据库。

4）数据运算中心

智能数据运算中心安装远程服务器，负责对光谱信息数据库的数据进行比对分析，转化为水质指标数据，通过公式计算、分析水质因子指标浓度，根据系统设定的各参数的阈值进行水质预警，并将结果传输到显示终端。

5）显示终端

显示终端将接收到的水质数据，在电脑端、手机移动端等以可视化结果展现，支持水质数据在线获取，设备状态、水体污染状况实时查询。

（4）适用场景

该系统可应用于河流、湖泊、水库、饮用水水源地等开阔水域的在线监测，实时为水环境监测系统提供水质数据，实现及时预警和污染溯源功能。

水环境治理项目成功的关键在于运营。很多河道治理后由于运维管理不善，水华暴发、返黑返臭的事件屡有发生。针对部分区域“黑臭水体整治有反复，部分水体出现返黑返臭情况”可以引入高光谱水质监测系统，利用5G高光谱实时监测水质COD、氨氮、总磷、总氮等水质数据，通过传感技术、大数据、云计算等现代化技术，对流域内水环境实测数据进行梳理和分析，并通过历史数据、气候，以及水质变化数据情况对水质变化趋势进行实时预测，对污染事件及污染源进行预警，协助政府部门提前预知水质黑臭风险，及时作出对应决策。5G高光谱技术的应用可以提高管理单位自身的信息化管理水平，并且通过大数据分析与智慧决策实现水质的长效运维（图2-14）。

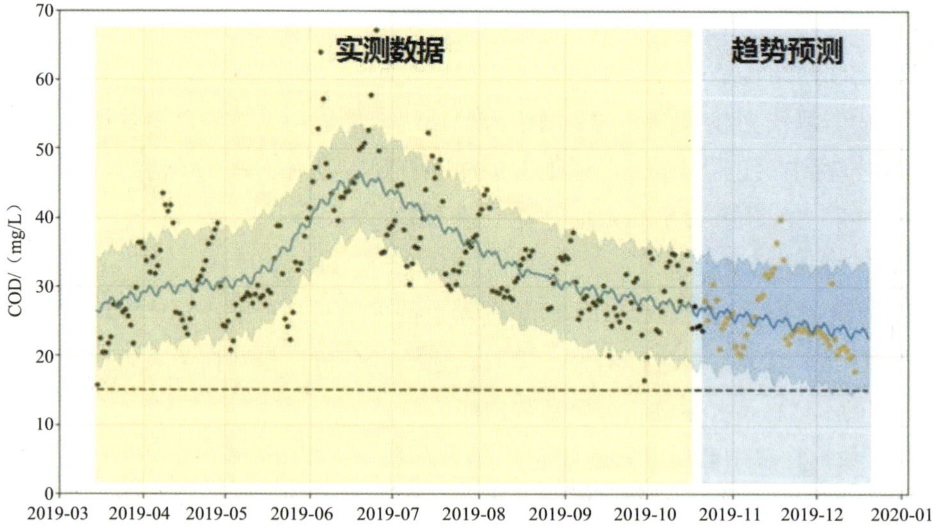

图2-14　高光谱水质数据实时监测预警示意图

（5）发展趋势

近年来，水质在线监测因具有实时监控水质状况、快速精确获得数据等优势得到了广泛重视，在水环境监测中发挥着越来越重要的作用。各地水生态环境保护“十四五”规划，均强化了流域、湖库、饮用水水源地、农村水环境监测能力要求，推进水环境生态的数字化、智能化监管，按照“应建尽建、全面覆盖”的原则，健全完善当地水环境自动监测网络，提高水环境质量监测自动化和智能化水平。5G高光谱以其稳定高效的数据传输及准确、水质多因子监测性能非常具有发展潜力。

2.1.3.1.2 管网智慧诊断与隐患排查技术

排水管网破损、淤堵、雨污混错接是管网缺陷的 3 个表现，其导致了管网污水井口溢流、进厂污水总量超标及浓度稀释、合流制 CSO 溢流排入河道、合流制污水借雨水管直排河道等问题。常规的 QV、CCTV 等探查手段能够查明管网结构性缺陷与功能性缺陷的位置、数量及级别，但是耗时较长、投资较大且无法将管网缺陷与导致后果进行量化关联，导致管网缺陷年年查、年年修，但是污水进厂浓度依旧低，雨季管网依旧溢流的问题屡有发生。

管网智慧诊断与隐患排查技术按照“排水管网划分单元，功能监测健康分级，精准探查缺陷定位”的思路，将排水管网系统按照汇水节点划分为若干单元，在不同节点运用 5G 高光谱水质监测设备和常规流量计监测污水水质与水量，按照污水总量和浓度平衡模型计算管网外水入渗率和污染物稀释率，以此确定不同单元的管网隐患等级和缺陷贡献率。

（1）技术介绍

管网智慧诊断与排查技术是利用水质、水量在线监测设备实时获取排水管网中污水的水质及水量数据，利用模型及智慧监测平台对大量数据进行筛选、分析、计算，对排水管网系统的健康程度进行评估，对现状管网隐患进行诊断筛查。

水质水量监测是对排水管网系统进行初步诊断的基础。一般通过在管网关键节点安装水质水量在线监测设备，进行连续有效的流量与水质监测，获得有效、及时、准确的排水管网监测数据。智慧诊断技术在水质水量监测的基础上结合了水动力计算公式，通过智慧监测系统对管网的水质水量数据进行统计分析，评估区域内污水水量平衡情况、污水流速及管道过流能力、排水系统运行风险、入流入渗区域及严重程度、雨污混接情况等，对管网的现状进行综合评估，对管网隐患进行初步诊断。通过智慧系统使得大量监测数据发挥作用，使得管网诊断与排查真正做到“智慧化”[5]（图 2-15）。

（2）技术优点

管网智慧诊断与排查技术较传统管网排查技术有以下优点。

1）诊断速度快

智慧诊断技术能够实时处理在线监测数据，不但获取管网最新数据，速度快，效率高，还可以节省人力、物力。

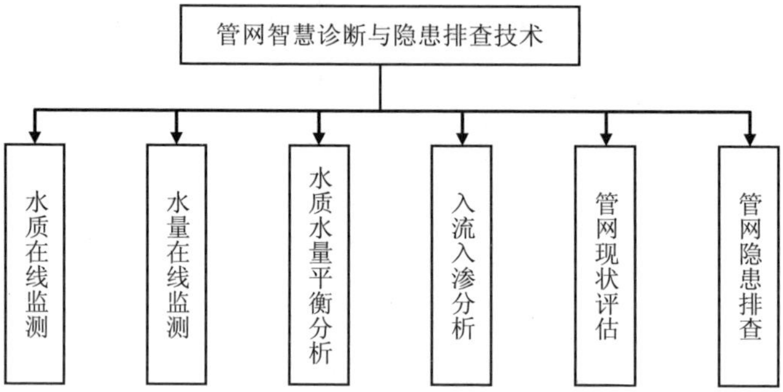

图 2-15　管网智慧诊断与隐患排查技术功能

2）隐患排查稳定

智慧诊断与隐患排查技术能够综合考量、评估区域内污水水量平衡情况、污水流速及管道过流能力、排水系统运行风险、入流入渗区域及严重程度、雨污混接情况等，更全面地追踪锁定管网隐患区域。

3）降低成本

管网智慧诊断与隐患排查技术实施后，能持续为管网维护、管网改造提供数据支撑，降低维护成本。

（3）技术流程

智慧诊断与隐患排查技术流程如图 2-16 所示。

1）资料收集

在智慧诊断与隐患排查技术实施前需要先确定监测区域，并收集流域排水管网现状图及规划图、排水系统资料、厂泵站运行数据、降水量、区域用水量等水质水量在线监测设备布设和智慧诊断分析。

2）网格单元划分

基于分区、分级的原则，采用先流域范围或污水处理设施服务区域，后排口位置或泵站服务范围，再排水主干次管网，最后支管、街区与社区的方法，制定管控网格单元。

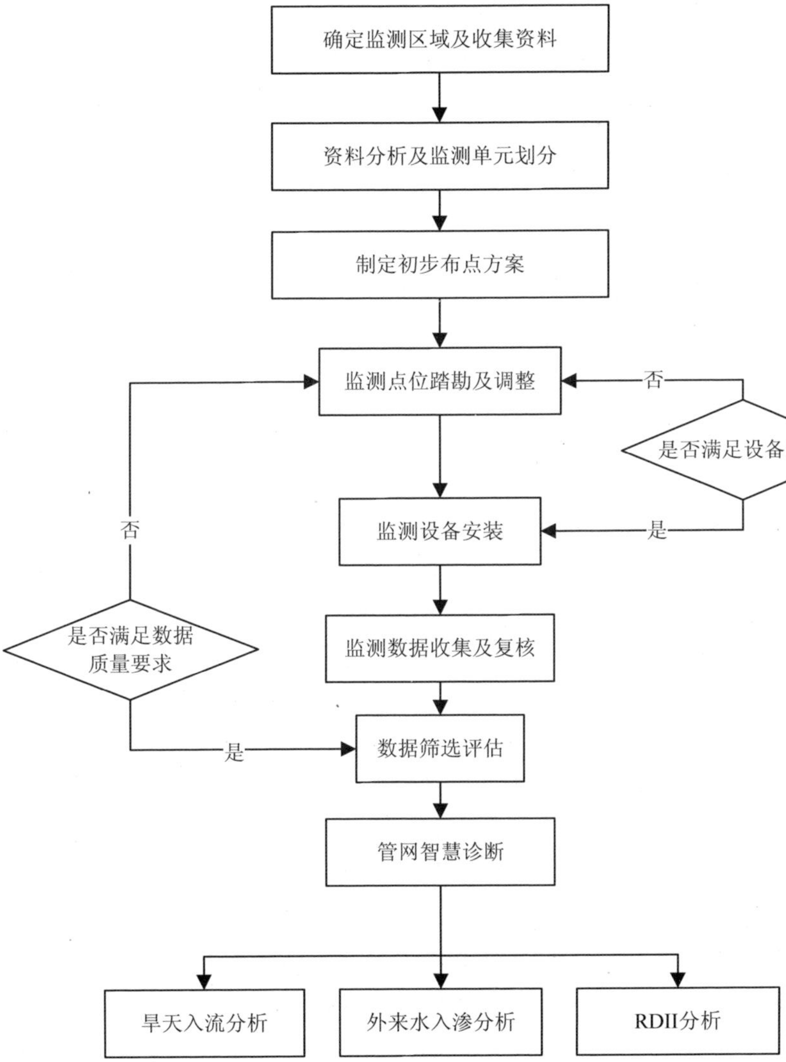

图 2-16　智慧诊断与隐患排查技术流程

3）监测布点

水质水量监测布点需要覆盖污水管网、雨水管网与合流制管网，涵盖水力与水质全要素。对于污水体系，以污水处理厂为中心，形成厂、站、网的多级监测体系：按照从下游到上游的追溯原则，从污水处理厂站—关键主干管节点—上游关键点—重要排水户，分别在污水泵站的进水管道、三级分区的支流汇入主管网处、社区接入口进行监测；对于雨水体系，围绕流域排口，按照从下游到上游的追溯原则，从雨水排口—重要溢流控制点—上游关键节点，分别在大型排口处以及排口上游的主要分支管网接入主管网处进行监测。

4）监测设备安装

监测设备安装一般有以下注意事项：

①主干管底安装，注意沉积物，考虑维护方案；

②同一断面需同时安装液位计和流速仪；

③管段上下游均须有一段长直管段，管段内部无奇点（拐点，汇流点，Y 型管，渐缩、渐阔管），管壁、管底结构正常，能够形成稳定水流。

5）监测数据收集、筛选

在监测数据获取后，需要初步对系统收集的数据进行筛选，评估其是否符合智慧分析的要求，若出现过多异常或无效数据，则需要对监测设备的安装方式或位置进行调整，直到能获取稳定有效的数据。

6）智慧诊断与隐患排查

利用智慧诊断系统分析水质水量监测获取的大量监测数据，分析旱天污水分布及变化规律、水质水量平衡关系等，分析排水管网外来水入渗情况以及入流入渗严重程度，具体主要包括以下内容：

①总体入流分析：包括日排水量均值、排水量变化范围、人均污水排放量、单位面积污水排放量和生活污水与工业废水排放比例等；

②入流规律识别：对旱天污水监测数据分类进行逐日叠加，借助相关性分析和聚类分析等统计方法，识别具有代表性和相似特征的污水排放规律；

③管道负荷分析：一方面，将监测的管道实际充满度和流量情况与设计充满度和设计流量进行比较，分析管道实际负荷与设计负荷之间的差异；另一方面，统计分析管道内污水的流速变化范围和规律，评估管道的淤积和冲刷风险；

④异常问题诊断：通过分析流量液位变化趋势和流速液位之间的关系可以识别异常水力状况，结合现场调查，分析原因，提出解决方案；

⑤外来水入渗分析：通过水质平衡计算区域外来水入渗量，评估入渗程度及管网破损状况；

⑥计算雨天入流入渗量，分析 RDII 对管道负荷的影响和产生原因。

可根据分析结果，形成评估报告及图纸成果。

（4）适用场景

城市或流域排水管网大面积排查与诊断，能够以最小的成本高效地对整个管网系统的健康状况进行诊断，并定位管网隐患位置，极大地在进行管网系统排查时减少人力、物力的投入。

针对有些区域污水处理厂存在的进水浓度低、处理效能不高的问题，可以对全市雨污水管网开展实时管网智慧诊断。通过收集、分析该区管网资料，根据汇水分区将整个污水处理厂服务范围划分为若干子控制分区，并按照污水处理厂、泵站、主次干管、支管关系在关键节点布设一、二、三级在线监测点，通过水质水量监测设备实时获取污水管网中污水数据，进行为期数月的水质水量监测数据，并对数据进行收集分析，发现管网外水入渗风险点、雨污混接风险点、污水漫溢风险点、管道淤积风险点，形成了管网问题清单并根据缺陷程度进行了优先级排序，对进水浓度低、外水贡献率大的管网缺陷优先进行修复，最终使该区域的污水处理厂进水浓度有明显提升。

（5）发展趋势

城市排水管网庞大复杂，传统的全面开展管网检测不仅费用高，而且费时费力。通过水质水量对目标区域进行连续监测分析，能够逐步缩小问题管网范围，且智慧诊断系统具有根据排水管网运行数据对排水管网进行混错接缺陷诊断的功能，能够解决城市排水管网混错接排查费时费力、效率低下的问题，同时也能节约检测成本。

2.1.3.2 环境治理技术

环境治理技术是保障治理目标实现的核心技术，精准分析环境问题，合理地选用先进治理技术对于环境治理效果尤为重要。本书选择排水管网缺陷修复、河湖底泥生态清淤与资源化利用、深层传输隧道、CSO+初雨污染调蓄及强化处理、生物操纵生态系统恢复重建 5 项技术展开介绍。

2.1.3.2.1 排水管网缺陷修复技术

“黑臭在水里，根源在岸上，关键是排口，核心是管网”。雨污水管网作为排水系统输送流量的基本单元，能够把源头排水户的污水有效的收集并通过重力作用或者泵站加压，把污水输送到污水处理厂及其他污水集中处理设施。因此，排水管网一直是水环境治理中非常重要的环节，也是很多水环境污染的关键。

传统排水管网缺陷修复技术多为开挖修复技术，需使用大型挖掘器械对管道沟渠进行开挖、更换或修复敷设管道，并在修复完成后进行沟槽回填。但开挖施工在人口密集的城市，会对环境污染、经济效益、社会秩序造成多方面的不良影响，所以管网非开挖修复技术逐渐发展起来。非开挖技术采用极少开挖甚至不开挖地面的修复手段，对于现已损坏的排水管道进行局部或者整体修复，使排水管道修复后达到原有管道的承载力，恢复其结构功能。

（1）技术介绍

排水管网缺陷修复技术即通过开挖或非开挖技术手段，对破损、老化市政管网进行修复改造的技术统称。现状道路排水管网修复，一般采用开挖修复技术和非开挖修复技术。开挖修复技术需对修复管段进行沟槽开挖，修复完成后需要进行回填，一般适用于施工场地开阔，对行人及交通影响小的情况。开挖修复作为目前管网的主要修复方法，常用的开挖修复有缠绕、夹板、管箍、焊接、黏结及更换管段等方法。开挖技术主要适用于道路交通面宽广、非交通要道、不阻塞城市其他使用功能的部位。

非开挖修复技术需要在管道修复时采用特殊的方法和设备，不开挖或极少开挖沟渠，完成对管道的修复，非开挖修复技术突破了管道所处环境的限制，只需在要修复管段两端开挖两个工作坑，直接从原管道内部进行修复。非开挖修复技术主要适用于交通要道，人车流量大或地下管线复杂、开挖深度大，使用基坑支护的工作面不足或基坑支护费用高及严重影响城市环境等的管段修复。常见的管网非开挖技术有紫外光固化、不锈钢内衬、原位固化、环氧树脂喷涂法等（图 2-17）。

（2）技术优点

排水管网缺陷开挖修复与非开挖修复各有优势，在具体的工程应用中应综合考虑实际情况。

其中开挖修复技术的优点有：

1）修复比较彻底，效果好

开挖修复一般将整段管网全部进行更新置换，能够彻底解决管网缺陷问题，修复效果好。

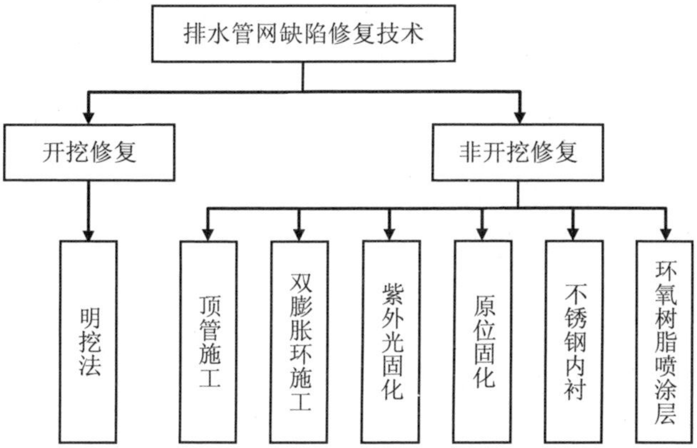

图 2-17 排水管网缺陷修复分支技术

2）修复方式简单，操作便利

技术成熟，修复方式简单，施工难度低，对施工人员技术要求不高。

而非开挖修复技术的优点有：

1）无须施工占道、开挖路面

只需利用检查井即可对排水管道进行整体修复，可修复排水管道存在的破裂、错口、脱节、树根侵入、渗漏等结构性缺陷。

2）环境友好

解决了城市地下管线修复时采用开挖修复面临的妨碍交通出行、破坏环境、影响商业活动、居民的日常生活及工作等难题。

3）施工周期短

施工协调周期短，排水管网敷设速度快、效率高、施工安全性好。

（3）施工流程

排水管网开挖修复作为传统的施工修复方式，业内研究较多，在本书将重点介绍非开挖修复技术的施工流程（图 2-18）。

1）施工准备、现场踏勘

管道修复施工前，需进行现场踏勘，减少对交通及排水管道运行的影响，需要缩短施工时间。依据施工前排查工作，判定使用常规管道降水，或使用临排措施，架设临排管道（使用临排措施时，以实际计量），保证施工不影响管网排水。

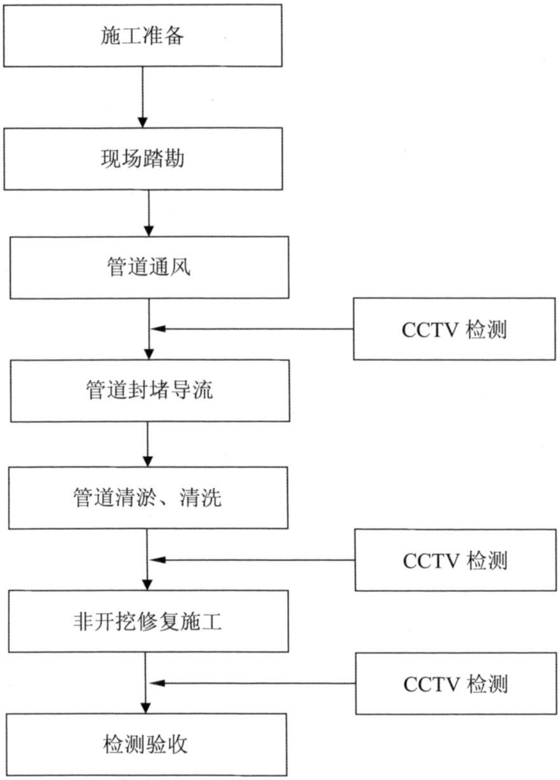

图 2-18　管网非开挖修复技术施工流程

2）管道通风

管网缺陷修复施工前，必须对管道进行通风，对管道内部有毒气体进行检测。

3）管道封堵导流

①临排管道选择与安装。修复施工前，判断是否需要长距离导流排水措施。常规排水作业，在管道封堵后，使用水泵进行管道抽水，在不影响上、下游排水的前提下，无须单独架设临排设施。

②水泵选择。根据修复管道水流量安装污泥泵总排量，并配备备用潜污泵，以防止正在使用潜污泵出现故障或者水流量突然增大。在修复过程中安排专人负责，根据管内水位启动或停止污泥泵。

③封堵气囊选择与封堵方法。对上游管道用气囊进行封堵，封堵气囊采用专

用管道封堵气囊。

④管道清淤、清洗。管道修复前，需对管内内部进行清淤处理，可采用真空吸泥车等设备进行管道清淤施工。真空泥水分离吸泥车具有污水/污泥抽吸、污水分隔过滤、污水现场反排、污泥运输、卸装等功能，可作为快速高效的排水管网疏通设备，以及突发环境污染事故应急处理等。管道内壁表面一般采用高压水冲洗车。高压水冲洗是利用设备增压系统加压的水由喷头射出形成高速水射流，这种水射流有很高的冲击能力，可将管壁上的结垢、泥沙冲洗干净，清洗质量好。

5）非开挖修复施工

在管网清淤、清洗完成后，可根据缺陷类型选择适合的管网非开挖修复技术，一般点状缺陷修复可采用不锈钢内衬法、点状 CIPP 法（原位固化法）、环氧树脂喷涂法，管网缺陷整体修复可采用紫外光固化、原位内衬、缩径内衬法等。

6）CCTV 检测验收

管道 CCTV 检测也称管道内窥摄像检测技术，是目前国际上用于管道状况检测最为先进、有效、安全的手段。在管网缺陷施工前及施工完成后，都需要使用管道 CCTV 检测技术对管网缺陷的类型及修复后的效果进行检测，检测内容包括非开挖修复前对沉积物清除情况进行检查，修复后检查修复内衬的总体状况、管道圆润情况、管壁光滑状况。

（4）适用场景

开挖技术主要适用于道路交通面宽广、非交通要道、不阻塞城市其他使用功能的部位。非开挖修复技术主要适用于交通要道、人车流量大或地下管线复杂、开挖深度大，使用基坑支护的工作面不足或基坑支护费用高以及严重影响城市环境等的管段修复。

对于部分区域污水管道存在多处管网破损及错节缺陷，导致污水外渗及外水入流等严重的问题，需要对该段污水管网进行整段修复，可以选择非开挖修复的技术措施。如根据缺陷类型及数量，选择紫外光固化法对该段进行整段非开挖修复，将玻璃纤维编制成软管浸渍光固化树脂，成形软管运输至施工现场，然后利用卷扬机将软管拉入原有管道内，安装扎头后充气扩张紧贴原有损坏的问题管道，使其形成以原有管道为外膜，软管内为内膜，然后在紫外光的作用下使树脂固化形成具有一定强度的复合内衬管。在未开挖、不减少原管道过水能力的基础上，有效地完成了对管网的修复。

（5）发展趋势

目前，我国排水管道的修复在大多数城市中都是采用开挖、埋管的方法，随着城市的发展，地下管线的错综复杂，道路负荷的日益增长，造成埋地排水管道在修复过程中存在很多难以解决的技术难题。随着城市市政基础设备的不断完善，非开挖修复技术的不断成熟，排水管网缺陷的非开挖修复技术受到市政管理部门的越来越多的青睐。

2.1.3.2.2 河湖底泥生态清淤与资源化利用技术

河湖底泥作为河湖生态的重要组成部分，在水质长期严重污染的情况下，底泥和水体中环境生物、污染物等相互流通。底泥既是水体污染的承接载体，也成为水体环境的内源污染释放源头，即底泥同时承担了河湖污染“汇”和“源”两种属性。因此，做好河湖底泥治理，控制河湖内源污染，是黑臭水体有效治理的先决手段。

综合运用环保疏浚、减量化处理、无害化处置和资源化利用技术工艺，形成成套的底泥生态清淤与资源化利用技术体系，根据不同底泥的性质和特点，选用不同的技术路线，减少因河道清淤而带来的环境污染，促进城市河道水环境的恢复，具有良好的生态效益和环保效益。

（1）技术介绍

在河湖水体污染的大环境下，目前河湖清淤已经从过去提高排涝、防洪能力的水利清淤转变为以减少河道内源污染、改善水质的环保清淤。主要清淤方式可分为干法清淤、湿法清淤和生态环保清淤，本书主要介绍生态环保清淤。

生态环保清淤是由普通绞吸清淤技术改进发展出来，以避免清淤作业对水利环境产生影响和水质改善为目标的清淤技术。环保绞吸式清淤船利用环保绞刀头进行全方位封闭式清淤，尽可能地避免对底泥及水体的扰动，开挖后的淤泥通过大功率泥浆泵进入全封闭输泥管道输送至指定区域进一步处理（图 2-19）。

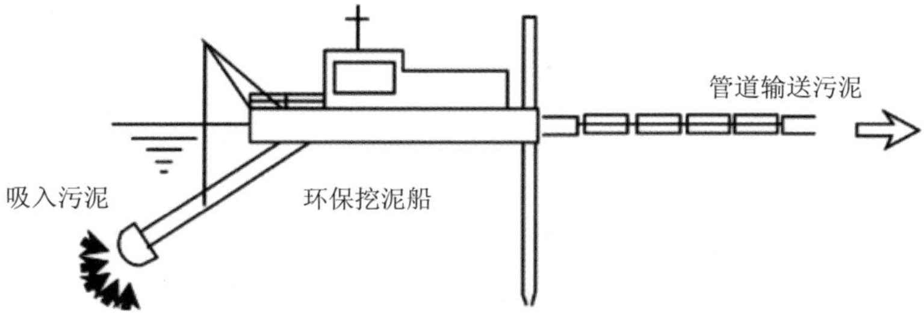

图 2-19 生态环保清淤原理示意图

生态环保绞吸清淤整个过程基本全封闭进行，且施工精度较高，防止超挖或欠挖，同时可实现薄层清淤而不扰动原生土，清淤施工对水体的二次污染小，施工精度高，底泥清除率可达 95%以上；技术适用性强，可用于各种规模河道、湖泊及水库清淤工程，为现在常用的清淤技术。

传统污染底泥处理方法是寻找大面积的连片土地修建排泥堆场，采用简单堆放、自然干化的原始方法固结后再利用。但是，一般污染底泥属高有机质、高含水量的粉质黏土，单靠自然干化固结需要长达 5～10 年，甚至更长，势必造成对土地资源的长时间占用，不利于土地资源的及时开发利用及其景观修复。面对河湖生态疏浚工程产生的大量底泥，可通过固化处理后有效转化为工程性质良好的工程用土，或脱水后堆肥形成园林用土，致使其淤泥向稳定化、减量化、无害化和资源化利用的方向发展（图 2-20）。

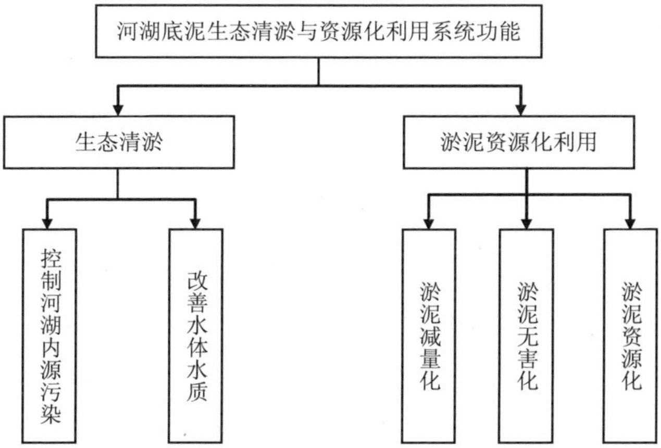

图 2-20 河湖底泥生态清淤与资源化利用系统功能

（2）技术优点

河湖底泥生态清淤与资源化利用技术具备以下优点：

1）防止污染底泥扩散

生态清淤利用生态清淤机械设备清除河湖水体中含有污染物的底泥，通过阻断污染源以减少水体的污染。生态清淤相对传统清淤有更高的要求，会尽量避免搅动污染底泥和造成细分子颗粒物质的扩散。

2）施工精度较高

疏浚船上可配置全球定位仪、污染监视仪器，以提高疏浚精度，也可尽量避免欠挖与超挖的现象存在。同时，为避免对环境产生二次污染，可对输排系统进行改造，以减少输、排泥过程中的泄漏。

3）清淤修复兼顾

在生态清淤的基础上，可通过多种措施兼顾修复水生态系统的更高目标，即通过一系列的有效措施将河湖底泥中的有害化学物质、细菌毒素和营养盐从河湖底层抽取出来，以减少河湖底泥污染，防止这些有害物质对河湖水体产生污染，影响水体。故生态清淤不仅可以将河湖底部的淤泥及有害物质有效清除，还能在修复底泥的同时为恢复河湖的生态环境创造有利条件，改善河湖的水生态环境，维持人类生产、生活、生态环境的动态平衡。

4）可实现淤泥综合利用

资源化利用技术具有占地面积小、脱水效率高、减量化程度高、二次污染小、泥饼资源化程度高等优点，不仅能实现河湖淤泥的高效减量化和无害化，还能根据淤泥性质和市场情况，因地制宜地选择相应资源化利用路线，实现脱水泥饼的综合利用，具有良好的市场应用前景。

（3）工艺流程

1）淤泥脱水

环保清淤船通过管道泵送淤泥至泥浆浓缩平台，其间将泥浆中颗粒较大的砂石和垃圾进行清理外运，清理后的泥浆进行浓缩，投加固化剂后进行脱水，形成泥饼（图 2-21）。

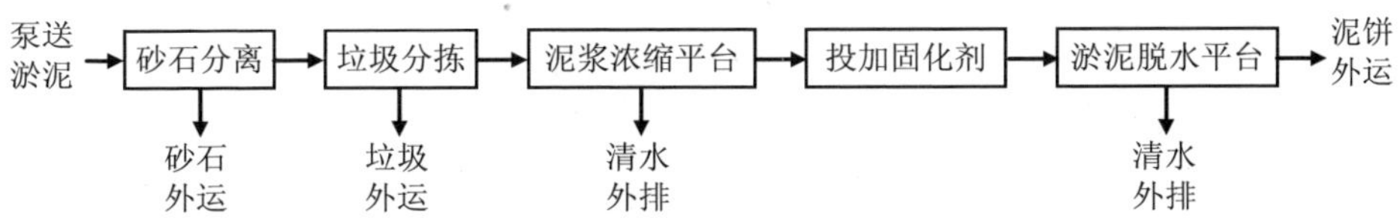

图 2-21 淤泥脱水工艺流程

2）泥饼资源化利用

底泥中富含氮、磷等有机元素及一定量的金属元素，添加适当的添加剂，增加底泥的疏松透气性，可将底泥制备为园林、绿化用土等土材料使用。固化处理后的底泥强度大大提高，经过适当调理达标后可作为回填土使用。

淤泥脱水后形成的泥饼，根据淤泥性质和市场情况，因地制宜地选择相应资源化利用路线，实现脱水泥饼的综合利用，具体路线如下所示。

①淤泥脱水泥饼制备工程土工艺。在淤泥脱水固结后，将含水率≤40%的泥饼通过加入特殊的化学调理剂和特制搅拌设备强制搅拌分散，混合均匀后养护形成工程土成品（图 2-22）。

图 2-22 淤泥制工程土工艺流程

②淤泥脱水泥饼制备园林种植土工艺。脱水泥饼制种植土工艺与脱水泥饼制工程土工艺类似，一套系统，可通过切换添加的材料和后端改良形式将含水率≤40%的泥饼根据要求制备种植土（图 2-23）。

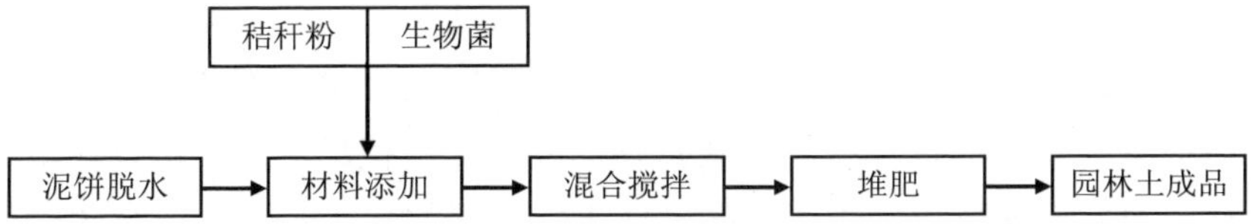

图 2-23 脱水泥饼资源化制园林种植土工艺路线

（4）适用场景

对于淤积较为严重，需要清淤的河道，可以考虑选择该技术。有的河道两侧挡墙年代较为久远，沿河居民区较为密集，若采用传统水力冲挖清淤，一方面，降水后对河道两侧挡墙抗滑、抗倾要求较高，可能会引起挡墙的不均匀沉降，对工程的安全运行造成不良影响；另一方面，传统清淤过程中噪声较大，排泥场气味难闻，容易影响周边居民的正常生产生活。

采用生态清淤技术可以克服传统清淤方式在城区河道清淤过程中引起的诸多不便，机动灵活、应用范围广、噪声小，清出的淤泥泵送至脱水平台，随即进行资源化利用，特别适用于用地紧张的城市内陆河湖水环境的综合治理。

（5）发展趋势

疏浚底泥常规的处置方式主要有填埋、海洋处置，这些处置方式某种程度上仅完成了对底泥的空间储存，并未考虑底泥上岸后可能造成新的环境问题。底泥资源化利用已在近几年成为研究热点，对不同性质及污染程度的底泥进行针对性的资源化利用，可以实现经济效益、社会效益、环境效益的良好统一。

在底泥污染的大环境下，未来可建立以长期水环境监测为管理手段、以监测及调查大数据为工作依据、以清淤及污染物处理为工作目标、以淤泥资源化利用为最终目的的“河湖水环境管理中心”，未来河湖底泥处理处置将向集中化、链条化发展，形成产业化的处理方式。

2.1.3.2.3 深层传输隧道技术

随着城市的扩张和建设密度的加大，地面硬化率越来越高，原有的水库、山体、湖泊、鱼塘等逐渐被侵占，河涌断面越来越窄，城市的储水、排水和自然净化能力大大减弱，城市水浸和内涝频发。此外极高的人口密度和城市建设密度使得城市污染负荷迅速加大，雨季合流制地区的溢流污染日益严重，逐渐导致浅层管渠排水系统无法满足大型城市排水需求。

利用地下深层空间建设大型排水隧道，截流区域上游大部分的雨水，改变雨水原有排放去向，可通过深隧将雨水暂存，或直接净化、沉淀后错峰排至另外的受纳水体，提升雨水排涝能力，有效解决水浸、河涌污染、洪水威胁等问题。

（1）技术介绍

为建设城市排水防涝工程体系，在地上建筑密集、地下浅层空间无利用条件的区域可采用隧道调蓄，主要功能为收集传输初雨径流、暴雨径流和调蓄一部分雨水，在市政排水、面源污染控制和城市内涝治理中具有重要作用。

根据相关规范，城市排水深隧通常分为四种类型（图 2-24）。一般来说，对于仅需要传输污水的管段，可定位为污水输送型；对于需提升雨洪排放通道标准的管段，可定位为雨洪排放型；对于合流区雨季溢流污染严重，地表分流制改造困难的管段，可定位为雨污合流型；对于需要同时实现洪涝控制、污染控制、交通运输等多种功能的管段，可定位为复合功能型。

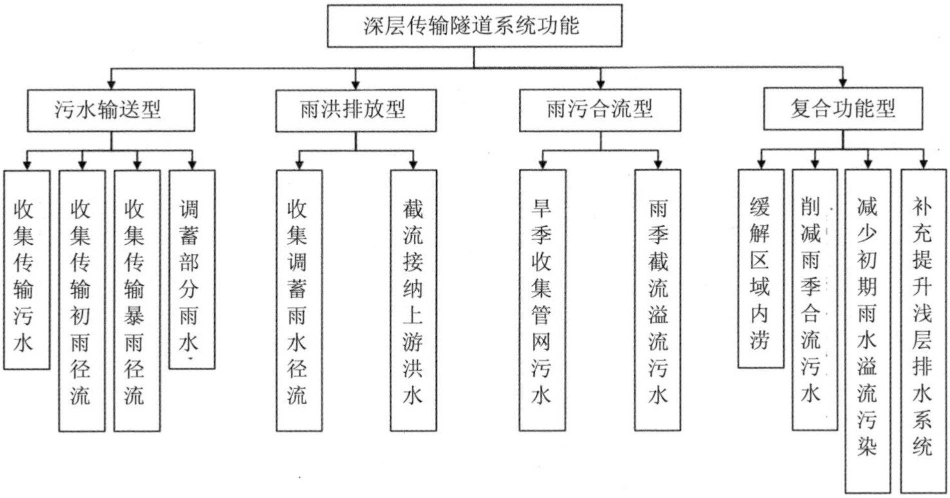

图 2-24　深层传输隧道系统功能

污水输送型深隧是指埋设在深层地下空间（深层地下空间一般是指地面以下超过 30 m 深度的空间）的大型排水系统，直径一般为 3～10 m。主要功能为收集传输污水、初雨径流、暴雨径流和调蓄一部分雨水，在市政排水、面源污染控制和城市内涝治理中具有重要作用。

雨洪排放型深隧能收集调蓄雨水径流、截流接纳上游洪水。通过重力将上游洪峰截流至河道下游排放，以缓解市区排水系统的负荷。工程可抵御 50 年一遇的超强降雨，有效降低城市内涝风险。为避免城市洪涝灾害而建设的排洪通道，隧道尾端设有大型排洪泵站。

雨污合流型深隧适用于合流制区域，随着城市的发展，暴雨径流增大，污水处理厂经常超负荷，迫使未经处理的污水流入河道，造成河湖水体污染。针对上述问题，通过建设合流调蓄隧道，暴雨时截流合流管中的溢流污水，雨后泵入污水处理厂，处理达标后排放，避免溢流污水直排。旱季收集管网中的污水，雨季实现污染控制和防洪排涝的功能。

复合功能型深隧能同时实现洪涝控制、污染控制、交通运输等多种功能，对浅层排水系统补充和提升，解决老城区地下空间紧张，无法修建排水管道问题，缓解区域内涝，削减雨季合流污水和初期雨水溢流污染，提高流域环境水质和排水标准。

（2）技术优点

1）空间高效利用

深层隧道排水系统建设于地面以下 40 m 左右，避开了现有地下管线和其他地下设施。主体位于地下，地上占地面积少。

2）区域统筹调度

将排水系统的调度运行进行全区域整体考虑，调度控制对象包括深层隧道和浅层管渠，形成更优的调度运行策略，最大化发挥深隧的工程效益。

3）能效显著提升

深层隧道排水系统是控制“溢流污染”有效手段，是缓解“内涝”的重要途径，是浅层管渠排水系统和河涌水系的补充和提升，能够提高流域内合流干渠的排水标准到 P=10 年一遇，可显著提高全流域截流倍数，减少截污闸开闸次数，解决河涌水质污染问题，改善区域水环境质量。

（3）系统组成

深层排水隧道从使用、运行和维护管理需要看，其组成应包括浅层衔接设施、预处理设施、竖井、隧道、调压水槽、排水泵站、通风（除臭）设施、排泥除砂设施、监测与控制管理系统等内容。

1）浅层衔接设施

深层排水隧道是浅层排水系统的补充和提升，必须与浅层系统有效衔接才能发挥其排水功能。雨洪隧道需要与排水箱涵、河道衔接；污水隧道需要与污水主干管、污水泵站衔接；合流调蓄隧道需要与截污主干管和合流干渠衔接。

2）预处理设施

隧道运行时应尽量避免河道、管渠内的大尺度垃圾和粗颗粒沉砂进入隧道，因此设置格栅和沉砂类预处理设施是必要的。格栅间隙和沉砂池的设计需要结合竖井类型、用地条件、水质特点、后续的排水处理等综合考虑。

3）竖井

竖井是一种引导水流大距离下落的设施，是连接浅层和隧道的重要部分，洪水（或污水）就是通过竖井下落到深层隧道。竖井的设计应根据将来运行的最大流量进行计算。

竖井也可用于其他用途，包括作为人的降落通道、工作用的坑道、紧急疏散点和用于隧道气体排气孔等。由于井深很大，需要在底部修筑增强设施来抵御水流进入隧道时的巨大冲击。日本江户川隧道的入流井（竖坑）采用了“涡旋式落差轴”的建造方法，引导水流沿着坑壁螺旋向下流入坑内，以最大限度地减少洪水的冲击力。

排水竖井主要有以下 5 种供选类型：

①涡旋式竖井。其基本原理是竖井入口呈涡旋状，能使水流产生离心力并靠向垂直竖井井壁，水流在竖井中螺旋下落。通常在底部设有除气室除去多余的空气。该类型具有多种构造，尤其适用于大流量和大落差的排水竖井。

②螺旋坡道竖井。利用螺旋旋转坡道使水流引入竖井中，螺旋坡道的坡度、半径等需根据流量和竖向落差计算确定，适用于大流量和大落差的排水系统。

③挡板式竖井，又称层叠式竖井。在竖井内设有交错的挡板，水流进入竖井后由一块挡板倾泻到下一块挡板的形式被输送和消能，适用于大流量和大落差的排水系统。

④跌落式竖井。跌落式竖井是最常用的一种竖井。跌落式竖井允许水流自由下落，没有任何消能或限制掺气措施，适用于小流量和小落差的排水竖井。

⑤靴型污水竖井。靴型污水竖井的命名是因为该竖井和除气室结构形状像一只靴子。竖井内水流沿着一垂直隔墙倾泻跌落底部，带入相当分量的空气，因此需要大型的除气室，适用于大流量和大落差的排水系统。靴型污水竖井已在几个大型排水系统中使用，包括芝加哥的 TARP（巨大隧道和水库计划）和密尔沃基深隧。

4）隧道

隧道是系统的重要组成部分，根据功能需要选择不同口径的隧道，目前建成的排水隧道工程中隧道直径涵盖了ϕ 3.0～13.2 m。

5）调压水槽

在隧道系统进水过程中，可能在隧道中出现浪涌。浪涌可能带来高水位线变化，甚至造成污水从隧道中井喷而出的现象。高压力的浪涌对隧道结构本身也具有破坏作用，需要进行涌浪分析。调压水槽的设置，主要用来调节隧道在进水时的压力。

6）排水泵站

隧道位于地面以下很深的地方，所以其转输、放空或排江（海）通常靠水泵完成。排水泵站由排水泵、控制设备及附属设备组成。对于雨洪隧道，排水泵站除设置排空泵组以外，还有更加重要的排洪泵组。

7）通风（除臭）设施

隧道在充水过程中，隧道中的原有空气会被流进来的水所取代，为了让这部分气体顺利排出，避免被包裹在隧道中，需要设置通风孔口。通风孔口的设计大小应与通风井的最大容许空气流速相匹配，一般不应超过 10 m/s。污水隧道和合流调蓄隧道在进水竖井的预处理过程需设置臭气收集处理设施。

8）排泥除砂设施

虽然隧道系统在进水时经过了沉砂预处理，但使用过后仍会有小颗粒的泥砂沉积，需要设置排泥除砂设施，一般采用水力冲洗和抽砂泵等方式。

9）监测与控制管理系统

整个隧道系统的运行需要结合浅层排水系统水质、液位、水量等综合信息进行控制，因此必要的监测和控制手段必不可少，并通过中央控制系统进行调度控制运行和管理。

（4）适用场景

某些城市内城建密度高，地面硬化率高，处于亚热带气候地区，夏季多雨、有台风，有时雨势颇大，区域暴雨频发，产生的径流量增加，特别是当短时超强降雨出现时，暴雨期间水浸内涝特别严重，严重影响居民正常的生产生活秩序。

建筑密集和地下管线复杂拥挤使得通过建设浅层地下排水管道来提高排水标准和完善截污系统变得异常困难，且代价巨大。建设深层排水隧道可对城市浅层管渠排水系统进行补充和提升，雨季可作为城市流域合流污水和初期雨水的调蓄隧道使用，雨后通过尾端污水泵组提升到浅层管渠排水系统送到污水处理厂处理；同时可作为流域合流污水和初期雨水的转输通道，提高全流域截污系统的截流倍数；在遇到大暴雨时，可作为雨水排涝通道，行使排涝功能。

（5）发展趋势

深层排水隧道工程是大型的城市地下工程，投资和运行费用都相对较高，是城市密集建成区浅层排水系统的补充和提升。结合深层排水隧道的功能和运行使用频率来看，建设既能削减污染又能提高排水标准的综合功能排水隧道，能最大限度地发挥综合投资效益，是深层排水隧道的研究和应用的热点方向。

2.1.3.2.4 CSO+初雨污染调蓄及强化处理技术

城乡面源污染，尤其是 CSO 和初雨污染，已上升为制约水环境持续改善的主要矛盾，一些地方旱季“藏污纳垢”、雨季“零存整取”等问题突出。

针对 CSO 和初雨污染突出的问题，结合调蓄池技术和强化处理技术，综合污染调蓄及污染处理，实现对 CSO 和初雨污染的收集、储存和净化，削减入河/湖的污染负荷，持续改善水环境。

（1）技术介绍

即针对 CSO 污染和初期雨水污染，利用调蓄池及强化处理设施分别进行调蓄和处理的技术组合。其中调蓄池是以控制合流制溢流污染、初期雨水污染为主要功能，用于储存和调节合流制溢流污水、初期雨水的蓄水池。一般包括进水设施、溢流设施、冲洗设施、放空设施及通风除臭设施等；强化处理设施是当降雨期间进水流量超过城镇污水处理厂设计处理能力情况下，专门处理雨季溢流污水的处理设施，该设施可以削减污染负荷，减少对水体污染。处理设施一般包括预处理设施（如格栅、沉砂池等）、强化处理设施（如絮凝、沉淀、过滤、消毒、除臭、污泥处置处理等）。

CSO 是指合流制排水系统降雨时，超过截流能力而排入水体的合流污水。合流制排水系统溢流污染，是造成我国地表水污染的主要因素之一。合流制污水溢流是指随着降雨量的增加，雨水径流相应增加，当流量超过截流干管的输送能力时，部分雨污混合水经过溢流井或泵站排入受纳水体。初期雨水，顾名思义就是降雨初期时的雨水。一般是指地面 10～15 mm 厚已形成地表径流的降水。由于降雨初期，雨水溶解了空气中的大量酸性气体、汽车尾气、工厂废气等污染性气体，降落地面后，又由于冲刷屋面、沥青混凝土道路等，使得前期雨水中含有大量的污染物质，前期雨水的污染程度较高，甚至超出普通城市污水的污染程度。经雨水管直排入河道，给水环境造成了一定程度的污染（图 2-25）。

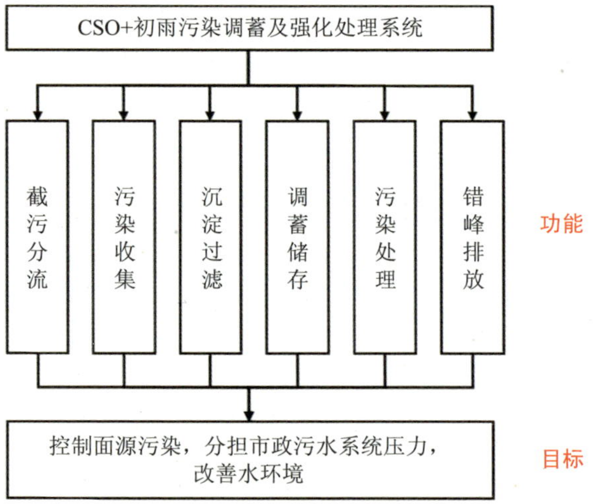

图 2-25　CSO+初雨污染调蓄及强化处理技术功能

（2）技术优点

CSO+初雨污染调蓄及强化处理技术具有以下优点。

1）减轻污水处理厂负荷

CSO+初雨污染调蓄及强化处理技术自身具有对 CSO 和初雨的收集及处理能力，能减轻进入污水处理厂水量，尤其是在雨季高峰期，将这部分污染物自行收集处理，达标后排放。同时针对合流制管网进行前置分流，汛期受纳部分溢流污水，更多的溢流水外排至自然水体，不进入市政污水处理厂，保障污水处理厂进水浓度不受到雨水冲击。

2）污染控制高效

该技术体系中的强化处理设施可采用新型污水处理工艺，灵活变通，针对不同的出水水质目标和处理能力，结合现场实际用地条件，选择合适的处理技术，保障 CSO+初雨污染能得到高效稳定的处理效果，减少污染物的排放。

3）能精准调节管控

CSO+初雨污染调蓄及强化处理技术搭配智能管控系统，可接入智慧水务运维与管控平台，实现联合调度，能够针对汛期和旱季的进水浓度、水量，精确控制进水和处理速率。

4）兼具污染控制和雨水资源利用

该技术体系可以在不同阶段分别发挥自身的功能，在水环境治理中发挥巨大价值：

①近期可以控制溢流污染，中期可以控制初雨污染。

②远期雨水资源利用，当合流制溢流污染通过雨污分流改造得到彻底解决后，面源污染能在源头上得到有效控制，即使是初雨携带的污染物浓度也较低，不会影响河道水质，此时调蓄池则可作为雨水收集利用设施。通过调蓄池收集的雨水，可作为旱季对下游河道的补水水源，对河道生态保护、环境增容有着重要意义。

（3）工艺流程

CSO+初雨污染调蓄及强化处理技术工艺流程如图 2-26 所示，组成构筑物分别为截流井、调蓄池、强化处理设施，对于高标准污泥处理还可增设污泥处置场地。合流制污水及雨水进入截流井后，合流污水与初期雨水进入调蓄池，多余溢流水和后期雨水溢流至自然水体，合流污水与初期雨水进入调蓄池冲洗后进入强化处理设施进行强化处理，达标后排放。

1）进水

合流制溢流污水和初期雨水在经过截流井后，进入调蓄池。在调蓄池进水处设置格栅等拦污装置，调蓄池进水控制设施可采用闸门、阀门和水力固定堰。

2）冲洗

进水进入调蓄池后进行冲洗。目前常用的冲洗工艺包括门式冲洗、水力翻斗冲洗、水射器冲洗、真空冲洗等（图 2-27～图 2-30）。

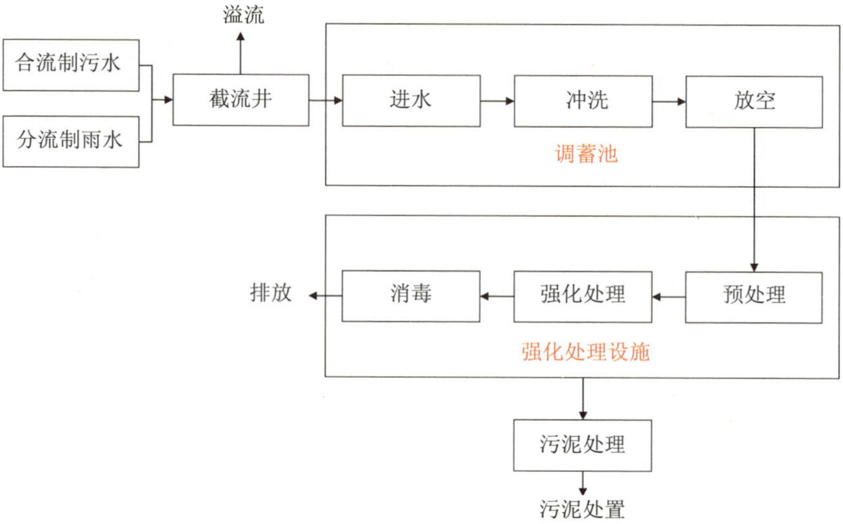

图 2-26　CSO+初雨污染调蓄及强化处理技术工艺流程

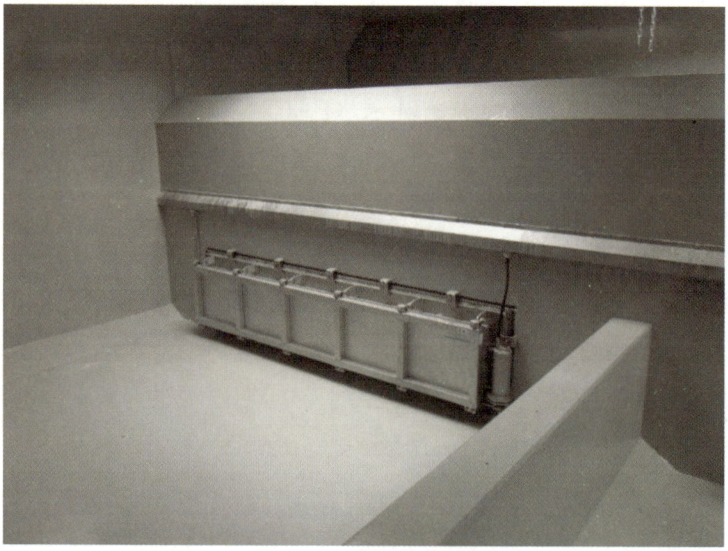

图 2-27　门式冲洗设备

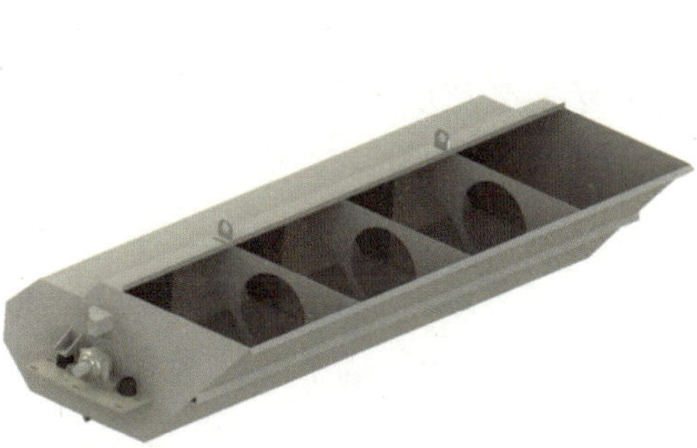

图 2-28　水力翻斗冲洗设备

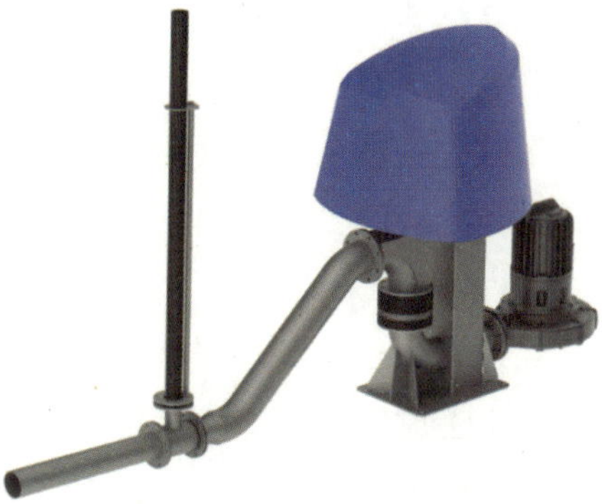

图 2-29　水射器

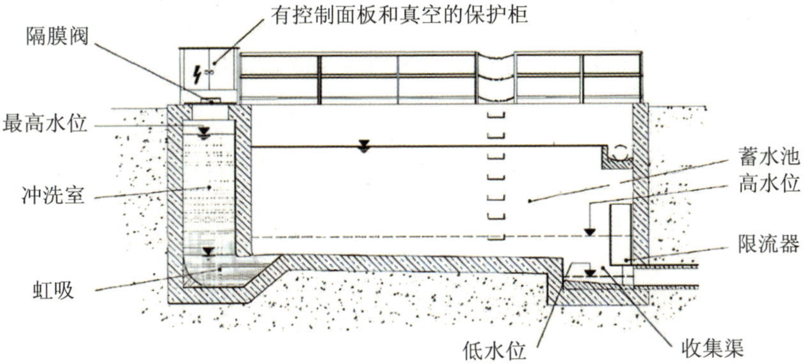

图 2-30　真空冲洗系统示意图

3）放空

来水进入调蓄池后，需要进行放空，放空后进入配套强化处理设施中。调蓄池放空设计可采用重力放空、水泵排空和两者相结合的方式。

4）预处理

从调蓄池放空后的 CSO 和初期雨水进入配套强化处理设施，进入预处理阶段。预处理作为强化处理设施的第一个处理单元，对于保证后续处理设施的稳定运行具有重要作用。

预处理一般包括格栅、沉砂池两部分。格栅用于截流水中较小的漂浮物、悬浮杂物，降低后续处理设施出现堵塞、设备磨损概率。沉砂池用于去除水中无机砂粒、浮渣和部分油脂，以保证后续流程的正常进行。

5）强化处理

经过预处理后进行强化处理，强化处理按照处理过程可分为絮凝、沉淀、过滤、生物处理、生态处理。

6）消毒

经过强化处理后，根据污水性质排放标准或再生水要求确定消毒程度。根据水质特点考虑消毒副产物的影响并采取措施消除有害消毒副产物。常用消毒设施包含紫外线消毒、二氧化氯消毒、液氯消毒、臭氧消毒。

7）除臭

对于污染严重的合流制溢流和初期雨水污染，可以采取相应的除臭措施减小对周边环境带来的影响。常用除臭工艺包含生物滤池除臭、离子氧化除臭、活性炭吸附除臭、洗涤吸收除臭。通常优先考虑生物滤池除臭方法。

而对于经常人工维护的设施（如沉砂池、初沉池和污泥浓缩池等），可以采用固定式的封闭措施控制臭气；需经常维护和保养的设施（如格栅间、泵房的集水井和污泥脱水机房等），可以采用局部活动式或简易式的臭气隔离控制臭气。

8）排放

经过强化处理后的合流制溢流污水和初期雨水，最终在满足排放要求后，可直接排放入自然水体，如需进行进一步的深度处理，可以考虑接入人工湿地等设施进行进一步深度处理。

9）污泥处理处置

处理设施产生的污泥需要根据处理设施规模、地区环境条件和经济条件进行减量化、稳定化、无害化和资源化处理与处置。

综合考虑污泥性质与数量、技术条件、运行管理费用、环境保护要求及有关法律法规、农业发展情况、当地气候条件和污泥最终处置等条件，选择合适的污泥处理工艺。

（4）适用场景

CSO+初雨污染调蓄及强化处理技术适用于合流制溢流污染和初期雨水污染严重的区域，如城市建成区合流制排水体制的区域、下垫面以建筑屋顶、道路等硬质化路面为主的区域。

该技术对用地条件有一定的要求，对于有用地条件的区域，在建设 CSO+初雨污染调蓄及强化处理设施时应做好臭气控制，避免对周边居民的生产生活带来影响。对于没有充足用地条件的区域，也可以通过建设地下调蓄池及地下处理设施的方式进行建设，但是在设计过程中应充分考虑地下构筑物的消防、运维通道，避免在后期运行维护过程中产生不必要的阻碍。

该技术整体建设成本较高，在选取时需要综合考虑建设成本和污染去除效率，尽可能选用在污染量大、覆盖范围广的流域范围，充分发挥环境治理资金的使用效率（图 2-31）。

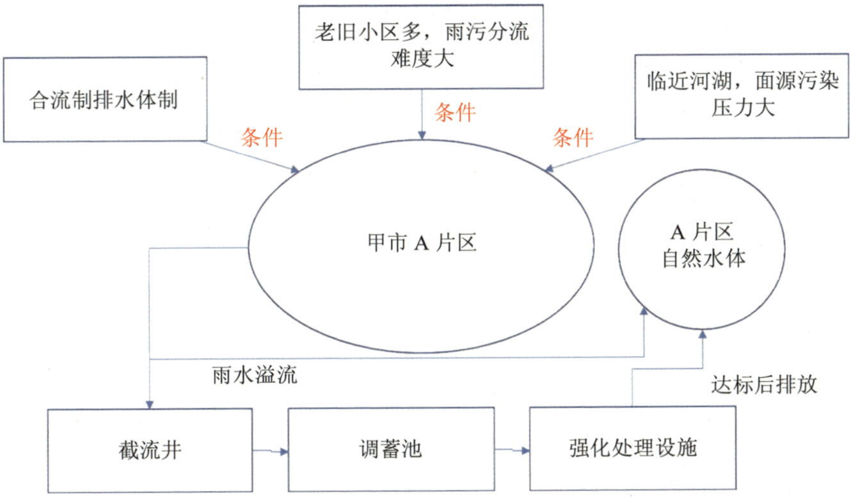

图 2-31　甲市采用 CSO+初雨污染调蓄及强化处理技术

（5）发展趋势

CSO+初雨污染调蓄及强化处理技术正在不断向自动化、智能化方向发展。

①随着数字信息化技术的发展，用于建模的基础数据将越来越完善全面，基于优化算法和模型模拟的优化设计将成为未来运用 CSO+初雨污染调蓄及强化处理技术的主流设计方法。

②目前 CSO+初雨污染调蓄及强化处理的设计大都是在确定条件下进行的，随着该技术的广泛应用，如何利用最低的设计成本来最大限度地发挥其削减洪峰和控制城市初雨污染的作用，将不确定性分析纳入该技术的优化设计将是必然的

发展趋势。

③随着海绵城市措施在我国城市雨水管理中应用越来越广泛，关于海绵城市理念措施对 CSO+初雨污染调蓄及强化处理设计影响方面的研究和设计协调优化，也将是未来该技术发展的重要途径。

④为了使 CSO+初雨污染调蓄及强化处理设施能够发挥最大作用，有必要考虑管道沉积物对管道出流水质规律的影响。在管道的水力设计计算及优化运行措施上，结合信息化与模型模拟技术的合理应用，根据水质情况优化调控调蓄池的截流时间和截流水量等关键参数，是该技术未来应用设计的发展趋势[6]。

2.1.3.2.5 生物操纵生态系统恢复重建技术

近年来，由于我国部分区域污染事件频发，截污工作不到位等，部分河湖水生态系统遭到严重破坏，水体的自净能力大幅下降，生态功能严重退化。

充分运用生物操纵技术，有机结合生境营造、水生植物种群恢复、水生动物群落结构调整、微生物操纵等技术，建立以水生植物、滤食性鱼类、底栖生物、微生物为核心的生态平衡系统，构建健康完整的水生态系统，从而提升水体自净能力，全面改善水质，实现水环境的长治久清。

（1）技术介绍

生物操纵生态系统恢复重建技术，是指利用生物控制手段，恢复和重建完整健康的水生态系统，使生态系统实现整体协调、自我维持、自我演替的良性循环，提升水生态系统的物种多样性和食物链完整性，最终达到提升水体自净能力，净化水质，促使水体向“鱼翔浅底”方向不断转变的技术手段。在岸上截污越来越得到重视的今天，该技术的重要性也逐渐凸显，往往成为水环境综合治理的最后一步应用在各大流域治理的项目中。

在自然水体中，一个完整的水生系统至少包含 4 个部分：一是具有一定规模的水生植物群落；二是具备一定规模的各种类型的水生动物；三是在系统之中具有大量的各种类型的微生物；四是系统中包含有大量的原生动物。生物操纵生态系统恢复重建技术从本质上讲就是充分地运用微生物和植物自身对环境的调节能力，在被污染区域中有计划地培植各种类型的植物和水生微生物，使其对环境之中的污染物进行有效降解，进而提升水的质量，实现水资源污染的修复。这种修复技术在国际上得到了非常广泛的应用，在实践的过程中体现出了修复成本低、治理效果好等特点。

在水环境治理的过程中首先要对存在的污染源进行有效的控制，其次就是采用生物操纵生态系统恢复重建技术实现对水体受损生态的修复，进而从根本上治理受到污染和破坏的水环境，实现生态环境持续向好的发展[7]（图 2-32）。

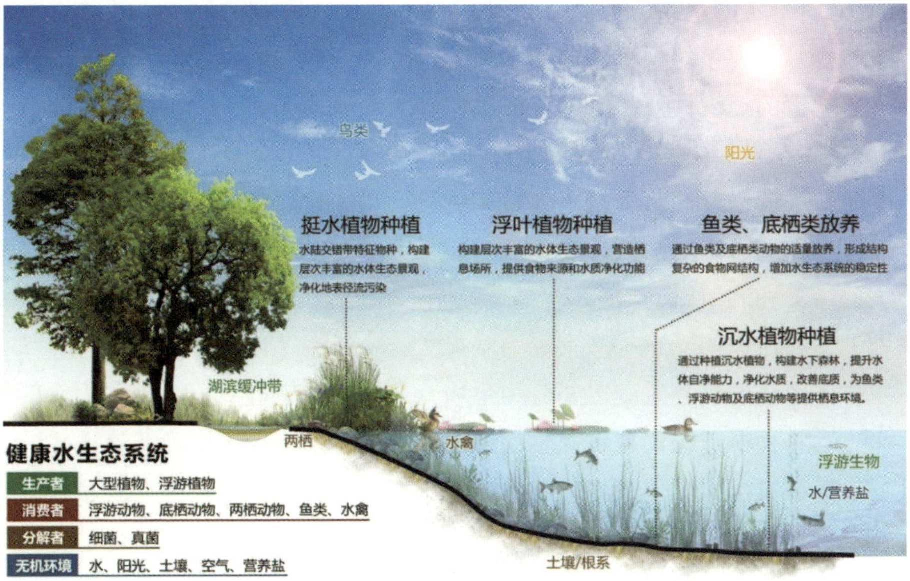

图 2-32　水生态系统组成图

（2）技术优点

1）利于水环境长治久清

生物操纵生态系统恢复重建技术，能够大幅提升水体的自净能力，能长久地保障治理效果，使水生态系统恢复到自然状态，最大化提升水体纳污能力，提高水环境容量，为水环境提供更强的抗风险抗污染冲击功能，持续净化水质。

2）兼具水景观效益

水生态系统的恢复重建，在提升水质的同时，也能大幅提升水景观效果，“鱼翔浅底，鱼水和谐”，茂密的水生植物和活跃的水生动物交融，呈现最美的自然风光，通过自然水景观的打造提升水域周边居民的幸福感。

3）有利于周边产业的发展

通过生物操纵生态系统恢复重建技术打造的舒适宜人的水生态系统，可以极大地提升流域内土地的附加价值，间接地带动周边产业的发展，吸引更多的资金、人口，产城共荣，全方位促进自然—产业的协同发展。

4）具有一定的水经济价值

生物操纵生态系统恢复重建技术中的鱼类种群调控，可以持续的产出优质水产，带来直接的经济价值，促进流域水经济的发展。

5）具备一定的内源污染控制能力

水生植被的恢复，可以对水体底泥进行生物固化，吸收、固定底泥中的营养物质，减少底泥带来的内源污染释放，减少不必要的清淤疏浚，用最少的成本撬动巨大的污染控制效率。

（3）工艺流程

水生态系统的恢复重建主要分为生境营造（前置工程）、水生态植物群落构建、水生动物种群结构调整、微生物操控、水生态系统结构持续调整维护（维护工程）。工艺流程如图 2-33 所示。

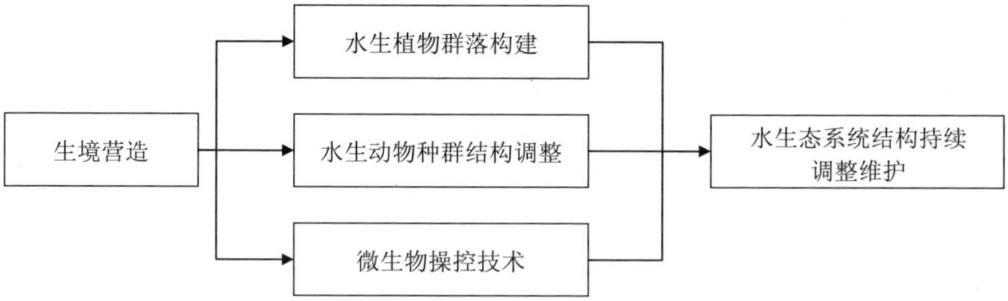

图 2-33　工艺流程

1）生境营造

生境营造是进行后续水生态修复工程的前置措施，目的是水生态系统的重建和恢复营造适宜的自然条件，针对不同的项目和水环境现状，需要采取不同的措施。如针对水体透明度低的现状，利用生态净水剂提升水体透明度，利于后续水生植物种植时保障植物存活率；针对水深较深，不利于水生植被恢复的现状，可铺设种植土或进行底泥转移提升水底标高，降低水深；针对草食性杂鱼威胁水生植物生长的现状，可采取杂鱼清除等措施。

2）水生植物群落构建

植物修复是指利用植物吸收、提取、分解、转化或固定环境中的污染物的技术，利用植物修复技术治理黑臭水体，对于维系水利工程传统功能、保护河流生态系统、改善人居环境和强化文化景观均具有重要意义。

严格筛选选用本土化植物，选用多种耐污能力强、净化效果好的植物，丰富植物群落物种多样性；根据植物不同生长时期划分种植批次。

3）水生动物种群结构调整

水生动物种群结构调整在生境营造之后进行。水生动物在水生态系统中扮演主要消费者的作用，是维持水生态系统的稳定和发挥其正常生态功能不可或缺的一部分。部分水生动物以水体中的细菌、藻类、有机碎屑等为食物，可有效地减少水体中的悬浮物、提高其透明度。投放数量适当、物种配比合理的水生动物，可以延长生态系统的食物链、提高生物净化效果。

4）微生物操控

水体中的微生物在水生态系统中扮演着重要的角色，通过投放微生物菌剂，提升水体中好氧、厌氧微生物的浓度，搭配水生植被的恢复，能快速净化水质，打造完善健康的水生态系统。

5）水生态系统结构持续调整维护

水生态修复是一个长期系统的工程，若是在完成后不能长期进行维护和保养，可能使最终的效果大打折扣，因此在完成一系列生态系统重建工程之后，需要持续进行动态的水生态系统结构调整，通过及时对多余水生植物、草食性鱼类的清除，维持生态系统的长期平衡，提升水生态系统的稳定性，最终使水环境具有稳定健康、有超强自净能力的生态系统。

（4）适用场景

生物操纵生态系统恢复重建技术适用于外源污染问题基本得到解决，具备生态系统恢复基本要素条件的自然水体。在实施该技术前，需要进行生态现状的调查和评估，着重分析现有生态系统的完整性，对于生态系统架构不健全、生态位缺失的水体，可以选用该技术，同时在应用过程中应避免带来外来污染入侵等次生影响，最大化保留本土生态系统结构。

例如，某些湖泊由于长期受到外源污染的侵扰，生态系统遭到严重破坏，但该湖泊汇水范围的控源截污工作得到基本实施，并且有稳定的补充水源及适宜的水深，则适合采用该技术进行生态修复（图 2-34）。

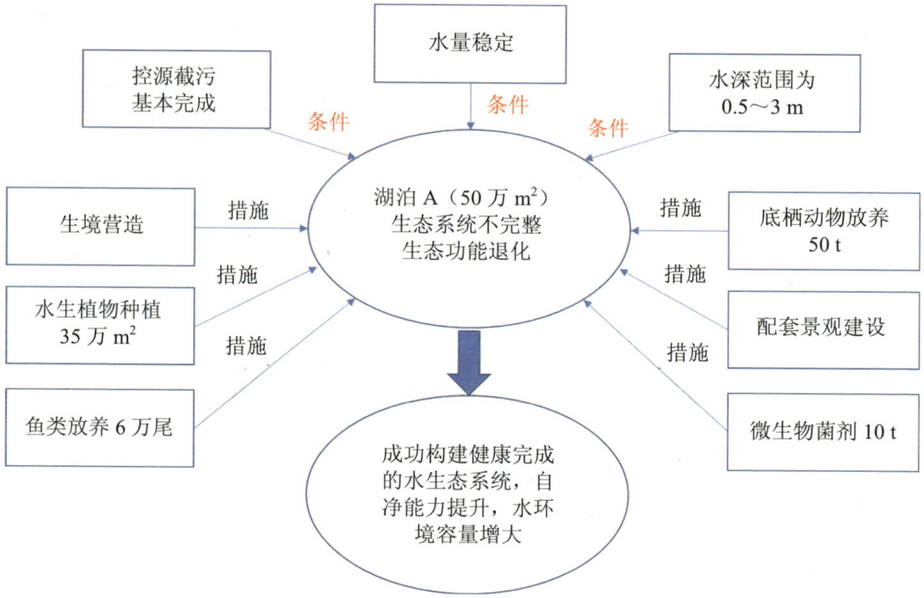

图 2-34　湖泊 A 采用生物操纵与生态系统恢复重建技术

（5）发展趋势

我国当前水资源污染严重，中央水利工作会议上也提出了要坚持可持续发展路线，大力推动水生态系统的保护与修复工作。近年来，水生态修复技术的理论研究发展十分迅速，在我国有着广阔的发展前景。在未来，生物操纵生态系统恢复重建将不再着眼于某一段河湖的局部结构修复，会把重心转移到整个流域系统结构和功能的综合修复，该技术的未来发展趋势有以下几个方面。

①流域生态修复目标的多元化。流域生态修复的目标从单一功能走向多元功能，强调复合价值的实现。为了平衡生态环境与社会经济发展之间的矛盾，流域水生态修复日趋走向多功能一体化的目标界定与评价体系，综合水质、水量、水生态以及社会需求；兼顾水资源开发和水环境保护，进一步协调流域内上、下游的关系，实现资源保护和可持续利用。

②流域生态修复措施的再自然化。流域生态修复措施由早期的大规模灰色基础设施走向分散的小规模绿色基础设施。实施低影响的生态工程措施营造基础环境后，让自然系统自我修复并完善功能进行生态治理。

③流域生态修复参与主体的公众化。流域生态修复早期是单一专家决策，近年越来越趋向于跨学科共同协作，并逐步强化了公众参与的作用。通过建立流域水环境信息网站、公开发布流域水环境信息、广泛向公众做调查、提高公众对流域治理的意识。

2.1.3.3 建造实施技术

建造实施技术是将环境治理方案落地的终端技术，先进的实施技术可以提高生产效率，保障工程质量，本书着重介绍 PC 装配式水处理设施建造技术。

2.1.3.3.1 PC 装配式水处理设施建造技术

在我国经济不断发展的过程中，各项新的技术以及材料不断地应用于工业生产以及日常生活，同时所排放的污水中所含有污染物含量和种类也呈现复杂化。同时由于城市的扩张及规划的调整，城市中现有的污水处理设备已经无法满足现阶段的排放指标和排放量要求，很多污水处理厂需要在短时间内对其进行技术改造，提高处理效率。

装配式污水处理厂成套技术装备的工艺，将新型快速生化处理与快速深度处理工艺相结合，实现了工艺装置化、装置智能化、系统模块化、模块集成化，具有质量标准高、建设速度快、占地面积小等优点。克服了传统的污水处理厂存在的建造模式落后、占地面积大、污水处理效率低、运维管理难、投资成本高等一系列问题。

（1）技术介绍

装配式建筑是指用预制部品部件在工地装配而成的建筑，主要包括装配式混凝土结构建筑、钢结构建筑、现代木结构建筑等。装配式建筑采用标准化设计、工厂化生产、装配化施工、信息化管理、智能化应用，把传统建造方式中的大量现场作业工作转移到工厂进行，是现代工业化生产方式。

水处理设施传统建设方式以现浇为主，建设周期较长，并且建设过程会对周边环境造成一定程度的污染。装配式建筑模块化、工厂化、标准化的建造方式，能提高建造效率，缩短建造工期，节约资源能源。

预制装配式技术在水池中的应用，是通过优化设计，将预制装配式构件与现浇基础相结合而成的预制水池，并广泛应用于各种类型的池体。目前，市面上已有的不同材料的装配式水池：装配式钢筋混凝土水池、装配式钢结构水池和装配式玻璃钢水池。

（2）技术优点

1）缩短工期，节约成本

现浇工艺在现场施工，需要大量的劳动力，且在施工过程中易受天气条件的影响。而装配式建筑的预制构件均在厂内完成，在整个预制安装过程中，机械化程度高，能节约劳动力，操作人员劳动强度得到有效缓解，工业化效率高，因此其施工周期可大大缩短，从而节约时间成本及劳动力成本。

2）节约资源

装配式建筑中预制构件在工厂内批量生产，可大量减少模板、钢管及脚手架等材料的使用，使得原材料成本大大减少。同时预制构件的生产设备、模具还能重复使用，能够减少耗材，节约资源。

3）提升建造质量

现浇钢筋混凝土容易受到天气、温度等外界因素的影响，而装配式建筑的预制构件是在工厂内按施工设计图纸，采用标准化的生产方式进行预制而成，其在温度、湿度等因素方面的控制较为精准，并采用标准养护条件，使得在工厂预制的构件质量能够得到保证。

4）对现场环境影响小

装配式建筑所有预制构件均在工厂内完成，能有效降低建造过程中由扬尘引起的大气污染、建筑垃圾引起的水污染与噪声污染等，减少对周边环境的干扰，有利于改善生态环境。此外，采用装配式施工设施能节省大量建造空间，从而减少因搬迁等因素对人文环境造成的影响。

（3）工艺流程

装配式预制构件生产工艺流程如图 2-35 所示。

首先，脱模后的空模具经滚轮架线和码垛机运输到指定位置进行模具清理，经清理机除去混凝土残渣等杂物后，空模具被运送到模具划线机工作位置，模具划线机根据构件特征信息进行数控划线工作以确定侧模、窗模以及预埋件等的安装位置。其次，经滚轮架线空模具依次被移至指定位置，进行侧模的安装和脱模剂的喷涂，为后续的浇筑工作做准备。在混凝浇筑前，需要根据构件型号在空模具上布置满足要求的钢筋及吊环等埋件。在混凝土的浇筑和振捣设备上，空模具经混凝土浇筑和振捣后，被转运到下一工作位置进行构件表面压平修饰。压平修饰后，模具被运送到码垛机等待下一步的蒸汽养护工作。码垛机将运送来的待蒸养构件按照一定的次序依次送入立体蒸养室进行蒸汽养护。在一定的温度和湿度条件下，达到蒸养时间的构件连同模具被码垛机运送到模具脱模设备上进行脱模，至此，构件的生产完成一个工作循环。生产好的构件经过检验后标注入库存放，准备出厂。

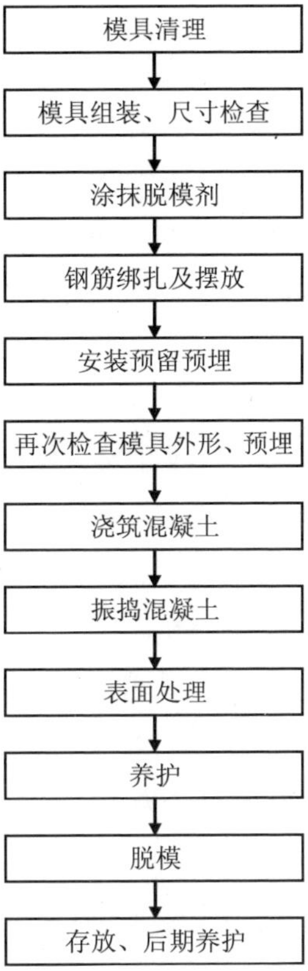

图 2-35　装配式预制构件生产工艺流程

工艺流程要求要点如下：

1）模具清理

模具外表面无累积混凝土，模具外表面干净；模具和模台表面、无残留混凝土块，无污渍。

2）喷洒脱模剂

模具内表面打油均匀，手指摸模具表面手指上无明显油渍，无黑物，窗盖、底座及其他配件模板等外表面无积油，缓凝剂涂刷均匀无遗漏。

3）模具安装

整个模具拼缝处不能漏光，螺丝无松动无遗漏、拼缝接口处平整、无明显缝隙；铝窗型号正确、安装稳妥、无损伤、定位正确，窗耳间距正确；模具拼装整体尺寸应满足图纸要求。

4）钢筋及预埋安装

钢筋在安装过程中应避免碰到连接件。钢筋骨架安放按照图纸的指定位置，与侧模的保护层符合图纸要求，外露钢筋数量、尺寸符合图纸要求。

预埋件无变形、损坏，安装埋件过程中禁止私自弯曲、切断或更改已经绑扎好的钢筋笼，预埋件安装位置应符合图纸要求。

5）混凝土浇筑

①布料均匀，振捣完全后，凝土上表面与侧模上沿需保持在同一个平面，不允许高于或低于侧模上沿。

②震动均匀，混凝土内无残留气泡；浇筑混凝土与模具相平。

6）混凝土预养护

冬季养护湿度为50%以上，温度为60℃。构件出窑后应达到收光作业的要求。

7）混凝土收光

混凝土地面面层的抹平工作应在水泥初凝前完成，混凝土地面面层不能有裂纹、脱皮、麻面、起砂等。

8）堆垛养护

随时观察每个养护单元内的温度、湿度情况，并及时作出调整。控制好构件养护静停、升温、恒温、降温时间段。冬季养护湿度为90%以上，温度达60℃，要求构件出窑后应达到拆模起吊强度。

（4）适用场景

对于工期较紧张，需要严格控制施工对项目现场影响的项目，可以结合可利用土地情况、工期等因素，选择科学合理、便于施工的工艺方案，采用 PC 装配式水处理成套技术装备及工艺，使用大量一体化设备，如一体化快速生化处理装备、一体化高效消毒装备、一体化污泥脱水装备等，能够缩短施工工期、节约资源、减少环境污染。

（5）发展趋势

装配式建造技术在污水处理厂建设的推广与应用过程中存在构件拼缝多，水池处防渗难度大、投资建设成本高、结构表达不够灵活等问题，故而在装配式污水处理厂的未来研究中，以下几个方向将是重点：

①采用标准化设计、制作的构件具有更好的实用性，降低模具的摊销成本。

②引入新型防水材料，改善装配式水池防渗问题。

③改进构件连接形式，利于水池构件拆卸及重复利用，便于污水处理厂后续的搬迁/提标改造。

2.1.3.4 运营管理技术

运营管理是保障环境治理长效运行的最后环节，为了环境治理工程能长久地造福于人民，需要利用信息化科学化的运维技术体系，因此本书针对智慧水务运维与管控技术平台技术展开分析。

2.1.3.4.1 智慧水务运维与管控技术平台

随着城市的发展，水务运维管理单元覆盖半径扩大、管网系统更加复杂，运营成本和运营难度大幅提高，对水务运维提出了更高要求。目前，我国很多地区的水务运营与管控系统还比较薄弱，导致其水务系统存在功能规划分割、基础设施整体功效差、运行效益低等问题。

智慧水务运维与管控技术平台是现代信息技术的集成应用，充分运用物联网、信息化手段改变传统的水务运营模式，构建基于物联网、云计算的智慧水务与管控技术平台，通过数据采集、无线网络、水质水压等在线监测设备实时感知城市供排水系统的运行状态，并采用可视化的方式有机整合水务管理部门与供排水设施，形成“城市水务物联网”，并可将海量水务信息进行及时分析与处理，并做出相应的处理结果辅助决策建议，以更加精细和动态的方式管理水务系统的整个生产、管理和服务流程，从而实现智慧化运营管控。

（1）技术介绍

智慧水务运维与管控技术平台是充分利用物联网、大数据、云计算及移动互联网等技术，深入挖掘和广泛运用水务信息资源，包括水务信息采集、传输、存储、处理和服务，全面提升水务管理的效率和效能，实现更全面的感知、更主动的服务、更整合的资源、更科学的决策、更自动的控制和更及时的应对。

随着物联网、大数据、云计算及移动互联网等技术不断融入传统行业。国家大力鼓励智慧城市、“互联网+”概念，并陆续出台《关于促进智慧城市健康发展的指导意见》《“十三五”国家战略性新兴产业发展规划》等支持政策。而水务工作的运营关乎人民民生，被列入重点智慧化行业。

自2014年以来，国家对智慧水务的支持政策经历了从“发展智能水务”到“发展智慧水务”再到“构建智慧水务体系”的变化。原中国工程院常务副院长潘云鹤曾说智慧城市就是将当代传感技术、互联网技术、大数据技术和各种高新技术融合城市的各个系统，形成城市建设、城市经济、城市管理和服务的升级发展。中国科学院院士王光谦曾说：“智慧水务是智慧城市发展的必然产物”。

因此，在建设智慧城市的大背景下，结合水务行业信息化发展经验，应当充分利用云计算和数据技术构建一体化、可扩展的智慧水务运维与管控技术平台，加强顶层设计，制订具有前瞻性的管理和信息规划，通过水务综合运营平台打通信息孤岛，实现数据共享，增强对水务的运营和监管的能力，实现城市智慧运作，提高管理与服务的水平[8]（图2-36）。

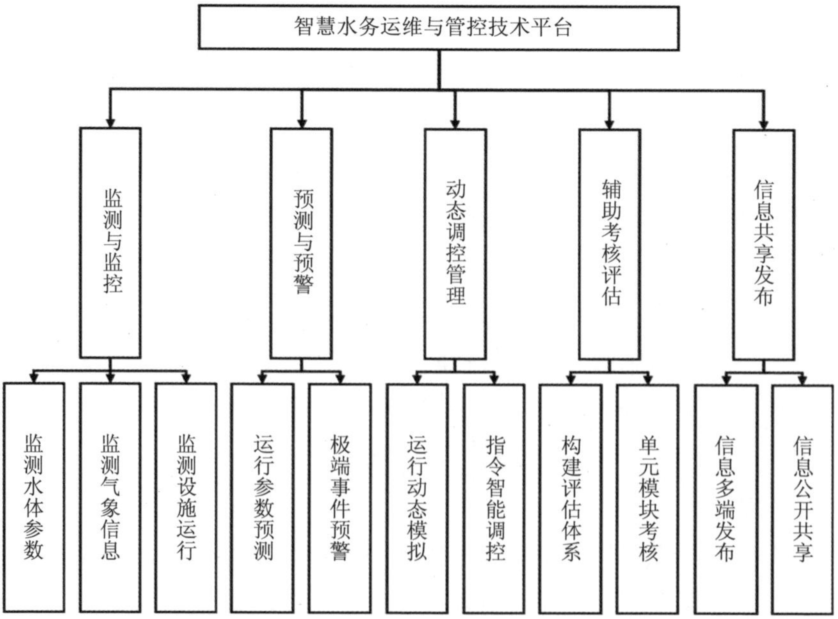

图2-36　智慧水务运维与管控技术平台功能

（2）技术优点

智慧水务运维与管控技术平台具有以下优点。

1）功能全面

智慧水务运维与管控技术平台能够依照项目整体目标要求，制定不同层级的功能需求，包括但不限于以下方面：

①监测与监控功能。监测主要水体与设施内的水位、水力、水质参数；监测汇水区范围内的气象信息（如降雨）；监测主要设备设施的运行数据（如水泵启停、闸坝启闭、阀门开合、管网负荷、调蓄池充满度、污水处理厂运行工况等）；昼夜视频监控管辖范围内的河道水面状况与关键设备、设施区域。

②预测与预警功能。河道水环境监控和综合调度系统应当具备前瞻性的预测与预警功能。基于数字化模型手段，通过气象预报等变量数据，预测水力、水质等主要参数的变化，并对极端事件发出预警提示。

③动态调控管理。设计开发基于实际运营场景的智能算法，能够针对不同工况实时对接入智慧水务系统的自控设备进行动态模拟，并生成操控指令，真正实现“智能化”管理。

④辅助考核评估。服务于绩效考核、运营评估等实际使用需求，按照相关环保、生态、建设等行业法规要求，对各项指标进行分解细化，对主要考核指标进行归纳，构建系统评估体系，据此为智慧水务系统设计开发相应的考核管理模块，包括超限警示、定期报表等。

⑤信息共享发布。面向河道水环境监控和综合调度工程的管理人员与公众，构建中控平台系统，设计开发网页端与移动端信息发布平台，实现与公众的信息共享、交流的功能。

2）运行可靠

智慧水务运维与管控技术平台依靠高精尖硬件设备和软件系统，具备高度智能化，能充分保证系统运行可靠。

通过严格控制设备选型、兼容性检验，并对监测设备实行严格的调试、校准，可以保障硬件设施的稳定运行，包括服务器、存储设备、交换器、监测设备、自控系统网络终端等基本硬件设备。

通过针对软件定制化开发系统平台与商业软件，严格质量管理流程，模拟不同极端状况，可以排除软件运行出错，保障软件系统的稳定运行。

3）系统兼容

智慧水务运维与管控技术平台适应不同的终端设备，兼容多种网络端浏览器接入，支持本地、远程多种操控模式。能有效保证各个子平台、功能模块具有足够的开放性，使异构系统之间的信息交换和协同工作成为可能，保证数据的准确性、完整性、系统性。

4）实时高效

项目运营过程中，水安全、水环境等目标极易受到极端降雨、突发环境事件的冲击与影响，智慧水务运维与管控技术平台具备实时、快速的反应能力，包括实时运算功能、提前预知功能（如将要到来的降雨以及可能导致的污染）、预警生成与发布功能，以及一定权限范围内的智能控制功能。通过清晰直观的人机交互界面、准确快捷的功能算法，确保运营反映实施高效。

5）运营简易

智慧水务运维与管控技术平台采用了成套化、模块化、标准化设备，便于后期维修、更换、升级，为运营维护的简易性、经济性提供了便利条件。

6）内外兼顾

智慧水务运维与管控技术平台既能满足水环境综合治理工程的需要，又能兼容项目外信息接入；既能分析考核项目运行绩效，又具有监控外部因素，查找项目外原因对运维质量影响的能力。

（3）系统组成

智慧水务运维与管控技术平台由基础信息管理子系统、监测监控平台子系统、实时预测预警子系统、实时动态管理子系统、管理评估子系统、运维外业管理子系统、中控中心综合显示子系统、公共服务子系统多个子系统构成。系统架构如图 2-37 所示。

1）基础信息管理子系统

实现流域河道、主干管网、CSO 调蓄设施、泵站、闸门、监测站等关键要素的展示和管理，包含信息管理、查询、录入、统计分析等功能，以及地图基础应用（如缩放、标记、量算、显示、快速定位、信息查询等）。

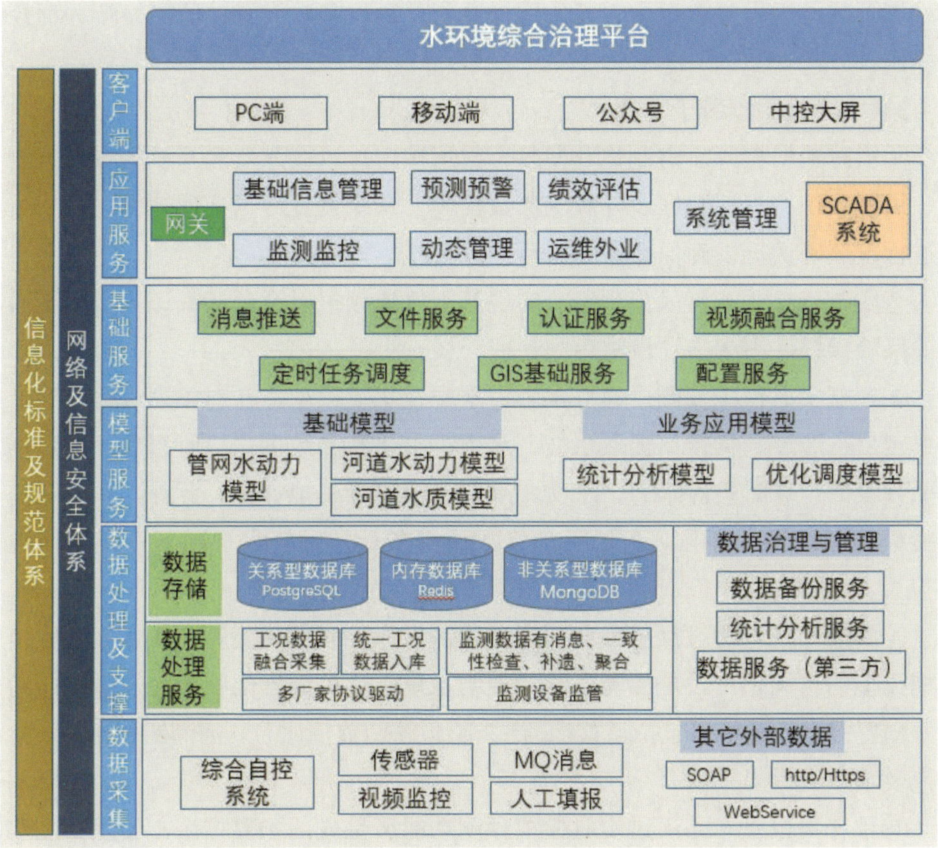

图 2-37　智慧水务运维与管控技术平台系统架构

2）监测与监控平台子系统

①监测数据获取。包括雨量计监测数据及气象预报、水力特性监测、受纳水体水质监测、视频监视展示。

②数据校核分析。为确保现场采集的监测数据可靠性，平台可对原始监测数据进行自动或手动的清洗、校验和审核。

③系统异常事件管理。在实时监测的基础上，对流域内异常事件进行实时的跟进和分析，包括水量超限、内涝风险、水质超标、监测设备故障等，并进行报警，为决策者提供支持。

④监测设备管理。包括设备状态监测、监测设备配置管理，平台可以进行监

测站点管理、远程参数查询、设备运行监测、远程参数设置、监测终端远程控制等操作。

3）实时预测预警子系统

①实时数据接入。定制化开发多个数据接口，以接入监测系统的实时监测数据、模型系统的模拟数据及外源气象数据等。系统设置数据处理功能，对相关数据进行审核确认，以确保数据的可用性。

②实时气象预测与风险预警。实现基于气象预报以及公共渠道灾害预警而形成的风险预警，用于指导日常运维管理。

③模型实时模拟预测。建立水力、水文及水质模型，在对模型进行细致准确的率定后，通过数据接口提取水文、水力、水质监测数据、短时气象预报数据，按照预设的计算时段对水力、水文、水质参数进行模拟计算。此外，系统还需要支持模型离线手动操作，可以手动修改边界条件，对特定工况下系统运行进行模拟。

④阈值预警。通过阈值预警实现对关键水力要素的风险管控。当监测数值或模型模拟的结果超出设定的阈值时，说明系统在该关键点面临风险，需要向运营者发出警报。关键指标包括调蓄池/泵站前池/闸门前后水位、河湖断面水质、排口溢流及水质。

⑤预警指令发布。通过实时模拟预测功能所生成的预警指令主要发布到实时动态管理模块和信息发布模块，进一步指导系统运行和操作人员执行。

4）实时动态管理子系统

①明确管控模式。在监测监控、模型预测模拟的基础上，根据不同的外部条件（如降雨等），确定不同的管控目标（如防洪排涝、控制溢流污染、快速恢复水质等）。

②生成最优运行策略。可以利用智慧算法，针对特定的管控模式，综合考虑系统水文、水力、水质现状与趋势下，针对系统中的关键泵站、闸门等调控设施，自动生成最优的运行调度指令。

③设施远程控制。借助 SCADA 系统（数据采集与监视控制系统），对泵站、闸门等调控设施进行远程控制和调度，实现对流域管理的实时动态联控联调，保证全流域和排水系统的平稳、安全运行。

5）管理及运维绩效评估子系统

①KPI 指标计算跟踪。支持通过选定的时间段，实时调取监测数据，经后台计算后提供各 KPI 指标的结果，并在界面上进行直观的实时展示。同时，系统支持对流域分区、分段管理，可以分别计算上下游子汇水区或河道的相关指标，帮助运行管理部门快速锁定风险区域。

②自动报表模块。系统预置报表模块，提供表格格式和内容的编辑模块，输出不同时间段、不同格式的报表。

6）运维外业及资产管理子系统

①设备设施维修管理。支持管理人员查看流域内所有设施的状态、使用年限、维修次数、维修时间、异常事件等基本信息。

②巡检与工单系统。将定期巡检、维修以及群众投诉均可纳入日常巡检的范围内，统一制订巡检路线与方案，根据不同的维护人员制订、下发日常的巡查计划，可以实现在系统内实时跟踪其位置和巡查结果。

③异常事件处理。制订异常事件处理流程，管理人员可从模块中的事件列表实时查看异常情况处理进度，包括异常情况开始时间、持续时间、异常事件地点、处理人员信息等信息以及相关统计结果等，方便对异常事件的管理。

④移动业务终端。考虑采用单独开发的移动业务系统或基于微信开发小程序，保证工单下发与处理结果实时上传，同时也方便巡检人员根据 GPS 精准定位问题发生位置。

7）中控中心综合显示子系统

按照简洁、清晰、美观的原则，将各个模块的关键信息集成展示在中控中心大屏上，为决策者提供信息，从而能作出迅速、准确的判断。

8）公共服务子系统

通过建立公共信息发布数据接口与渠道，并能够处理反馈公众信息请求与反馈。

（4）适用场景

智慧水务运维与管控平台作为智慧城市建设的重要组成部分，是我国战略层面的重点发展产业，适用于水环境整体的运行维护管理，上至城市、流域，下至具体河道、湖泊，皆可以使用智慧水务运维与管控平台，连入智慧水务运维系统，从全局角度进行综合调度和综合管理。

2019 年，水利部先后印发了《水利业务需求分析报告》、《加快推进智慧水利指导意见》、《智慧水利总体方案》和《水利网信水平提升三年行动方案（2019—2021 年）》，系统谋划了水务网信发展的时间表、路线图、任务书，旨在推动水务工作的信息化进程。2020 年，国家发展改革委、住建部在《城镇生活污水处理设施补短板强弱项实施方案》中明确提出："为推动信息系统建设，需要开展生活污水收集管网摸底排查，地级及以上城市依法有序建立管网地理信息系统并定期更新。直辖市、计划单列市、省会城市率先构建城市污水收集处理设施智能化管理平台，利用大数据、物联网、云计算等技术手段，逐步实现远程监控、信息采集、系统智能调度、事故智慧预警等功能，为设施运行维护管理、污染防治提供辅助决策。"

由此可见，智慧水务运维与管控平台适用于我国绝大多数城市，尤其需要在发达城市率先开展，这是政策的要求和时代发展的必然（图 2-38）。

图 2-38　智慧水务运维与管控技术平台界面

（5）发展趋势

结合水务发展现状以及国内智慧水务的发展进行分析，智慧水务运维与管控技术的发展趋势将聚焦在以下几点：

①水务全要素的天地空实时监测。随着遥感、气象卫星、无人机、摄像头、各类传感器等技术与设备的高速发展和普及，相关应用分布在城市空间的各个层次、领域中，实现水务全要素天地空实时监测目标已是当下智慧水务建设过程中的大趋势。

②海量数据高效收集整合整理。目前智慧水务对数据的处理趋向于集中和高效，通过构建大数据仓库，实现关键业务的智慧应用，通过构造公司级的数据仓库，形成主题数据服务。最终通过建立有效的指标评估体系，有效进行更高层次的信息挖掘以支撑决策，数据治理成为智慧水务建设过程中的核心任务。

③创建统一的业务处理平台。未来智慧水务建设有建立统一水务处理平台的趋势，通过建立“业务数据化、数据业务化”的闭环运营管理模式，促成网络互通的一体化平台建设，创建覆盖全领域的统一涉水业务，最终形成多元数据、业务子系统的集成，提升智慧水务的综合服务能力。

④创建智慧水务生态。今后智慧水务有建立开放、透明、参与协作为指导原则的健康、可持续的智慧水务生态的趋势，让大数据的交流和流动处于标准规范的控制之下，社会各领域合作伙伴、同行业合作伙伴间建立起良好、正面的发展关系，可以共同推进智慧水务的发展，助力城市智慧化的实现。

⑤先进技术理念与水务业务紧密融合。未来的智慧水务是水务与信息通信技术深度融合的产物，在发展中搭建起二者之间的桥梁，将行业专业性的咨询力量与先进的开发能力充分结合，打破智慧水务基础架构中的感知层、网络层和应用层之间的壁垒，提供强有力的联合解决方案，逐步实现智慧水务的切实落地与可持续发展。

2.2 绿色产业服务

2.2.1 产业服务痛点

产业发展是区域经济发展的重要支撑。随着我国经济从高速增长阶段迈入高质量发展阶段，产业的绿色低碳循环发展成为我国经济高质量发展的题中要义。城市，作为产业发展的重要载体，也逐渐从“摊大饼式”发展转向新型城镇化发展，解决前期开发过程中城市品质不高、产业活力不足、政府财政吃紧及生态与产业未有效融合、生态资源转化能力不足等问题，以实现城市价值的最大化。EOD、TOD类片区综合开发，作为一种新型产城开发理念，已成为新型城镇化发展的重要抓手。综观我国片区综合开发近年来的发展历程，发现国内大部分的片区综合开发项目实施过程中主要存在以下痛点。

2.2.1.1 痛点一：认知片区产业现状易，确定片区产业发展定位难

在产业规划阶段，产业发展定位是引导片区健康发展的决定性因素，正确的产业定位可使得各生产要素及大量的相关产业集群形成正外部效应，促进片区产业高质量发展，反之则阻碍片区经济发展。在片区调研阶段通过资料收集、实地调研、人员访谈等手段即可对片区产业现状具有一定认知，而确定片区产业发展定位不仅要充分考虑当地的资源禀赋、区位条件、产业基础等基础情况，还要综合考虑周边地区的产业发展情况和规划布局，保证筛选的优势产业客观理性，并避免与周边产业的同质化竞争。同时，还需考虑地缘政治、国际关系的影响，前端科技发展到一定阶段后的产业升级和产业转移。总之，确定片区产业发展定位既需要多要素、多维度的综合分析，还要做到既结合现状又具有前瞻性，具有较高难度。

2.2.1.2 痛点二：制定片区产业生态目标易，推动产业生态融合落地难

中国经济由高速增长阶段转向高质量发展阶段，在此期间人们逐渐意识到，生态环境保护与经济发展是辩证统一的关系，从生态环境与经济发展的环境库兹涅茨曲线来看，已经进入生态与经济发展“再平衡”的阶段，污染防治和环境治理是经济发展需要跨越的一道重要关口。推动生态文明建设与经济发展相互促进、相得益彰，必须坚持生态优先、绿色发展，在发展中保护，在保护中发展，自觉把经济发展同生态文明建设统一起来，故而在片区产业开发过程中，更需要将生态环境保护与产业发展升级相融合。

在前期策划过程中，片区产业发展及生态治理目标可结合上位城市规划和上位生态环境保护规划制定。但在片区开发过程中，生态环境治理目标与产业发展目标难以统筹兼顾，往往存在就生态治理而治理、就产业发展而仅关注产业的现象，忽略了生态环境与绿色产业的相互融合，生态资源的转化能力不足，产业生

态化理念不足，导致片区产业生态融合目标难以实现。同时，部分地区在发展过程中缺少统筹规划和合理布局，没有把相关生态治理成效与产业发展有机结合，未形成良好的生态环境循环，因此产业集群效应就无从发挥。

2.2.1.3 痛点三：项目单一阶段实施易，前后阶段有效衔接难

大部分片区发展规划按照“一张蓝图绘到底”的思路制订，近期规划期限多为 3～5 年，远期规划时间跨度可达 20 年。片区开发项目单一阶段耗时相对较短，验收标准较低，片区整体开发涉及面广，运作周期长，多存在历史遗留问题，加上规划前后期时代变化所带来的发展思路变化、发展方向调整、政策规划更新等，将导致片区发展项目各阶段“割裂”，前后发展不统一、不协调，难以实现规划的总体目标。

2.2.1.4 痛点四：满足规划符合性易，实现规划协调性难

各层级产业规划关系密切，实现相互衔接较为容易，但片区产业规划与片区相关的其他专业规划（如控制性详细规划等）之间因规划思路、规划时限、规划指标体系等方面的差异将增加衔接落地难度。控制性详细规划具有刚性管控的特性，而产业规划突出策略引导，两者规划思路的差异导致城市空间安排与产业导向难以完美契合。同时，产业规划指标体系多以经济数据为主，而空间规划指标体系是多要素的复杂系统，两者评价指标体系不完全一致，最终导致产业规划与国土空间规划衔接落地难度较大。

2.2.1.5 痛点五：制定片区开发时序易，实现片区滚动开发难

片区开发时序的制定，依据“城市建设—人才聚集—产业发展”循环架构的逻辑，例如，通过城市建设吸引人才聚集，人才聚集促进产业发展，产业发展再投资城市建设，或者从产业发展开始，促进城市建设，聚集专业人才，反哺产业发展，循环往复，结合各阶段建设成本、资金需求、产业发展需求合理安排开发的先后时序，以第一阶段基础设施完善后预估的片区开发资金收益，作为后一阶段开发资金来源，从而实现滚动开发。可见，片区二期开发的资金很大程度上依赖于片区一期开发后预估资金收益的兑现度。若片区开发时序制定过程中对产业

发展环境预估不准确，一期实施完成后片区预期的资金收益兑现度低，使得二期开发资金缺口大，则会导致片区难以实现滚动开发（图 2-39）。

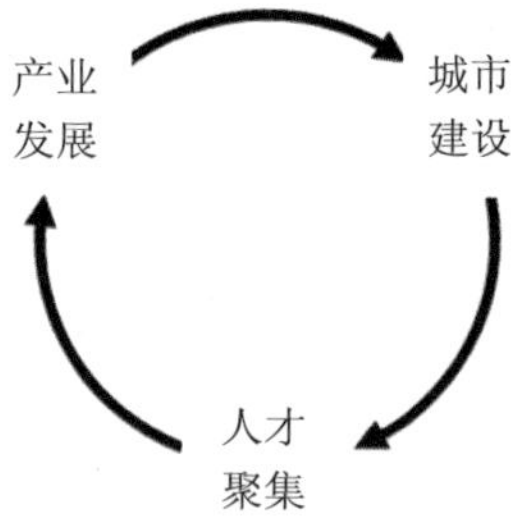

图 2-39　片区开发过程循环架构

2.2.1.6　痛点六：制定区域产业规划易，产业资源导入落地难

片区产业策划过程中常以上位规划为指引，结合片区产业基础，统筹考虑产业发展趋势与产业链发展逻辑等因素，制订片区产业规划。而在产业落地阶段，常出现规划导入产业企业诉求与本片区的基础现状匹配度低等现象，规划产业资源难以导入和落地。

2.2.1.7　痛点七：实现工业企业聚集易，发挥产业集群效益难

在项目招商阶段，部分区域因考核压力，以园区入驻率为目标不遗余力地招商引资，对引入企业与片区资源的匹配性和对产业体系搭建及后期产业孵化发展考虑不全，机械地复制其他区域的成功模式，使得各类企业鱼龙混杂，产业链上下游联系不紧密、产业关联度不高，难以形成区域化产业品牌，无法发挥产业集群的规模效应，导致后期可持续发展动力不足。

2.2.2　产业服务内容

“绿色管家”模式下产业管家为片区产城开发提供全生命周期一体化专业服务，以与生态环境相协调为出发点，以“运营前置系统化”思维，强调细节把控、多方平衡，实现环环相扣的全产业链协同发展，做到统筹考虑、协同联动、精准把脉、整合资源、有序开发。

“绿色管家”模式下产业管家服务与绿色环境服务具备相同的服务理念，也根

据生态环境主管部门及平台公司需求和片区开发痛点建立“菜单”，提供从片区调研到运营管理的“套餐”服务或项目某个阶段的“单点”服务，因地制宜，因需定制，统筹兼顾，全面服务。

专栏 2.14　华中新一线城市某新区综合开发

一、项目概况

该项目位于华中新一线城市某新区的东南部，西临江边，是新区的核心板块，且属于城市发展重点提升轴北端，项目范围内涉及江河水系。辖区内主干道基本建成通车，可直达城市中心，车程距离约为 40 min。距离高铁站车程约为 60 min，距离机场车程约为 60 min，交通十分便利，区位交通优势显著。

该新区坐拥 20 km 沿江黄金水岸，是城市最后一片临江自然生态宝地，江湖河岛多重生态要素叠加，生态优势显著。土地利用情况现状以农田、村宅、水塘、水渠为主，少量的商业、居住和工业用地且分布较为集中。区域内大部分地区处于未开发或农业利用的状况。地势有一定起伏，片区内由多个湖泊构成江河湖库水系，水系丰富，河、塘、渠众多。

二、生态环境问题

随着城市化的进程，新区内湖库水系遭受了严重的开发和破坏，自然生态环境破坏，生物群落减少，动植物自然分布区缩小，流域生态环境面临挑战。湿地周边围湖垦殖、建农家乐，使得湿地面积不断退化和衰减；生活污水和化肥、农药等有害物质排入影响水质；湿地河湖无外部水源，缺乏足够的水体容积和清洁的补充水源，水系自净能力较差；高密度的水产养殖让湿地环境明显单一化，湿地周边生活的鸟类数量，正在逐年减少，因此，新区内生态环境亟须保护。

三、产业发展需求

根据前期调查分析，新区内产业链布局多为加工制造，由于缺少产业高精尖技术支撑及完整的产业配套体系，仅靠传统制造业难以支撑整个片区甚至整个产业的发展。产业升级需求明显，产业链强链、补链、延链诉求明显。

四、政府总体诉求

该新区所在省级“十四五”规划明确要求，坚持创新引领开放崛起，着力打造国家重要先进制造业高地，推动产业向高端化、智能化、绿色化、融合化方向发展。新区“十四五”规划中也进一步明确将作为“产城融合发展”的重要承载地。打造以智能制造、现代服务业、总部经济、创新商务、生态休闲等产业为核心的智能制造、现代服务业集聚新区。

2020 年，生态环境部、国家发展改革委、国家开发银行联合发布了《关于推荐生态环境导向的开发模式试点项目的通知》（环办科财函〔2020〕489 号），鼓励生态环境治理与产业导入开发、区域经济增长协同，推动生态环境治理项目与关联产业有效融合，一体化实施，并向各地征集 EOD 模式备选项目。

在此基础上，新区的开发需将生态环境保护放在首位，依托城市优良的自然生态环境，完善城市配套服务，在开发的同时尽可能地保护当地生态环境，并对已有的环境进行修复改善，将资源与生态结合，实现城市发展过程中生产、生活与生态的协调发展。

五、项目推动阻力

在绿色发展理念下，片区综合开发需以生态保护和环境治理为基础，而社会经济的高质量发展与生态环境的可持续开发与保护，是一个天平的重要两端，难以统筹兼顾，实现产业经济与环境治理项目的有效融合。

片区综合开发项目周期长，涉及面广，对于大型片区开发项目甚至会跨任期，随着城市发展、政策规划调整等易出现策划开发过程中产业发展方向调整的现象，导致项目推进前后阶段难以有效衔接，不利于项目按计划推进。

片区策划时要与上位规划及各专项规划衔接，涉及多方协调，产业方向需满足多方诉求，导致产业资源导入和落地难度较大。

六、系统解决方案

针对传统的环境治理带来的效益仅局限于某一个项目范围的情况，“绿色管家”将在环境治理的基础上，遵循生态系统的机理和规律，进行整体保护、系统修复和综合治理，使治理后的生态系统具有自我调节功能，环境治理成效更全面。同时在实施时积极引入专业化市场主体，参与城市区域的生态基础设施建设以及生态环境长期向好发展机制建立的全过程，实现生态治理市场化，将生态文明建设与产业发展相结合，使区域内生态建设、经济发展相互促进。

“绿色管家”在深入了解政府诉求后，主动梳理相关政策规划，对接相关部门，全面开展文案调研、现场访谈和实地调研，按照“生态优先、点面结合、功能互补、区域联动、极点支撑”的思路，结合产业宏观政策趋势、区域产业基础、环境资源禀赋，匹配项目自身资源及发展诉求，以上位规划为指导，以生态资源为可持续发展要素，以产业为核心驱动，对片区进行顶层设计规划。

“绿色管家”将通过片区深度调研、片区产城策划、产城开发建设、产业招商引资、产业运营管理5个阶段推进产城融合服务，实现片区提质升级，实现整体发展突破。

片区深度调研阶段将摸清片区区位、交通、人文、生态、产业发展情况、相关政策等基础信息，精准诊断片区产业发展优势与掣肘因素，为片区产城开发提供可靠支撑和重要指引；片区产城策划阶段主要结合前期调研情况，分析产业宏观政策趋势、区域产业基础、环境资源禀赋，将产业发展方向定位在智能制造（研发）、现代服务业、生态休闲融合发展；产城开发建设阶段，统筹制定项目投融资开发模式，采用“政府预算资金+专项债券资金+配套市场化融资”的方式进行运作，同时成功申请政策性银行融资；产业招商引资阶段，拟定产业发展、人才集聚发展等若干政策，针对产业入迁、投资、融资、税收、上市奖励和人才引进激励等方面内容，为新区发展提供全程政策支撑，围绕智能制造、科技创新、人才服务等方面启动招商洽谈，积极对接相关龙头企业，第三方平台，形成招商清单，协助政府导入产业资源；产业运营管理阶段，将积极为政府提出有效建议，保障产业项目落地运营。

七、整体成效

以改善新区生态环境质量为核心，因地制宜，将江河湖库水系流域生态修复治理、湿地建设与新区综合开发相结合，在生态优先的基础上，通过政策导向，建立生态补偿机制，建立试点区域产业开发收益补贴生态环境治理投入的反哺机制，实现生态环境治理与产业经济发展的充分融合，建立多元化的融资模式保障资金来源。2021年4月，生态环境部、国家发展改革委、国家开发银行联合发布了《关于同意开展生态环境导向的开发（EOD）模式试点的通知》（环办科财函〔2021〕201号），公布本项目入选全国首批36个EOD模式试点项目清单。

新城以“生态+创新”发展思路，围绕“智能制造（研发）”“现代服务业”“生态休闲”的产业体系，充分发挥区位交通及周边产业园产业基础优势，突出总部经济、高端服务产业、高端商务产业、创智创意产业等主导产业。将打造以高端人才集聚为源动力，以智能制造产业为主导，宜居宜业、产城融合、生态友好、合作开放的国际化新区范本，创立新一线城市产城融合新型城镇示范区，国家级总部经济区。

本节以华中新一线城市某新区综合开发项目为典型实践，详述在项目实际应用过程中如何运用“绿色管家”模式进行片区调研、产城策划、开发建设、招商引资、综合运营，并分析总结各阶段的服务内容和服务要点。

2.2.2.1 服务一：产城协调、策研结合

片区的发展与片区基底状况密切相关，良好的基底状况是片区快速发展的前提。而科学合理的片区发展策略则是片区长远发展的重要指引。摸清片区基础情况，分析片区发展优势与不足，既是保证片区发展策略科学合理的重要举措，也是把握片区发展机遇，预判片区发展潜在威胁的必要前提。因此，片区深度调研，是开展片区产城融合策划工作的基石。

专栏 2.15 华中新一线城市某新区深度调研

新区所在区域位置良好，片区交通条件便利，拥有多个大型湖泊，坐拥 20 km 沿江黄金水岸江景，水系丰富，生态优势突出。区域内大部分地区处于未开发或农业利用状态。新区内现有产业以食品饮料、生物医药和新材料等为主。

通过查询收集城市相关统计资料及文献，掌握其各区人口、经济、产业（产业结构、主导产业类型、经营状况、产业要素分布情况、产业链是否完善、与周边产业关联情况）、（省、市、区级）产业规划与发展政策情况等基础数据。通过基础数据初步判断，新区拥有良好的生态基底和宝贵的政策机遇，但同时也面临着区域整体处于未开发状态、主导产业发展势头不足、整体经济实力弱等现状。

因此，当地政府迫切需要一套落地性强、实施成效显著的片区发展规划方案，推动片区发展建设，化无形的政策机遇为可见的发展优势。为满足政府需求，获取全面、细化、可靠的片区基础数据，成为深入了解片区发展状况的首要环节。

常规的片区调研工作，常遵循其他行业调研工作思路，多以政府机构关注的目标区域、目标要素的被动调研为主，仅注重空间载体的关联性，而产城融合发展更需要联动片区多方面（如土地资源、人口资源、交通资源等）资源要素，以及联动区域经济发展（如一、二、三产业的发展优势）等，共同联动片区资源，促进区域发展，EOD 模式下的产城融合，更要注重生态资源与产业发展的联动性。因此，通过总结多个项目调研经验，片区深度调研阶段政府诉求如下：

①摸清片区政策体系、经济水平、人文底蕴等基础信息，能全面掌握片区基本情况与发展状况。

②摸清片区国土资源、生态资源和产业基础数据，梳理片区国土空间利用现状与规划，摸排片区生态资源基底，分析片区产业发展水平，精准诊断片区产业发展优势与掣肘因素。

③梳理分析片区相关发展政策、规划资料文件，初步研判片区发展机遇、发展方向和战略目标定位。

④做到全面综合分析片区发展各类相关因素，全面考虑各类产业要素间的内在逻辑关系，提出科学、可靠的片区发展建议，为片区产城开发提供可靠支撑和重要指引。

2.2.2.1.1 服务内容

片区深度调研，以调研片区城市基础情况和产业发展基础状况为抓手，通过政策、经济、人文、国土资源、生态资源、产业资源等方面调研，深度解读与片区发展相关的宏观政策与微观政策，初步确定产业发展方向，梳理片区生态环境优势、资源优势和产业基础优势，剖析片区发展制约因素，借助相关战略分析模型工具，明确片区发展定位，为后续片区产业策划提供支撑。具体项目案例见专栏 2.16。

专栏 2.16 M 市 N 片区深度调研案例

M 市位于 H 省的西北部，面积 623.5 km^2，人口近 49 万人，北边是太行山，南边是黄河，依靠能源大省；该市有 2 条国道、2 条高速公路和 4 条省道，交通十分便利；而且矿产资源丰富：水、煤炭、天然气和电力十分充裕；N 片区位于 M 市西北部，被列为 H 省首批重点产业集聚区之一，总规划面积为 35.2 km^2，处于 X 区域城市群 1 小时经济圈中心地带，目前已形成能源化工，玻璃钢、复合材料，铝深加工、造纸机械和造纸四大原有产业，基础设施完善；但随着国家确立“X 区域经济圈崛起”的发展战略，该片区的产业发展缺陷也日益突出：土地资源日趋匮乏，很难满足大项目的入驻；市场发展很不成熟，区域内部的物流运作吃力，成本高；主导产业形成不了竞争力。

通过与N片区的主管部门和相关政府部门对接收集M市和N片区的基础资料。在已有资料的基础上，开展 N 片区及其周围区域的实地调研，进一步了解片区现状及产业发展状况、验证已收集资料的真实性、周边区域产业现状，以及周边产业竞争环境。同时，通过与当地园区管委会、当地居民等访谈交流了解片区发展历史与发展问题，与当地龙头企业管理人员交流了解龙头企业发展现状、龙头企业对周边企业的带动情况和面临的难题等情况。通过上述多种调研方式全面获取了 M 市的自然资源、区位优势、技术、人力、市场、信息等基础资料，了解了 N 片区主导产业存在的问题：①铝深加工产业主要为低端生产制造企业，产品集中于原材料加工，精深加工能力不足；②能源化工产业主要为煤电企业，企业发展后劲不足；③玻璃钢等复合材料等优势产业对周边企业带动能力不足；④造纸机械和造纸产业链完善，但产业集群效应不足。整体来说，N 片区产业普遍存在产业链不完整，上下游企业衔接不紧密等内部问题，但也拥有充足的劳动力和政府的高度重视等外部机会。

基于 N 片区的发展现状，结合外部发展机遇，立足 X 区域经济圈的发展视野，充分借鉴国内外成功片区的发展实践，建议 N 片区产业仍以四大自有产业为主，以主导产业和龙头企业为核心，遵循主导产业发展规律，通过完善产业链，带动关联企业协同发展等方式，科学规划、突出优势产业，全力打造以化工新材料、电池制造、有色金属压延加工、新型钢铁材料等产业集群。

总结项目案例，片区深度调研工作内容主要包括：

（1）城市本底调研

1）政策体系调研

通过调研区域相关政策、规划信息，了解区域产业发展总体要求与目标，了解区域产业发展政策环境情况，为后续片区产业规划的编制提供指导。主要工作内容如下：

调研国家、省、市、县（区）层面影响片区产城发展的整体政策体系和主要涵盖城市建设、环境保护、经济发展、产业引导相关的专项政策体系。重点关注区域"国民经济和社会发展规划""国土空间规划""城市总体规划""城市控制性详细规划""生态环境保护规划""产业发展规划"等相关专项规划类政策文件。

2）经济基础调研

通过调研区域整体经济发展水平，了解区域产业发展经济环境，为后续合理策划片区开发模式提供基础数据支撑。主要工作内容：调研片区生产总值、人均产值、就业状况、商业环境、宜居环境等反映片区整体经济发展状况的指标数据。

3）人文现状调研

通过对片区发展的整体人文要素进行调研，了解片区人文底蕴及文、教、体、卫资源，为后续产业导入提供素材和切入点。主要工作内容：调查区域内历史遗存、宗教文化、语言文字、文化传统、思想观念、教育、科技、体育、卫生等各类人文资源、规模（如数量、分布范围以及分布密集程度）、文化资源开发和保护现状、文旅特性与优势等。

（2）产业本底调研

1）国土资源调研

通过调研片区现有国土资源状况，了解片区内土地利用现状与规划用途，为后续片区产业项目策划等片区开发提供用地信息。主要工作内容：主要调研涉及片区范围的市域国土空间用地现状、国土空间控制规划、各类基础设施规划、土地使用规划、生态系统保护规划、市域主体功能分区、城镇体系规划、城市更新规划等图件资料，了解片区内居住用地、商业用地、公建用地、园林绿地等各类用地分布、结构、建设情况，分析片区用地状况以及片区内可能存在的非建设用地调转空间。

2）生态资源调研

通过调研片区生态资源基底，摸清片区生态资源类型与现状，为后续谋划片区产城融合发展特色亮点，实现生态产品价值提供基础参照依据。主要工作内容：调研片区内"山水林田湖草沙"等多维度的生态资源，给出片区各类生态资源的分布、范围、规模、功能、质量、开发利用现状与存在的问题，结合生态资源类别与开发利用程度，形成片区生态资源清单。

对于EOD类项目还需进行生态价值评估，结合不同生态资源特性、片区发展定位与开发模式，明确片区开发过程中需要各类生态资源发挥的作用，结合片区内各类生态资源不同形态生态产品的价值，给出各类生态资源的发展策略。

3）产业基础调研

产业基础调研是产城融合的重要基础调研环节。产业基础调研涉及3个层面：一是片区产业发展总体状况，涵盖片区产业发展结构、各自产业占比等总体指标；二是片区重点发展产业，涵盖具体的重点产业类别、重点产业的产业链发展分析等；三是片区重点产业发展企业状况，整体企业发展能级、发展集群状况等。主要工作内容如下：

调查了解区域内产业发展概况（如生产总值、产业结构现状与变化趋势）；三大产业发展概况（如生产总值、现状特征，各类企业数量、规模、发展态势）；主导产业、支柱产业、优势产业和区域特色产业[9]、发展状况（如产值、数量、空间布局、产品种类、配套产业链情况、市场占有率、品牌影响力、自主创新能力、技术与装备水平、行业竞争力）[10]；了解区域内产业分布，各类产业集中度以及产业发展的制约因素；并对区域内重点企业进行经营调研，考察企业的投产建设与实际经营情况，代表性企业/中小微企业/国资与民营经济活力差异等。

（3）策划研究分析

根据已收集的调研数据，分析与片区相关的国家、省级、市级及区级中远期规划等外部宏观战略规划，梳理宏观战略规划中对于片区产业发展方向与定位，初步确定片区产业发展定位与发展目标；分析与片区相关的产业政策，初步预判产业发展外部环境；依托相关战略分析工具，分析片区在地理区位、生态环境基础、产业基础等方面的优势，从产业趋势、战略导向、市场竞合和禀赋机遇4个维度，进一步推导产业定位方向；从产业资源可带动的产业、生态环境可带动的产业、区位条件可带动的产业等方面并研判确定片区产业体系，最终得出科学、直接、客观的片区发展结论，形成具有重要参考价值的片区发展分析报告。

2.2.2.1.2 服务要点

常规产业调研工作，仅局限于在调研阶段摸清目标片区基础情况，且调研过程易程序化，而忽视后续片区策划阶段对基础资料针对性、动态性的需求，导致在片区策划阶段仍需要开展补充调研工作，影响项目实施效果。

“绿色管家”模式下的产业管家从生态环境协调出发，以前置思维，强调细节把控，注重生态与产业相融合，为片区产城开发提供全生命周期一体化专业服务。因此“绿色管家”模式下的产业调研工作，打破常规产业调研思路的局限，以片区产城协调发展、系统发展思想为指引，遵循城市与产业发展规律，考虑城市的“虹吸效应”与“外溢效应”，在调研范围上，在常规调研目标区域城市与产业状况的基础上，增加对周边关联区域城市与产业状况的调研；在调研方法上，重视对区域相关数据的抓取和分析，运用大数据分析工具进行纵向数据的深度分析以及横向数据的联动分析；在调研内容上，在调研区域产业整体发展情况的基础上，提前考虑后续策划阶段需求，延伸强化对主导产业、龙头企业的调研，为找准片区发展掣肘因素，策划片区产业发展方向，提供有力支撑。具体项目实践案例见专栏 2.17。

专栏 2.17　华中新一线城市某新区综合开发项目调研

新区综合开发项目深度调研整体调研过程主要聚焦在调研资料的全面性。在调研内容上既关注经济、土地、人文社会和生态资源等片区基础数据，也关注产业竞合数据、产业基础分类数据、产业预期发展数据和生态环境质量数据等核心的产业发展概况。同时，由于项目整体调研涉及面广，对接部门较多，数据收集难。因此，该项目在调研工作开展前，主动与地方对接机构详细沟通，制订具体的调研计划表，提供详尽的资料清单及对应的政府部门。在调研工作开展前期充分准备的前提下，通过资料收集、人员访谈、实地调研等顺利获取项目相关资料，调研进度快，调研效率高，且获取的资料齐全。经调研，片区所拥有的交通区位、生态资源、生产生活配套设施和产业主要情况如下：

（1）辖区内主干道基本建成通车，已建成 1 条地铁线路，与在建的高铁火车站相距 20 min 车程，且地铁线路覆盖新区整个区域，辖区内交通便利，区位交通优势明显。

（2）新区坐拥 20 km 沿江黄金水岸江景，江湖河岛多重生态要素叠加，且规划有湿地、滨江带最美滨江生态公园群。滨水生态资源突出，亲水性高，生态优势突出。

（3）新区现有产业以食品饮料、生物医药、新材料等行业的加工制造企业为主，产业多集中在低附加值产业环节，主导产业市场竞争力不足。新区周边的国家级经济开发区已聚集智能终端产业链、新材料产业链、生物医药产业链七条产业链。但该经开区产业链布局多为加工制造，由于缺少产业高精尖技术支撑及完整的产业配套体系，仅靠传统制造业难以支撑整个片区甚至整个产业的发展。

（4）新区所处的整个现有商务办公配套、商业配套及高品质居住生活较为欠缺，城市功能配套不完善，人口吸附能力较弱，区人口净流入增幅远低于所处华中新一线城市的整体水平，区域内现有的人才难以支撑其产业发展。

同时，调研团队对获取的调研资料，均进行整理分类，用于后续资料查阅，提高项目整体工作效率。

调研团队通过对片区基础状况、产业发展要素现状等调研资料初步分析，基本明确片区产业发展诉求、城市发展诉求和人口发展诉求，结合片区政策趋势和发展机遇，创新发展理念，明确片区发展定位和产业发展方向，提供初步开发建议，为后续产业策划提供支撑。

通过从产业宏观政策趋势、区域产业环境现状，匹配区域自身生态资源和产业基础等方面分析，新区产业定位为：智能制造（研发）、现代服务业和生态休闲的产业体系。

以上案例综合开发项目调研工作，遵循产业发展内在逻辑，掌握新区主导产业发展要素（如区位、交通、生态资源）优势与不足，关注新区及整个城区内的产业发展现状，挖掘区域内关联产业现状，结合城市产业发展规划、政策，明确片区产业发展方向与定位。总结上述片区调研工作实践经验，“绿色管家”模式下的片区深度调研工作，需关注以下关键内容。

（1）协同联动，多维调研

因片区开发过程需了解片区内外部因素，调研范围广泛，涉及部门多，组织协调工作量大，调研工作开展前须获得相关部门的支持，确保收集资料的全面性和真实性。

（2）数据深挖，多方论证

调研过程中可采用资料收集与实地调研相结合的方式，并结合信息化技术手段，多渠道开展调研工作，保证调研深度与广度。除通过收集官方公布资料以外，还可通过人员访谈、实地踏勘等形式进一步验证已收集资料中信息的可靠性，保证调研资料真实有效。

（3）系统整理，入库跟踪

调研过程中应在拟开发片区的已收集资料的基础上，还应对已收集的基础资料加以整理，形成系统完整的调研资料库，保证资料库不仅局限于片区自身发展状况，还包括相关规划实施后对可能影响区域的研判，为后续片区产城发展定位提供科学系统的基础资料。

（4）要素剖析，精准把脉

通过现象看本质，找准片区产业发展基本盘。调研数据的分析，应选用合适的分析模型，保证调研结论的科学性与合理性，提供具有参考价值的片区发展建议。

2.2.2.1.3 服务清单

片区深度调研服务清单如表 2-5 所示。

表 2-5 片区深度调研服务清单

序号	服务事项	服务内容
1	片区调研报告	深度调研片区政策体系、经济基础、人文现状、国土资源、产业基础等，形成系统完整的片区资料库，并分析片区发展状况，提供科学可行的发展建议

2.2.2.2 服务二：携凤筑巢、三重匹配

片区产城策划是推动产城融合的必要条件。许多地方在推进城市化的进程中，为了走捷径，经常采用造新城新区的方式。但是，在造城过程中，往往忽视了产业的重要性，缺乏对产业的合理科学规划，以致相当多的新城区缺乏持续发展的动力，丧失了生命力，最终导致“新城”沦为“空城”。一个有活力的城市应该是宜居宜业的，是产业功能与空间形态的完美结合的。城市空间形态为产业发展

奠定良好基础，产业功能为城市发展注入新鲜血液，城市和产业是不可分割的整体。因此，在城市化进程中，需要结合产业进行科学合理策划，只有这样，才有希望实现“生态”、“产业”和“城市”的完美融合。

专栏 2.18　华中新一线城市某新区产城策划

通过片区深度调研分析，掌握区域产业及环境基础状况。根据“十四五”生态环境保护规划等上位规划，新区定位为打造以智能制造、现代服务业、总部经济、创新商务、生态休闲等产业为核心的智能制造高地、现代服务业集聚新区，新区亟需产业升级。另外，根据 “十四五”生态环境保护规划等政策文件，新区在生态环境保护方面需求同样迫切。

在此背景下，新区制定了重点发展智能制造（研发）及生态休闲融合发展的产业体系，即以智能制造为主导产业，以生态休闲和都市服务为特色配套产业。

由此，明确了该片区导入产业类型的总方向，因此，在制订具体产城策划方案时，主要聚焦点在于如何结合新区的产业基础和根据周边产业竞合，进一步明晰细分产业规划和产业发展实施策略。同时，为贯彻落实党的二十大精神，践行绿色发展理念，需以生态环境保护为前提，将生态治理项目与产业项目相融合。为增强项目的可落地性，还需在策划阶段明确如何选择产业资源引入及如何保障产业项目落地。

产城策划的落地性作为片区产城融合发展的关键要素之一，其核心要素除了顶层设计的产城策划外，还需考虑产业布局、产业发展方向、产城发展时序、开发投资平衡、模式匹配等内容，环环相扣，缺一不可。由此可以总结发现，片区产城策划需要满足政府方最基本的诉求就是要保证产城策划方案具有落地性。

那么怎样才能做好产城策划，怎样的产城策划方案更有落地的可能性？结合案例经验，笔者认为，一个可落地的产城策划方案应能满足政府的以下诉求：

①做好片区产城发展顶层设计，片区产城策划方案具备逻辑性、体系性、落地性，勾勒发展蓝图。方案中应明晰产业定位、梳理细化产业体系、科学合理给出空间布局建议，确立产业规划布局的目标与方向。能准确识别影响产业健康发

展的主要问题，提供切实可行、目标可达的具体举措。

②提出产业发展落地细化建议，梳理片区特色产品，完善产业链条，提出符合片区特色的产业发展路径，形成主导产业与辅助产业协同，核心企业引领、辅助企业相支撑的产业集群，打造完整畅通的产业链、供应链，构建片区产业生态。

③给出产城发展时序建议，统筹项目建设及资源开发时序，优化资源配置，形成中长期规划。

④策划阶段要做好片区开发投资平衡测算服务工作，同时结合片区产业特点，给出合适的产业运营及实施模式建议。

2.2.2.2.1 服务内容

传统的片区规划往往高度重视空间发展规划，忽视真正影响区域经济发展的产业规划，这种模式打造的新城区往往缺乏持续发展的动力，缺少跨越式发展的机会，脱离当地实际及产业发展现状，难以可持续发展。“绿色管家”模式下的片区规划是将产业与城市发展要素统筹考虑，更突出产业的重要性，更强调环境治理目标、产业发展目标、片区资源三者之间的关系平衡。在“绿色管家”模式下片区产城策划，是建立在片区城市基础和产业发展基础之上的，结合现状并参照同类型成功案例，注重各项规划之间的紧密衔接，贯彻生产、生活、生态融为一体的理念，科学论证融合路径，优化空间布局，完善功能分配，塑造良好融合形态，做到以产兴城、以城聚产、产城互动、融合发展。

专栏 2.19　S 市 T 工业园区产城策划案例

S 市 T 工业园区位于 S 市城东，行政规划面积为 278 km^2，下辖 4 个街区，常住人口约为 81 万人。T 工业园区从建立之初到发展壮大，经历了一个长期的过程。目前，T 工业园区在全国百强产业园区排名中长期位居前列。

为了促进片区产城融合，T 工业园区通过前期基础调研资料及结合片区未来发展初步研判，筛选出在园区规划规模、拟导入产业类型、区位条件等方面具有相似性的案例，通过类似案例对标分析，学习借鉴优秀的案例经验，从产业经济总体规模体量、区域产业基础与结构体系、区域产业链配套网络、特色资源与综合比较优势等方面综合考量，选择符合自身实际的特色产业体系，厘清产业体系先后落地的次序，围绕预设的产业经济发展远景目标，制订园区产业规划，完善功能空间布局。T工业园区实施了诸如规划建设、基础设施等区域一体化等多项工程，立足片区用地现状及产业载体的具体定位，合理布局产业，描绘片区功能空间布局蓝图。

在产业功能融合方面，T工业园区产业结构不断优化、升级，形成了“2+3”特色产业体系。“2”是指两大主导产业——电子信息+机械制造；“3”是指新兴产业——生物医药+纳米技术应用+人工智能。生物医药的竞争力在全国名列前茅；纳米技术享誉全球；人工智能方面诸如滴滴、华为、微软等都在园区设有研发中心。目前，园区正在加大力度，做好准备对接《中国制造 2025》，以推动制造业向制造、研发、营销、服务转型。

在城市功能融合方面，为了支撑产业的不断优化、升级，T工业园区大力发展金融服务等高端服务业，城市配套方面不断完善。在购物方面，有沃尔玛等众多知名商超；在餐饮方面，有风格各异的知名餐饮300多家；在住宿方面，有几十家酒店，其中四星级以上有20多家；在商务方面，还有国际上一流的会所；在娱乐方面，有各种旅游度假区、观光景点；在金融方面，有500多家金融机构；在文化方面，有各种社团和各种比赛。通过产城科学规划和合理布局，T工业园区实现了城市与产业之间相互促进、融合发展。

在空间融合方面，T工业园区完成了智慧大交通规划，实现了交通大数据整合，这将更好地推进园区与城市的空间融合。通过发达的交通体系，使园区与外部畅通无阻。此外，规划打造慢行交通系统，营造环境优美的慢行环境，支撑休闲购物、旅游观光等产业的发展。

政府在对T工业园区批复中明确提出：必须重视环境保护工作，搞好生态平衡，禁止举办污染环境和危害国家及社会公共利益的项目，为园区的生产和生活创造一个健康、优美的环境。因此，园区在产城融合策划时，必须充分考虑生态环境保护方面的问题。在策划阶段始终贯彻生态发展理念，建立“污染禁入—生态缓冲—雨污截留—集中供热—垃圾处理”五道生态防线，规划建设覆盖全区的生态基础设施；安装污水管网在线监测系统，实现区域污水处理水质远程监控；引导企业开展清洁生产、中水回用、节能减耗、减污增效等循环经济试点和环境体系认证活动；持续开展水环境综合治理工程，建立多层次、多功能、立体化、网络式的绿地生态系统和城市景观水系。

> 由于S市T工业园区在产城融合过程中，重视产业与生态协同发展，因此园区在经济实力快速增长的同时，环境也得到了较大改善，成功入选中国首批“国家生态工业示范园区”。

S市T工业园区在综合考虑园区自身条件现状的前提下，通过对标优秀案例，制定园区产业规划，完善功能空间布局，形成了“2+3”特色产业体系，完善了城市配套功能布局，建立了发达的交通体系，将产业功能、城市功能、空间功能有机融合。不仅如此，园区将生态发展理念一以贯之，始终将生态保护作为发展的前提和基础。正是因为S市T工业园区重视产业与生态协同发展，园区才有机会入选中国首批“国家生态工业示范园区”。通过分析该案例，可以总结出在“绿色管家”模式下，产城策划阶段的服务内容可以从以下几个方面入手。

（1）案例对标分析

针对前期基础调研资料及结合片区未来发展初步研判，筛选出片区的对标案例。对标案例是前期产业规划过程中进行分析、定位、布局的辅助工具，是用来帮助产业总体定位和规划布局的参考性建议。

一方面，通过对相似成功案例进行分析研究，总结片区未来发展的可行路径，为今后类似项目的实施提供多种选择；另一方面，通过对不同领域成功案例的综合借鉴，为片区未来发展提供更多优秀参考建议。案例借鉴并不是生搬硬套，而是需要结合宏观环境和基础调研分析内容，建立片区发展的综合借鉴体系。

除此之外，通过案例对标分析，有重点地从一、二、三产业方面研究不同产业规划的目标、内容和指导原则。针对特定产业（如新能源产业、现代农业、循环经济产业、文旅产业等），总结提炼特色产业导入编制原则和编制方法。通过学习借鉴优秀的案例，从中吸取经验教训，避免在编制产业导入方案中走错路、走弯路。

（2）片区产业规划

片区产业规划作为产城融合策划的核心，需要结合片区基础调研资料和基于对标案例的综合借鉴体系，明确片区开发的愿景定位、产业细分体系、产业发展节奏等内容。

愿景定位既要立足于片区实际现状，又要体现出片区未来的发展愿景，是融合现状，开拓未来具有方向引导属性的战略内容。

产业细分体系是在产业发展愿景的大定位背景下，结合产业自身的链条环节与区域基础特点，给出产业细分的具体类别，形成具有较强指导性的产业体系框架。在此体系框架下，建立更细化、更精确、更具有可操作性的、且可落位到具体招引企业的细分产业目录，目录类型分为鼓励类、限制类和禁止类。

产业发展节奏需要结合产业体系与片区实际状况，提出具体的产业体系发展时序及发展铺排建议。产城融合发展不能一蹴而就，建议结合片区资源禀赋情况，因地制宜，明确各类产业发展优先级，保证片区整体发展节奏科学合理、工作安排循序渐进，而不是统一铺开导致无法兼顾。

（3）功能空间布局

根据上级产业空间布局规划，结合片区所在地发展规划要求，立足片区用地现状及产业载体的具体定位，合理布局产业，描绘片区功能空间布局蓝图。

片区功能空间布局关键点：一是实现产业规划到企业需求到物业指标的推导，通过具体空间用地的建议，将细分产业在土地空间布局上进行落位，实现产业规划与空间布局的结合；二是在此蓝图下，制定片区招商引资产业空间布局引导目录。引导目录实施动态调整机制，指引片区推动产业结构和布局调整、开展招商引资工作，避免空间布局与发展实际的脱节。借助引导目录，把好招商项目的准入关，控制限制类产业新上项目，制止禁止类产业的引入。

（4）片区产城融合

产业是城市发展的基础，城市是产业发展的载体，城市和产业共生、共利。产城融合是在我国转型升级的背景下相对于产城分离提出的一种发展思路，“产城融合”是产业与城市融合发展，以城市为基础，承载产业空间和发展产业经济，以产业为保障，驱动城市更新和完善服务配套，进一步提升土地价值，以达到产业、城市、人之间有活力、持续向上发展的模式[11]。该模式要求产业与城市功能融合，空间整合，以产促城，以城兴产，产城融合。“城市没有产业支撑，即便再漂亮，也就是空城，产业没有城市依托，即便再高端，也只能空转”。城市化与产业化要有对应的匹配度，不能一快一慢，脱节分离，而且产城融合发展并不是一蹴而就[12]，而是要循序渐进。此外，产城融合服务需要深度植入绿色发展元素，在策划阶段就应明确片区的绿色发展特色，为后续项目建设及招商引资提供顶层文件支撑。在推进产城融合发展的实施路径方面要做到以下几点：

一是要产城规划先行，实现产城互动。核心在于产业、城市做好前瞻性的规划和定位，避免盲目地城市化导致城市空心化，真正落实产业定位，实现城市与产业发展之间的相互促进作用。

二是要把握产业趋势，引领产业变革。产城融合在于突破早期城镇化的弊端。而城市更新的土地资源、空间资源对于发展新兴产业具有非常重要的意义，如此落实产城融合，城市才具有发展的可持续性。

三是要兼顾外部城市竞争。国内各地区对于优质产业和优质项目的招引落地竞争日趋激烈，同质化竞争现象屡见不鲜。因此，借助产业结构转型机遇，凸显片区产业特色，采取差异化竞争手段，吸引优质产业，不断提升片区综合影响力。

（5）产业生态协同

把产业生态化与生态产业化作为片区绿色发展的重点发展环节，强化片区产业绿色升级、新旧动能转换，同时促进将片区生态资源转化为经济效益，协同产业与生态资源融合发展。

产业生态化是指产业自然生态有机循环机理，在自然系统承载能力内，对特定地域空间内产业系统、自然系统与社会系统之间进行耦合优化，达到充分利用资源，消除环境破坏，协调自然、社会与经济的持续发展。产业生态化的概念框图如图 2-40 所示。

“绿色管家”针对片区特点，提出科学合理的 EOD（生态环境导向的开发模式）理念下的片区产业生态化建议，遵循“绿色、循环、低碳”的产业发展要求，通过淘汰落后产业、改造传统产业、培育新兴产业，贯彻可持续发展理念，对片区产业进行生态化改造，从而实现经济可持续发展。

对能效低于本行业基准水平的存量项目，合理设置政策实施过渡期，引导企业有序开展节能降碳技术改造，提高生产运行能效，坚决依法依规淘汰落后产能、落后工艺、落后产品。针对具有绿色改造升级条件和需求的产业，一方面，在生产方式上进行产线改造，实现绿色升级，如在生产使用能源上引入绿色能源、在产线升级上进行节能减排、在生产废物上进行废物再利用，实现从前端能源到生产过程和生产废物全过程的优化升级；另一方面，针对片区未来发展定位研判，将原有重污染产业按计划退出并引入生态友好的三产服务业，调整片区产业结构，实现片区产业生态化升级。

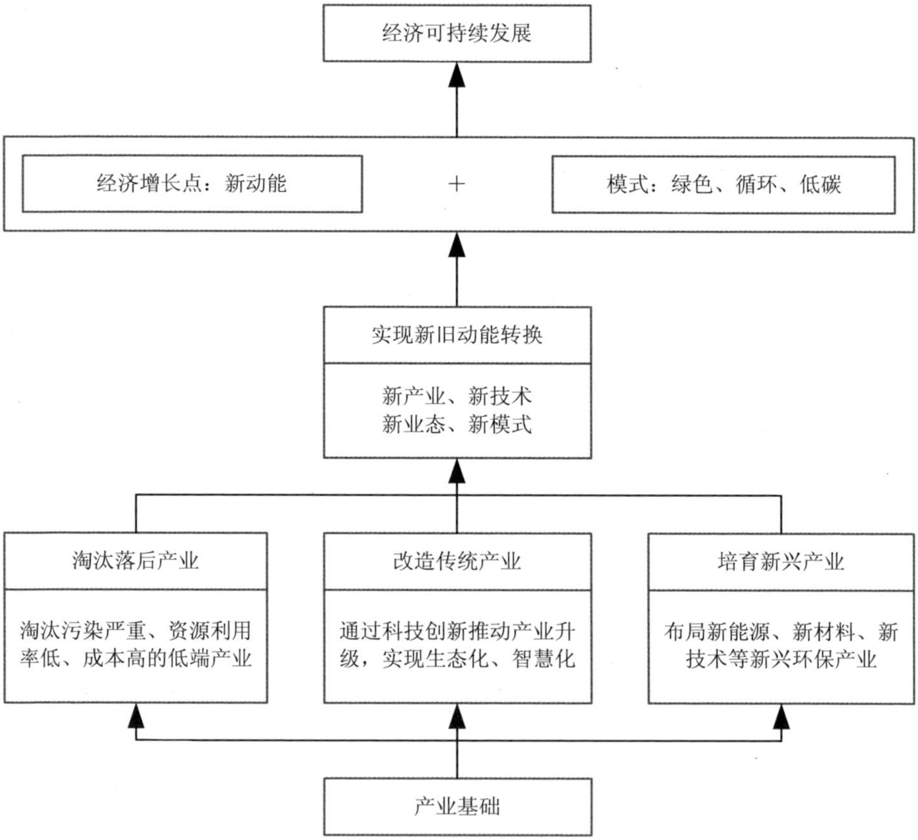

图 2-40　产业生态化的概念框图[13]

生态就是资源，生态就是生产力，生态优势就是经济发展优势。依据生态学与经济学等学科理论，生态产业化是将“山水林田湖草沙”等自然资源要素为代表的生态资源作为特殊资产，通过补偿路径、资本化路径、直接市场化开发利用路径以及保护管护路径，按照市场化经营的方式，产出有形的生态产品和无形的生态功能服务，最终实现生态资源价值。根据“绿水青山就是金山银山”理论，生态产业化就是将“绿水青山”转化为“金山银山”的过程，是生态资源价值实现的生动写照。生态化产业的概念框图如图 2-41 所示。

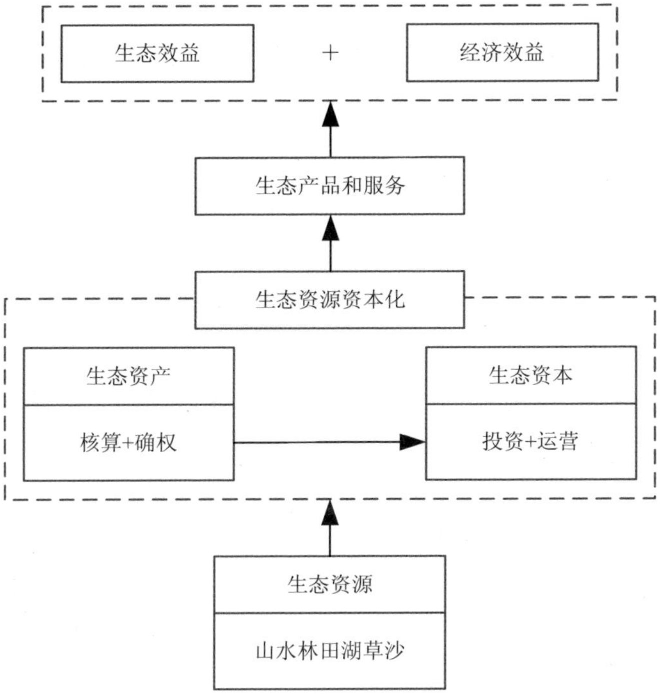

图 2-41　生态产业化的概念框图[13]

在推进生态产业化过程中，“绿色管家”提供服务的侧重点则不同于产业生态化。产业生态化着眼于传统产业技术向现代产业生态技术的转型，其核心在于生态技术的广泛运用；而生态产业化着眼于生态保护事业向生态发展产业的转型[14]。在 EOD 理念下，通过提供生态产业化发展策略，将片区生态资源转化为可以为片区发展提供持续动力的关键元素，创造生态产品和服务，形成相应产业，实现生态效益向产业经济效益转化。

生态资源向产业发展的主要关键在于自然资源要素整合、自然资源要素提质及收益分配结构确定，以及产业化开发。在对片区生态资源整理的基础上，首先应明确哪些生态资源是可以利用发展为生态资产进行产业开发的，哪些生态资源是需要维护进行隔离的。

根据自然资源部第三批生态产品价值实现典型案例分析，生态资源可用来生产的生态产品主要包括：有形生态物质产品（如可以提供生态林产品、中草药、植物的果种子等），无形的生态调节服务产品（如涵养水源、净化水质、保持水土、气候调节、固碳放氧等），生态文化服务产品（如休闲旅游、景观欣赏等）。生态资源具有复杂的经济价值，有些生态资源可直接产生经济产品，可以直接获得经济价值，有些生态资源难以直接产生有形产品，却具有诸多无形的生态服务价值。因此对于不同的生态资源，需要针对其可生产出的生态产品特点，开展针对性的产业开发。对于可生产有形生态物质产品的生态资源（如农业资源等），通过建立特色产业生产加工基地、赋能品牌价值、完善销售渠道，实现生态资源—实物产品—商品价值的升级转化，从而获取经济效益；对于具备生态文化服务价值的生态资源（如原始景观资源、历史文化资源等），通过打造休闲文化旅游区、特色旅游小镇等方式，充分挖掘其文化旅游服务价值，实现生态资源—服务产品—服务价值的升级转化，从而获取经济效益；而对于生产无形生态调节服务产品的生态资源（如森林资源、草原资源等），可利用其固碳效益，布局开发林草碳汇项目，积极发展碳汇产业，实现生态资源—碳汇产品—碳汇价值的升级转化，从而获取经济效益。

2.2.2.2.2 服务要点

传统的产城策划往往采用“筑巢引凤”的发展模式，通过不断完善片区基础设施建设，吸引产业资源入驻，从而达到产业招商目的。此外传统的产城策划在生态与产业融合方面考虑欠佳，未能将生态资源优势有效地转化为产业发展优势。而“绿色管家”模式下的产城策划，在策划前期就对有意向性的产业资源进行梳理分级，并根据区域产业生态、产业发展导向、资源禀赋等区域特色匹配产业资源，从而提高产业资源落地性。同时，该模式强调产业与生态融合发展，产城策划时需统筹考虑产业与城市发展各方要素，平衡好产业与生态、资源之间的关系。

专栏 2.20 华中新一线城市某新区产城策划

新区产城策划相关工作开展的内容涉及针对片区现有发展建设情况的调查与整理，合作方特点的研究与评判，片区开发针对性的策略、项目分期与开发建设时序的相关研究，同类型案例中采用了产城融合发展措施研究，绿色产业详细特征与城市建设具体环节的重点研究等。

新区在分析总结产业趋势、战略导向、市场竞合、禀赋机遇4个维度基础上，制定了“一主两特”的产业发展体系。在此背景下，结合产业自身的链条环节与区域基础特点，分析总结产业细分的具体类别，形成具有较强指导性的产业体系框架。在此产业体系框架下，通过紧密结合生态环境导向的思路，提出产城融合发展对应策略。在智能制造产业方面，多引入科技创新的智能生产企业，而非传统的环境污染型制造业；在特色产业生态休闲方面，重点强调绿色发展理念，围绕新区内湿地公园，建设滨江智慧城市风光带、湿地生态公园、现代艺术中心、智慧展示中心、智慧城市风光带和全民体育中心；在都市服务方面，融入绿色理念，结合新区内湿地打造文旅商业，打造生命健康产业，强调结合区域优越区位和生态资源。最终成功实现了用绿色理念打造以高端人才集聚为源动力，以智能制造产业为主导，宜居宜业、产城融合、生态友好、合作开放的国际化新区范本的总体目标。

为了提升产业落地成功率和引进与新区产业发展更为匹配的企业，结合明确主导产业、突出园区特色、重点区域招商、产业发展原则、质量优先原则五大原则，通过打造大数据招商平台、制定招商激励机制、加强招商与园区公共服务联动实现招商精细化运作。在新区发展的宏观政策支持下，策划阶段在入驻运营补贴、税收、投融资、土地及基础设施、人才等方面就制定针对性的政策支持。此外，在策划阶段，梳理智能制造产业资源库，通过初步对接，了解产业资源库中企业入驻意愿，对于有意愿的企业，通过进一步加强对接，提前掌握企业入驻需求和条件，并将企业合理的需求和条件植入策划方案及相关政策中，加速产业落地。

在生态环境保护与产业融合发展方面，新区在策划之初就将生态环境保护放在首位，在开发的同时尽可能地保护当地生态环境，并对已有的环境进行修复改善，将资源与生态结合，实现城市发展过程中生产、生活与生态的协调发展。

新区依托河库湖泊综合治理和生态智慧城建设，通过重建流域水系生态系统，提升水质、改善水环境，恢复生物多样性，从而提高片区价值和吸引力。引入“智慧能源城市”理念，统筹区域浅层地热能开发利用，建立涵盖各产业领域的“大绿色产业”，通过生态补偿机制，形成土地融资和生态环境治理投资直接自我强化的正反馈关系，通过土地增值反哺生态环境治理。而良好的生态环境可以促进城市发展相应的旅游产业，培养市民环保意识，树立人与自然和谐发展的城市理念。

在产城策划阶段，以上案例制定了“一主两特”的产业发展体系，形成了具有指导性的产业体系框架，通过紧密结合生态环境导向的思路，提出了产城融合发展策略。与此同时，充分依托区域及产业政策优势，增强产业资源落地性；明确生态环境发展目标，将生态环境保护与产业发展有机融合。通过分析总结上述片区产城策划案例，“绿色管家”模式下的产城策划需要重点做好以下内容。

（1）资源前置，携凤筑巢

“栽好梧桐树，引得凤来栖”，传统招商一般都是通过营造良好的配套环境，增强对企业的吸引力，从而达成招商引资的目的。营造良好的营商环境是产业招商引资的基本要求，为了提升产城策划方案落地性，在做产城策划时，从产业资源库中找准匹配的产业资源，提前对接，将有意向的产业资源植入前期产城策划方案中，实现“携凤筑巢”。

（2）高维策划，三重匹配

产城策划需要统筹考虑产业与城市发展各方要素，做好“三重匹配”，即片区环境治理目标、产业发展目标、片区资源之间相互匹配。依托片区“山水林田湖草沙”等资源现状，结合拟导入产业类型特性，针对性地制定片区环境治理目标；根据片区经济、政策等资源条件，兼顾生态环境治理目标需要达到的效果，针对性地制定片区产业发展目标。

（3）搭建模型，明确逻辑

根据前期片区深度调研和科学分析，结合片区生态环境基底和产业现状基础，统筹考虑宏观经济政策、产业发展规律，搭建产业策划模型，厘清产业长效发展的内在逻辑。

（4）把握趋势，明确方向

统筹产业发展趋势与片区基础现状，产业愿景与细分体系既需要把握产业发展趋势，也需要考虑片区基础条件与周边产业竞合关系，从而明确产业发展方向。

（5）近远目标，分期有序

按照片区发展规划和产业落地迫切程度，明确各类产业发展优先级，分期导入产业。兼顾近远期发展，制定针对性强的产业分期导入方案，最终实现上下游全产业链在地方扎根，形成产业集群。

2.2.2.2.3 服务清单

产城策划服务清单如表 2-6 所示。

表 2-6 产城策划服务清单

序号	服务事项	服务内容
1	案例对标分析报告	1. 总结片区未来发展的可行路径; 2. 为片区未来发展提供更多优秀参考建议; 3. 总结提炼特色产业导入编制原则和编制方法
2	片区产业愿景案名	提出能够彰显片区特色，融合现状、开拓未来的愿景定位
3	片区产业及产城开发策略	确定片区开发节奏、实施路径、合作模式、招商运营建议
4	片区产城空间格局框架	助力合理布局产业，描绘片区功能空间布局蓝图
5	完整产城策划方案	确定发展目标和发展愿景，制定实施路径，给出产业导入建议名录与产城融合发展详细建议

2.2.2.3 服务三：合规创新、行稳致远

产城融合项目涉及子项类型多，专业复杂，建设周期长，统筹解决各参与方的投融资问题，不断优化项目模式，合理安排开发时序，是决定项目能否成功落地的关键环节，也是实现片区开发价值最大化的重要举措。片区产城规划的落地实施，需要合法合规的开发模式支撑，解决项目资金来源，合理分配各参与方的收益与风险，以保障项目的顺利实施。

针对外在需求的提出，应采取定制化措施予以解决，其核心就是关注适合项目的开发模式、开发项目与具体建设服务内容。

开发建设阶段，政府主要诉求如下：

①根据片区发展实际状况与地方政府主要诉求，给出契合当地政策环境与经济基础状况的片区开发模式建议，避免产生合法合规性问题，降低城镇化投资对土地财政及地方政府过度举债的依赖。

②结合不同的开发主体，如由地方城投平台开展具体建设还是通过社会资本

合作形式开展具体片区建设，抑或是多主体细分片区开发建设等，为片区未来的建设方式提供合理建议。

③对于 EOD 类项目，有效解决项目中生态环境治理面临的资金来源渠道缺乏、项目周期长、总体投入不足、环境效益难以转化为经济收益、回报率低、土地开发受限的问题，并保证项目可操作和平稳运行。

④合理安排片区开发节奏，给出最优资金铺排使用计划，达到效果最大化、时效最优化。

专栏 2.21　华中新一线城市某新区综合开发项目开发建设

根据项目策划方案，该项目以河库湖泊生态环境整治和生态智慧城建设为依托，涉及生态城市建设、绿色能源城市建设、海绵城市建设、滨江生态公园群建设等内容，并重点发展以电子商务、信息金融为主的现代服务业、以创意研发为主的智能制造业和以健康养生、旅游休闲及商贸会议为主的生态休闲业“两主一特”产业体系，打造地区生态发展示范区和重要的创新型产业高地，建设期 5 年，运营期 25 年。项目建设周期长，涉及子项多，且政府资金短缺，片区土地多处于待开发状态，土地价值不高。

基于以上条件下如何通过合理设计项目开发模式，平衡各方风险与收益，合理设置片区开发时序，管控项目建设成本与预期收益，实现片区的滚动开发，最终保证片区规划落地，并实现片区的可持续发展，成为该阶段面临的主要难题。

2.2.2.3.1　服务内容

常规的片区开发建设阶段，多由咨询机构、金融机构、建设实施单位等多方共同参与完成，常出现各板块工作割裂、前后衔接困难、项目推进滞后、各方责任难以厘清等问题。

“绿色管家”模式下的片区开发建设工作，主要提供一体化的片区开发模式咨询服务、项目融资服务和资金铺排使用咨询服务，保证各阶段各板块工作的有效衔接，促进项目有序开展。

专栏 2.22 某市 M 区 LS 开发项目开发建设案例

M 区位于市区中部，规划面积为 103 km^2，规划建设用地面积为 60 km^2。M 区起步区总面积约为 33 km^2，其中陆域面积约为 18 km^2。

LS 城市区域开发建设项目（以下简称 LS 开发项目）的开发范围为 LS 先导区，属该市 M 区起步区，位于区域核心 M 区北部。LS 岛规划用地总面积约为 3.5 km^2，包括水乡社区（约为 1.9 km^2）及商业服务中心（约为 1.6 km^2）。LS 开发项目的建设内容包括片的土地平整以及市政道路、桥梁、市政共同沟、给排水等市政基础设施；外江堤围、水闸、内部水系改造等城市防洪排涝及水系工程设施，公园、绿地、滨水景观系统等绿化景观工程；垃圾转运站、公交站场以及学校、医院和体育设施等城市公共服务设施的建设管理及资金筹措；此外，合作内容还包括土地征收及房屋拆迁补偿安置、安置区建设的资金筹集，并要求合作企业参与区域开发策划、土地出让的营销和推介、产业导入等。

重点分析 LS 开发项目所处区域该片区开发建设时期的宏观建设环境及区域竞争格局，认识区域开发建设所面临的重大机遇和挑战，为充分利用政府的管理优势和大型企业的专业优势，采用“政府与大型企业合作”的开发建设模式，提出“政府主导、市场运作、企业参与”“管委会+指挥部+平台公司”组织原则和形式，通过分析测算项目投资成本、土地出让节奏和土地出让收益、资金流转路径、资金成本、税费等，从而计算出地价未来数年年均增长率为 15%时，政府方和企业各自土地收益金额和占比，合作企业的投资收益率等。通过合理确定政府与企业权责分工、实施步骤、产业导入要求、股权比例分配、回报机制、浮动收益管理机制、风险分配方式等，较为有效解决了区域开发项目中常见的有关产城分离情况严重、财政无法负担、债务风险大、建设人才不足方面的问题。

LS 开发项目根据项目实际运作模式，建立经济测算模型，测算得出项目的土地出让金总额，M 区政府方（政府+城投）土地收益占比约为 73.3%。合作方投资人的收益占比约为 16.9%，合作企业的自有资金年化投资收益率约为 7.98%。企业投资收益率在合理区间，财务效益较好，同时有效保障了政府方收益。此外，对项目实施过程多方面效益进行分析，发现在项目工程建设方面，项目建设有序推进，相比传统模式提前 2 个月开工，部分项目提前 3 个月建成。在经济效益方面，当年开发区域成功出让地块 3 个，出让总金额占当年全区土地出让收入的 22%，招商引资涉及投资额超过 850 亿元，带动区政府税收及投资增长明显；社会效益方面，总规模 50 亿元产融结合平台落地；环境效益方面，低碳节能、绿色生态理念得到落实。

结合项目案例（专栏 2.22），总结多个项目实践经验，片区开发建设阶段主要工作内容如下。

（1）片区开发模式建议

①分析片区开发相关政策与项目合规性，初步筛选政策可行的开发模式，提出项目开发路径与分期开发建议。在项目片区整体开发思路的指引下，将片区内部划分产业单元格，根据片区特质制定分区开发策略；对片区整体及各产业单元进行开发整体投资估算，寻求产业单元开发自平衡，提供多种片区开发模式建议，以保证片区开发项目高质量、可落地、可操作。

②对于不同类型的片区开发项目，没有固定的模式标准，需要结合不同地区实际情况及政府能力设计具体的操作模式。目前主要的项目运作模式有政府委托代建模式、PPP 模式、产业地产模式、投资人+EPC 模式。

项目建设服务，主要聚焦片区开发从顶层策划到基础设施与配套物业的具体落地阶段，主要分为：一是项目建设内容清单建议。根据产业策划内容，给出片区未来具体的项目建设清单建议。从基础设施完善项目内容到配套设施项目清单，为片区具体的项目开展提供依据。二是片区开发模式建议。根据片区拟实施项目整体属性及区域经济基础状况，给出适合片区建设的合规性开发模式建议，为片区具体开展项目建设提供保障。三是针对项目内容，提供具体的建设服务，为项目落地提供建设力量支撑。同时在土地一级开发阶段，针对土地整理进行必要性参与，为片区整体开发提供建设保障。

（2）项目融资服务

片区开发项目常用融资模式有 PPP 融资模式、产业基金及母基金模式、股权投资基金模式、股权和产品众筹模式、收益信托模式、发行债券模式、贷款模式、融资租赁模式、资产证券化和供应链融资模式等。

设计片区开发融资模式时需关注两个方面：一是确保开发模式及预期收益被

商业银行认可；二是避免片区开发项目中运营收入低的子项影响市场化信贷融资。具体融资流程包括以下内容。

1）融资筹备

①片区招商。根据片区定位，引入合适的企业，配套引入金融机构，可考虑与政府或其他机构合作发起产业基金。

政府出资产业投资基金：2016 年 12 月，国家发展改革委印发《政府出资产业投资基金管理暂行办法》，从政府出资产业投资基金的募集和登记管理、投资运作及终止、绩效评价和信用建设等方面，完善了监管措施。

产业投资基金：可考虑与成熟的基金管理公司合作发起成立产业投资基金，除明确基金规模、组织形式、交易方式、管理费用、收益分配等问题外，还需要结合政府的诉求明确三大问题：一是行业投资比例；二是内部投资比例；三是募资杠杆比例。

②运营分析。对片区收益和上下游产业进行分析（如周边土地的增值收益、关联产业收益、其他创新性收入、物业经营收益、产业培育收益等），掌握片区的经营状况。

③测算投融资规模。根据片区实际状况，评判资金缺口，测算投融资规模。

以 PPP 模式为例，根据以下财务报表建立财务测算模型，清晰准确地呈现项目全生命周期存在的成本、利润、风险和项目收益情况。根据财务测算模型，编制物有所值评价报告、财政承受能力论证报告、项目实施方案以及项目协议中与项目回报机制相关的财务内容（表 2-7）。

表 2-7　PPP 项目财务模型要素表[15]

	内容
基础表	根据项目情况，结合相关法律法规、政策进行假设
项目投资表	数据来源为可研报告，在采购社会资本阶段动态调整
融资计划表	借款本金和利息偿还方式、借款期限、二次融资等
折旧摊销表	根据项目资产权属，按照一定的年限进行固定资产的摊销、无形资产的折旧
成本表	根据项目运营维护内容分解运维成本，并链接融资计划表和折旧摊销表中的利息成本和折旧摊销成本，纳入项目总成本中

	内容
利润表	根据项目收入、成本及税费支出，计算项目毛利、息税前利润、利润总额及净利润
现金流量表	计算项目财务内部收益率（全现金 IRR）和社会资本内部报酬率（自现金 IRR）、项目投资财务净现值（NPV）和项目投资回收期（静态、动态）
物有所值	PSC 值（项目的建设和运营维护净成本、竞争性调整值、项目全部风险成本等）、PPP 值（运营补贴、股权投资、政府自留风险）
风险表	项目生命期内可能存在的风险类别在不同情景假设中发生的概率及相应风险成本
财政承受论证	每一年度本级政府辖区内全部 PPP 项目需要从预算中安排的支出责任，占一般公共预算支出的比例应当不超过 10%
资产负债表	从资产、负债和所有者权益内在关系验证测算模型的准确性

④寻找担保及其他增信措施。根据支持措施的来源，一般将增信措施分为内部增信与外部增信两种形式。内部增信是指依赖于基础资产现金流或证券化产品自身交易结构而产生的增信措施；外部增信是指外部的第三方信用介入提供的信用支持。内部增信措施包括优先/次级分层、超额机制和储备金账户等。外部增信措施包括担保（如差额支付承诺、保证担保、回售和赎回承诺、信用证、保险等）、利率互换、利率下限、信用违约互换等。

2）项目融资推介

整理各项融资材料，与各类金融机构对接，选择适合片区开发需求的金融机构进行项目推介（建议在初期可铺排多家，后期意向加深后再聚焦对接，重点衔接 3～5 家）。

EOD 项目融资渠道多样，除了传统银行信贷，还有创新性金融产品（如碳排放权抵质押融资、绿色债券、应付账款证券化、应收账款证券化等）。

碳排放权抵质押融资：控排企业将自身获得的碳排放权进行担保，通过抵押或者质押的方式获得金融机构融资的一种业务模式，是一种新型的绿色信贷产品和融资贷款模式。

绿色债券：将募集资金专门用于符合规定条件的绿色项目，或为这些项目进行再融资的债券工具。相较于普通债券，绿色债券的主要特点在于所募资金必须投向绿色项目，同时配套相应的资金用途监管、较高层次的信息披露要求。

3）融资协调

①协助金融机构对项目进行尽职调查工作，就可能的融资模式及融资方案与金融机构洽谈，筛选金融机构提出的投融资方案。

②在融资谈判中，就还款方式、还款期限、利率等与金融机构协商，争取最优方案。

③在融资过程中，持续对接金融机构，帮助项目在融资各环节查漏补缺，解决相应问题。

（3）资金铺排使用咨询服务

片区开发项目整体投资大、建设周期长、涉及项目多，且项目之间存在密切关联性。因此，资金使用计划应基于片区发展特点，厘清片区发展逻辑，梳理各子项发展所需空间要求，兼顾片区发展任务的轻重缓急程度，划分各子项优先级，结合项目实操性，确定片区开发节奏，制订片区融资计划，铺排片区资金使用计划，从而实现资金的有效利用。

项目资金一般分为资本金和融资资金。资本金是指项目自有资金，融资资金是指通过各种融资渠道所获得的资金。

1）资本金使用建议

以平台公司（地方城投类企业）为例，当该公司作为实施主体时，其资本金主要用于与社会资本合作成立项目公司，项目公司启动项目资本金优先用于片区土地征迁类服务，尽早帮助片区土地在二级市场出让，并获得收益（图 2-42）。

2）融资资金使用建议

滚动开发理念：在获得第一批起始资金后，可通过测算盘查，滚动进入后期开发阶段。当项目公司实际经营一段时间且具备现金流后，拥有更多抵质押物，以此拓宽银行融资渠道，实现资金滚动开发的愿景。

分期开发理念：由于片区开发项目建设时间跨度较大，可以年为单位将项目分为 3～5 期规划。以 3 期规划为例：1 期建设重点为交通路网、生态工程及基础公共服务设施；2 期则将建设重点放在打造产业区配套项目、特色 IP 等片区特色建设项目上；3 期建设进一步完善城市功能网络，打造成熟的片区生态。

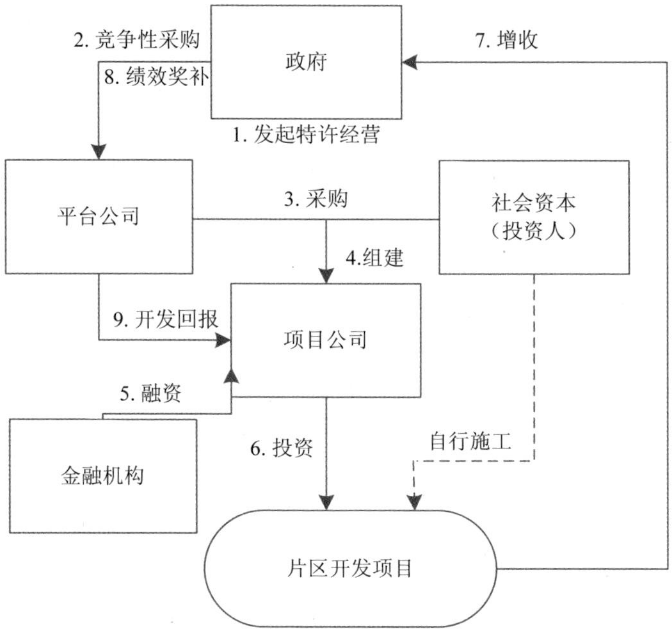

图 2-42　以平台公司为实施主体的项目开发模式

2.2.2.3.2　服务要点

“绿色管家”模式下，在项目开发建设阶段，细化项目类型和建设内容，结合项目实际，筛选合规可行的运作模式；充分利用已有政策，创造融资条件，关注融资逻辑，合理优化还款来源，保证项目实现融资预期，并为项目提供资金退出渠道；预判各子项资金需求，根据项目建设时序，合理铺排资金计划，在响应政府需求的同时，兼顾社会资本方的收益，实现各参与方“共赢”，推动项目落地。

专栏 2.23　华中新一线城市某新区综合开发项目开发建设

产城开发建设阶段主要包含开发模式的研究与建议，开发建设项目的梳理与两类项目功能总结，提出对应的建设体量与时序建议，预估项目成本与未来预计收益等多项内容。

根据项目所在区域融资政策与项目合规性要求，结合项目的落地性和实操性，项目采用新型片区开发模式。该项目子项开发项目采用“政府预算资金+专项债券资金+配套市场化融资”的方式运作，项目公司不对外举债，对于项目公司而言项目的收入来源均为经营性收入，不新增政府隐性债务。同时，本项目中河库湖泊生态环境整治子项资金来源于政府预算资金、政府债券资金及配套市场化融资，符合政府投资条例的资金投向要求。该项目由地区人民政府通过规范的合作协议，委托其下属平台公司实施生态智慧城综合开发项目，符合对应融资管理要求，该项目涉及的市政道路、学校、公园等基础设施和公用事业领域项目，符合特许经营模式规定的项目类型，且通过竞争性方式选定合作者，并按特许经营模式操作规范约定合作期限、建设范围、双方权利义务与风险，符合《基础设施和公用事业特许经营办法》的规定。

根据前期研判的发展目标，结合对产业特征的研究，确定对应的产业载体形态，所需的物业体量、占地面积、容积率、特色功能等内容，确定项目总投资。根据实际开发建设过程的推进流程，给出项目打造的合理化建议与分期建设清单。最后，根据建设的具体项目内容，估算前期投入的资金量范围，以及未来一段时间内预计产生的营收范围。

该项目实施内容包括湖泊、路网、学校、板块征拆等项目建设，以及项目范围内城市资源项目，停车场、公园绿地配套物业、户外广告、充电站桩的建设等。该项目配套经营性土地和部分城市资源项目，通过经营性用地收入、城市资源开发等为项目提供可靠的回报来源，经对该项目进行初步分析及测算，项目合作期内，项目可实现投入产出平衡。

项目公司的回报为平台公司支付的项目服务费，项目服务费由前期工作服务费（含投资成本、合理收益、资金占用成本）、基础设施及公共配套建设服务费（含投资成本、合理收益、资金占用成本）两部分组成。该项目回报资金来源为政府性基金收入和配套城市资源经营性收入。

基于此阶段的细致研究与策划服务，该项目已获得国家开发银行融资，项目顺利推进项目建设工作，基本按照建议的开发阶段与重点项目建设任务实施，成功打造了一个产城融合的现代片区建设标杆项目。

以上案例的开发建设工作，在合法合规模式下，通过优化经营性子项收益、多元化还款来源等方式，获取金融机构的融资支持。通过不断提升资金计划与资金使用匹配度，通过不断优化交易结构，平衡各参与方收益，保证项目优质履约。总的来说，“绿色管家”模式下，开发建设阶段需关注的关键要点如下。

（1）有的放矢，模式可行

充分考虑区域的基础条件，要针对区域基础得出适合区域开展具体落地的模式、资金方案与建设开展建议。

（2）强强联手，安全高效

注重建设施工的安全性，确保项目建设的安全管理，保障项目安全推进。综合考虑实施机构，最好选择实力雄厚、规模较大的专业实施方，并且一直与同一个实施方合作，便于后续在模式统筹、资金协调、建设开发上的高效性与统一性。

（3）生态发展，绿色担当

注意在建设阶段融入绿色生态发展理念，如采用绿色建筑及清洁生产技术，有效利用能源、水和其他资源，并利用无害或低害的新工艺、新技术，大力降低原材料和能源消耗，实现少投入、高产出、低污染，尽可能把对环境的污染降到最低。

（4）畅通渠道，金融供血

持续与金融机构对接协调，跟踪金融机构授信审批流程，要注意融资程序的合法合规，尤其是如果产业基金涉及政府出资，具有更加复杂的监管要求，既要受到国家发展改革委和财政部的监管，又要受到国家证监会的监管。及时处理融资过程中的各类问题，保障项目资金尽快到位。

（5）资金预判，合理铺排

要根据片区当前经营状况，对未来一定期间资金回流和使用情况的预测，对期初现金余额、预计现金流入、预计现金流出等关键指标作出合理判断，确保资金铺排合理，最大限度避免资金链断裂的风险。

2.2.2.3.3 服务清单

产城开发建设服务清单如表 2-8 所示。

表 2-8 产城开发建设服务清单

序号	服务事项	服务子项	服务内容
1	建设项目清单拟定	项目清单摸排	根据片区发展愿景与产业策划给出片区实施项目建议，涵盖基础设施完善项目、配套设施完善项目及部分政府方拟投资开展项目
		项目投资匡算	针对具体开发项目给出项目投资财务匡算，为项目开发模式建议提供依据
2	提供多种片区开发模式建议	开发模式分析	根据片区拟开展项目与具体的投资数目，结合片区基础实际，给出可参照的模式建议，对各种模式的优劣提出客观判断。主要模式有政府委托代建模式、PPP 模式、产业地产模式、投资人+EPC 模式
		给出具体的模式建议	根据开发模式分析内容，与地方政府详细沟通，明确最终的模式实施方式，确保最终模式合法合规开展
3	项目建设服务	土地资源整理与开发	通过 GPS 与卫星相结合的测绘技术，降低建设成本，减少开发资金支出，实现土地资源开发整理的全自动管理和精细化监督
		基础设施与配套设施建设	具体开展片区内的项目建设服务，针对基础设施、配套设施与政府拟开展的部分项目建设提供具体的建设支撑
4	项目融资服务	融资筹备	片区招商，配套引入金融机构
			运营分析
			测算投融资规模
			寻找担保及其他增信措施
		推介工作	整理项目各项融资材料，与各类金融机构对接，选择 3～5 家金融机构进行重点项目推介
		对接协调	协助金融机构对项目进行尽职调查工作
			就还款方式、还款期限、利率等与金融机构协商，争取最优方案
			提供资金使用建议
			持续对接金融机构，帮助项目在融资各环节查漏补缺，解决相应问题
		退出机制	提供退出机制，包括但不限于资产证券化、产业园项目类 REITs 发行、股权转让、大宗交易等

序号	服务事项	服务子项	服务内容
5	资金铺排适用建议服务	EOD 项目综合评判	对 EOD 项目进行综合评判，掌握经营现状，铺排经营计划
		资本金使用建议	对资本金的使用提出建议
		融资资金使用建议	根据不同的建设期，提出融资资金使用建议

2.2.2.4　服务四：依规导产、依产赋策

片区产业招商引资是促进项目落地、发展经济的重要途径和手段。通过产业招商引资，在各层级产业规划的指导下，以针对性、定制化的产业政策，优先引进先进的生产技术和雄厚的社会资本，以此为基础，打造优势主导产业，实现产业链的断层缝合、空白填补和结构调整，从而形成完整的产业链，以此提升区域综合竞争力。

专栏 2.24　华中新一线城市某新区招商引资

目前新区仍在开发建设中，其重点项目智能制造园区目前正在招商引资。

在招商阶段，实现三方平衡是关键核心，即对企业而言要有政策吸引力；对社会资本方而言要保障资金收益；对政府方而言要确保产业落地、城市形象提升、土地价值提升。如何平衡好企业方、社会资本方和政府方之间的利益与风险，是招商引资阶段需要突出考虑的问题。

为了确保招商引资的可落地性和可操作性，一般有如下诉求：

①建立与产业资源方良好的沟通渠道，通过资源对接，拓展对外合作空间。

②明确招商投资合作协议洽谈内容框架，平衡各方的利益需求，达成投资意向。

③匹配片区发展规划规模，配套搭建合适的产业导入平台，促进片区产业升级与拟招商产业导入。

针对政府方而言，产业招商引资阶段主要考虑的是落地实操的问题，其中包

括如何选取合适的产业资源方对接，如何形成未来的产业生态，以及增强片区产业吸引力，特别是对行业龙头企业、资源整合型企业以及科技创新型企业的招商力度，相关招引方案与政府支持应协同进行，共同助力项目完成招商引资工作。结合本节案例新区项目招商引资工作，可总结出两大主要内在诉求：①如何最大化产业资源方的作用；②如何平衡政府方和产业资源方的风险和收益。

2.2.2.4.1 服务内容

传统的招商引资方式往往将招商引资等同于“拉项目”，项目落地即为GDP落地，形成地方政绩。采用该方式招商引入的项目如果没有合适的“气候与土壤”，项目的“成活率”将会面临较大问题。在“绿色管家”模式下，招商引资的目的并不是单纯的“拉项目”，而是招引项目“引得进、留得住”，与地方经济发展相互促进，共同成长。为了实现新模式下的招商引资目标，除了常规政策，招商团队可以提供“一企一策”等服务，适当给予特定产业项目专项支持，创造良好的营商环境。

专栏 2.25 S市T工业园区招商引资案例

作为首批“国家生态工业示范园区”和全国百强产业园区，S市T工业园区在招才引智、招商引资方面做了大量工作，取得了良好效果。

T工业园区特别注重人才的培养和引进，不仅引进了诸如中科大、中国人民大学等众多国内知名高校资源，还引进了美国加利福尼亚州伯克利大学、加拿大滑铁卢大学等世界名校资源。此外，园区出台各种优惠政策引进高层次人才，如人才薪酬补贴等制度，此举为园区发展提供源源不断的人力资源动力。大量人才的引进，为进一步拓展招商引资工作奠定了坚实基础。

此外，为促进招商引资工作顺利推进，政府通过创新金融支持模式，全面服务于园区建设。一是创新信用机制、创新金融产品。搭建园区和银行之间的融资平台，如园区科技金融服务平台。针对科技型企业资产较少的特点，专门设立了“科技贷”等具有针对性的金融服务。二是创新融资渠道——发行企业债券。园区通过发行企业债券，所得资金全部用于园区基础设施建设，这在开发区内属于首创。三是创新金融服务扩展——设立创业投资基金。2003年，园区就设立了10亿元的创投引导资金、3亿元的种子期创投基金等，吸引了很多园区外资金参与创业投资。能否成功吸引投资是园区成功的关键，园区管委会设立了专门的投资促进部，通过专业化的营销团队，加快推进招商引资工作。

T工业园区通过加强招商队伍建设，充分发挥园区产业基础和综合营商环境优势，坚持专业化招商、加强精细化招商、突出产业链招商、抓好存量二次招商。通过整合产业链、创新链、投资链、服务链、人才链等多维要素资源，引进了一批产业层次高、项目结构优、综合效益好、开放创新特色鲜明的优质产业项目，项目大多来自世界五百强、国内外行业领军企业、领军团队，集中在生物医药、新一代信息技术、智能制造等战略性新兴产业，涵盖区域总部、研发服务、先进制造、科技创新、现代服务及跨境投资等领域。一批重点项目相继开工开业，成为区域发展新引擎。

S市T工业园区利用各种优惠政策，吸引大量人才，为园区的招商引资提供了人才保障。不仅如此，园区还通过创新金融支持、整合多维要素资源、强化招商队伍建设，为一大批优质项目落地奠定坚实基础。在“绿色管家”模式下进行招商引资，需要充分结合案例中的实用做法，将招商引资服务做实做细，具体可从以下几个方面开展服务工作。

（1）招商政策策划

针对不同地区、不同类型的企业，地方政府要“依产定策”，制定差异化的政策。作为影响企业投资决策的关键性因素，优惠的政策可谓是实现产业招商引资的利器。毕竟，企业是以营利为目的开展经营活动的经济组织，政策优惠的力度越大，对企业的吸引力也越强，产业导入的难度越低。

制定招商引资政策时，可重点围绕土地政策、投资政策、金融政策和人才政策等方面针对性设计。综合运用税收返还、地价优惠、租金优惠、专项资金补助、低息贷款、科技信贷、人才引进等配套政策。

（2）招商推广策划

基于不同产业的目标客户、企业和产品自身特点，采用不同的策划手段和营销工具，有针对性地开展产业项目推广策划，制订详细的推广计划，提供差异化的策划服务，明确片区招商推广形式、节奏、重点方向等内容。基于互联网时代背景，当前我国网络普及率已经非常高，在做推广策划方案时重点做好网络推广方案。从网络推广战略规划、传播内容规划、推广网站建设、数据监控运营等方面入手，着力拓宽推广渠道，提供整合传播推广服务，保障推广策划效果。

（3）招商拓展对接

开展产业链精准招商，按照重点产业招商图谱，制定产业链上、中、下游关键环节补链延链强链招商攻坚资源对接清单，加紧招引有利于补链延链强链和壮大产业集群的项目。依托招商资源库，针对需求方的要求，为需求方提供资源接洽服务，同时也可直接对接招商资源，了解招商对象需求，从而有针对性地将资源方招引落地。

建设片区招商信息交流平台，及时发布招商需求信息、对接信息、进展信息，畅通招商信息渠道，打通招商资源共享渠道。整合对外招商力量，建立“走出去”“引进来”的对外招商格局。

（4）招商协议洽谈

通过提供洽谈沟通服务，为招商对象匹配产业资源，平衡招商对象与政府方利益，实现多方“共赢”的局面。事先可以针对具体的招商协议进行拟定签订，实现招引对象的明确，推进政府方与招引企业之间开展进一步的合作，促成招商投资合作协议签订，达成投资意向，助推产业项目落地生根。

（5）产业导入平台搭建

依托片区本底资源，结合国家及地区政策，根据片区发展规划规模，明确产业发展方向，搭建产业导入平台，从积累的资源库中为客户匹配产业资源，解决企业投入生产运营前“最后一公里”问题，为企业提供从招商引资到落地的过程服务。

2.2.2.4.2 服务要点

传统的招商引资主要利用土地资源、优惠政策、廉价劳动力等换取投资商的投资，服务的要点主要体现在为目标企业解决用地、用钱、用人的问题。随着市场经济的快速发展，在“绿色管家”模式下的产业招商引资需求不再局限于土地资源、优惠政策、廉价劳动力，而是扩展到对片区市场规模、人才、科技水平、政务服务、生态环境管理水平等方面。不同的产业资源，其主要诉求各不相同。因此，必须针对不同的产业资源需求制定对应的产业扶持政策，同时平衡好政府方、企业方、社会资本方之间的权责关系，实现多方“共赢”。

专栏 2.26 华中新一线城市某新区招商引资

新区目前的产业招商策略采用政府主导，招商龙头企业，设定四大门槛，企业入驻后，由园区运营管理引导基金运营，产业扶持基金入股孵化器，加快成果转换，助力区域实体经济发展，制造业做实做强。

在招商过程中，具体的保障措施如下：

首先，产业主题需要聚焦，一是要明确招引产业方向和“两端”产业环节，专做智能智造及智能终端、生命健康及新材料，只聚焦“研发”和“应用”等产业链两端，明确片区产业主题，避免随意招商零散招商，努力使片区产业形成集聚效应；二是“宁缺毋滥”严格审核，详尽背景调查，如园区运营团队制定严格的审核标准，针对每一家申请企业有翔实的背景调查环节。

其次，要丰富企业服务生态，一是专业运营团队，合理完善基础设施配套，如客户服务中心，专门对接企业和员工系列需求；二是丰富资金、人才、专业咨询等服务，如资金端统一打包六家小型企业需求合并融资招标，联合中国银行设立科技支行，开通园区金融特批，专业咨询端成立“园区上市办”专业辅助企业成长上市等。

最后，建立园区信息化网站，一是园区内部设立公共信息网站、企业 LED 服务平台、数字化发布中心等，联立园区企业，从行业内招商；二是内部园区企业联谊，通过园区搭建平台建立互利互联的沟通桥梁，助力企业互帮互助型发展。同时政府提供招商运营支持、科技支持、金融支持和政策支持辅助招商。

为完善保障措施，新区政府陆续出台了“人才聚集发展政策措施”“支持智能制造园区建设的政策”等一系列专项政策文件，提高了企业的信心指数，对于支持园区的建设起到了积极推动作用，对于片区招商引资、招才引智提供了政策保障。

以上案例产业发展方向明确，招商引资聚焦“研发”和“应用”等产业链两端，且对入园企业审核严格。结合新区招商引资策略，“绿色管家”模式下的片区招商引资重点要做好如下几点。

（1）依产定策，招商前置

在产城策划阶段，依据片区产业定位和拟导入产业类型，提前制定符合该类型产业导入和发展的招商政策措施，通过政策提前制定，将招商引资工作前置。

（2）三方协调，权责平衡

由“绿色管家”方牵头联络政府方、企业方、社会资本方，组织三方洽谈，协调各方的权利和义务。在充分发挥产业资源方的作用最大化前提下，平衡好三方的风险和收益，做到权责分明，力求权责平衡。

（3）科学甄别，质优高效

招商前应科学甄别，根据片区发展时序，制定合理的招商节奏，确保招引对象对地区发展是否切实有效，应扩大有效招商，避免无效招商导致成本增加，降低招商效率。此外，应避免只注重数量，而不重视质量的现象发生，努力提升招商质量。招商重点对象应聚焦行业龙头企业或可以带动产业上下游发展的企业。

2.2.2.4.3 服务清单

产业招商引资服务清单如表 2-9 所示。

表 2-9 产业招商引资服务清单

序号	服务事项	服务内容
1	招商引资推广策划方案	开展产业项目推广策划，制订详细的推广计划，提供差异化的策划服务，明确片区招商推广形式、节奏、重点方向等内容
2	招商引资资源对接清单	为需求方及资源方提供沟通对接渠道，有针对性地将资源方招引落地
3	产业招商手册	提供产业招商手册编制服务，内容包括片区的核心价值点宣传、产业规划方向、产品推介等
4	招商协议框架	明确招商投资合作协议洽谈内容框架，平衡双方的利益需求
5	搭建产业导入平台	1. 业态组合、品牌组合，建立符合条件的产业导入项目库； 2. 对象邀约，从积累的商务圈中为客户匹配产业资源； 3. 合约谈判，协助签订战略合作协议，达成投资意向

2.2.2.5 服务五：平台赋能、增值服务

产业不仅要“引得进”，还要“留得住”。产业招引落地之后，产业的运营

管理就显得十分重要了。构建一站式的产业服务平台，持续提升片区运营的质量和效果，加强区域内的产业联动及跨区域产业协同，不断为区域经济的发展集聚产业新动能提供稳定的增值服务。

专栏 2.27　华中新一线城市某新区运营管理

目前新区产业项目仍处于开发建设及招商阶段，尚未进入实质运营管理阶段。其中起步区重点打造的产业集聚区智能制造园区目前已在建设招商阶段，即将进入运营管理阶段。

针对后期智能制造园区运营管理的核心关键点是如何保障产城融合可持续发展。

政府在产业运营阶段关注的核心内在需求与产业发展产生的社会效益挂钩，即项目为区域及其周边地区未来提供新的就业岗位和新增财政税收层面，其核心在于产业运营计划的全面性与实际落实效果。而要保障产业项目落地运营，形成前期策划中的产业体系，注入产业资源与发展活力，增强区域企业对外交流与合作，形成可持续发展的产业集群，帮助区域内的小微企业创新发展，实现全面规范化的企业管理与企业服务机制。

产业运营管理阶段，政府方主要诉求体现在以下几点：

①需要制定可指导片区产业运营管理的纲领性文件，做到运营管理工作有章可循。

②需要打造系统运营管理体系，培育管理团队和人才，保障片区拥有稳定高效的运营管理团队，服务片区产业发展。

③对片区进行统筹运营管理，通过运营基础服务保障片区的有序发展，通过片区运营增值服务，提高片区的综合效益。

④通过运营考核服务，对片区开发效果进行实时观测，从而做到动态调整。

2.2.2.5.1　服务内容

“绿色管家”开展的产业运营管理服务以跨区域资源整合、创新生态培育、金融服务、一体化定制与交付、数字化综合运营能力等全价值链的一体化专业服务能力为专业支撑，通过搭建数字基础设施平台、综合运营服务平台、产业资源共享平台，实现全生命周期产业一体化运营管理。

专栏 2.28　B 市 C 产业园区运营管理案例

B 市 C 产业园区总规划面积约为 66.8 km^2，其中一期规划建筑面积约为 58 万 m^2，起步区约为 3.4 km^2。C 产业园区的产业定位为以服务海归人才创新创业及央企研发资源聚集为重点，进行战略性新兴产业研发及孵化。产业园建设内容包括新能源研究院、研发区、孵化区、生活及产业配套设施等。项目目标为引进和培养 500 个高水平的科技创新型研发团队、100 家科技创新型企业、200 家科研院所，容纳科技工作者超过 10 万人，成为代表我国战略性新兴产业应用研究高水平的重要研发基地。

C 产业园区通过前期招商运营引进部分大型高端制造企业入驻，并以配套政策吸引部分海归人才。进入运营管理阶段后，搭建数字基础设施平台将物业系统等基础管理服务智能化；搭建综合运营服务平台通过数字办公、数字运营等实现人才企业聚集化；搭建产业资源共享平台，并以此为基础构建跨区域产业园区网络协同和产业合作体系。从实际出发理解需求、发现需求，进行一体化园区综合经营。

同时，在 C 产业园区内针对不同企业需求，提供产业金融服务、产业合作服务、科技成果转化服务等增值管家式服务增强园区整体产业活力、惠民实力，不断吸引人才涌入，助力企业孵化，形成产业生态良性循环。

通过一系列运营手段措施及平台搭建，C 产业园区发展迅速，大型央企总部入驻，带动上下游产业进入园区形成产业生态链，产业聚焦在新兴电子科技及能源研究，吸引大量海归人才创新创业并已孵化成功，园区市场活跃度提高，资产价值提升，被评为国家级示范园区。

针对片区产业运营方式，需和片区产业发展目标与方向紧密结合，确定入驻企业类型与特点，明确企业需求与资源，做好全流程运营体系的搭建，针对入驻企业，可提供定制化服务以保证其顺利入驻与运营发展。

（1）运营基础服务

在产业运营阶段之前，组织开展制订运营计划，作为片区产业运营管理的纲领性文件，指导片区产业运营服务工作的开展。运营计划应明确片区运营管理体系、运营管理侧重内容等。

完成运营计划制订后，则需打造企业入驻、管理运营、退出等一系列产业运营基础服务流程，搭建完善的运营体系，形成书面运营管理体系文件。以系统规划、综合运营的运营服务方法理念植入运营管理体系，充分整合产业资源和创新资源，为企业提供涵盖发展生命全周期的产业服务。

体系搭建完成后，需要专业的人员维持运行。因此需要招纳合适的人才、建立良好的培训制度、健全的完善岗位制度、培养良性的团队氛围，以及明确正确的发展目标和职能分工，从而打造出稳定高效的运营管理团队，确保片区产业持续健康发展。

此外，片区“绿色管家”的基本工作还包含两大类：空间载体服务和基础设施服务。空间载体服务的主要内容是对片区内的物业载体提供租赁、维修、日常养护管理等方面的服务。基础设施服务的主要内容是对片区非市政类配套设施（如片区互联网数据中心、智慧能源、智慧消防、数字物业、公共仓储配套设施、公共商务设施等）提供养护管理服务和数字基建解决方案。片区产业运营进入稳定发展周期后，将根据片区整体需求和产业发展实际需要，适当调整基础服务内容，对片区公共配套设施进行补充和更新，提升片区产业运营综合服务水平。

（2）运营增值服务

在产业运营管理过程中，增值服务提供主要在市场类和政务类两个方面。市场类增值服务包含科技金融服务、人才对接服务、技术创新孵化服务、片区品牌营销服务等；政务类增值服务主要包含片区发展政策宣讲类服务、政企沟通协调对接服务、“保姆式”行政服务等。

此外，增值服务还包括通过搭建共享平台，提供线上增值服务。根据片区产业及环境基础情况，搭建形成安全、设备、能源、环境等基础服务数字化管理的数字基础设施平台，提供数字办公、租赁办理、合同管理等综合运营服务的综合运营平台，以及提供空间服务、教育培训、人才对接、市场企业孵化、科技金融等产业相关的产业资源服务平台，并在 PC 端、App 端、小程序、公众号等实现平台交互。企业可通过园区的平台操作完成各项基础诉求办理，同时，帮助推动片区产业集群、集聚企业资源，以及整合相关供应链、汇集服务资源，增强跨区域的交流与合作，形成跨区域的资源联动和产业集群。

（3）运营低碳服务

“绿色管家”针对能源集中消耗、工业污染集中的园区将提供绿色低碳节能减排及智慧化服务，在园区运营阶段进行低碳节能减排工作。运营低碳服务主要包括低碳/零碳能源服务、低碳/零碳建筑改造服务、低碳/零碳企业服务。低碳/零碳能源服务从园区能源规划、优化用能结构、提升在用化石能源效率等方面提出建议；低碳/零碳建筑改造服务从现有建筑入手，在优化建筑用能结构、提升建筑能效水平等方面提出意见；低碳/零碳企业服务为入驻园区企业提供降低碳排放建议，如提高能源利用效率、自建或参与 CCUS 等碳减排技术项目以抵消部分碳排放等。

（4）运营考核服务

片区产业运营效果如何，需要有一套完整的评价考核体系来评定。由于不同片区的产业布局和产业特点不尽相同，因此，制定具有针对性的、科学合理的评价考核体系显得尤为重要。产业运营综合评价考核体系包含经济效益考核、社会效益考核和生态效益考核三大板块。通过综合的评价考核体系对片区产业运营效果进行综合评价。考核评分不是运营考核服务的目的，通过评价考核手段，督促片区不断提升运营的质量和效果才是运营考核服务的最终目的。

2.2.2.5.2　服务要点

传统的招商引资更侧重于将产业项目“引进来”，但是往往忽视了怎样更好地留住这些落地项目，导致出现许多项目“引得进”却“留不住”的尴尬局面。“绿色管家”开展的产业运营管理服务以促进落地产业项目可持续发展为目标，依托智慧化运营管理手段，为企业提供全方位管家式服务，持续提升片区运营的质量和效果。

专栏 2.29　华中新一线城市某新区运营管理

结合前期案例经验，新区进入运营管理阶段后，将通过全生命周期的产业园区运营服务，推动区域内产业集群、集聚企业资源，实现园区高质量发展，促进区域经济可持续发展。

通过政府产业政策财政扶持，获取招商项目的税收分成和“落地投”奖励、产业专项资金补贴等政策扶持，进一步吸引聚焦产业企业进入；提供产业配套服务，面向科研团队重点提供集研发平台、成果转化和产业基金于一体的产业要素平台，解决科研成果转化“最后一公里”；提供生活配套服务，形成智慧教育、智慧医院、智慧社区、智慧文创，重点关注专业教育、人才交流及健康服务，以完善的生活服务配套打造科学家服务站，解决人才后顾之忧。

同时，提供生活、商务、娱乐、物业管理等园区综合性服务和在园区内提供有偿融资、信息咨询、培训、孵化、人力等产业发展性增值服务，由园区运营管理引导基金运营，产业扶持基金入股孵化器，加快成果转换等产业发展工作。

“绿色管家”模式下的产业运营服务，要像以上案例中一样，充分运用智慧化的管理手段，提升服务质量和效率，同时，为客户提供人性化的增值性服务，努力提升片区开发综合效益。为保证产业运营服务质优高效，需重点抓牢如下关键内容。

（1）系统定制，智慧运营

围绕着“招、租、管、退”，打造服务于入驻企业全生命周期的智慧运营管理服务系统，从片区产业招商、合同管理、企业入驻装修、日常物业收费及物业服务管理、企业退驻等基础服务和企业孵化、教育培训、金融等增值服务进行运营业务全流程的系统化、智慧化管理，使运营管理更智能，让管理更智慧。

（2）授人以渔，以干促训

通过引进成熟的运营管理团队，与属地化运营部门进行深度合作，通过运营管理一批产业项目培养一批产业运营管理人才、搭建运营体系、为属地项目打造运营团队，为促进片区产业长期可持续发展提供组织保障。

（3）多元思维，需求导向

在运营管理中，始终贯彻遵循“用心服务细致入微，换位思考赢得客户”的服务理念。只有站在客户的角度，真诚地为客户排忧解难，根据客户需求为客户提供增值服务，理解需求、发现需求、满足需求，进行一体化园区综合经营服务。

2.2.2.5.3 服务清单

产业运营管理服务清单如表 2-10 所示。

表 2-10 产业运营管理服务清单

序号	服务事项	服务内容
1	运营管理计划	制订运营管理计划，作为片区产业运营管理的纲领性文件，指导片区产业运营服务工作的开展
2	运营体系搭建服务	打造企业入驻、管理运营、退出等一系列产业运营服务流程，搭建完善的运营体系，形成书面运营管理体系文件
3	运营团队打造服务	招纳合适的人才、建立良好的培训制度、健全的完善岗位制度、培养良性的团队氛围，以及明确正确的发展目标和职能分工
4	运营低碳服务	提供低碳/零碳能源服务、低碳/零碳建筑改造服务、低碳/零碳企业服务等
5	物业载体服务	提供租赁、维修、日常养护管理等方面的物业服务
6	配套设施服务	对片区非市政类配套设施提供养护管理服务
7	科技金融服务	引进各类金融、投资机构，搭建金融机构与科技企业的桥梁，拓展企业融资渠道，助力企业发展壮大
8	科创孵化服务	为企业科技创新提供共享服务空间、经营场地、政策指导、资金申请、技术鉴定、咨询策划、项目顾问、人才培训等方面的服务
9	品牌营销服务	通过网站建设、微信平台开发，主网站和相应平台设计、制作、开发和运营，线下、线上全网推广品牌。通过日常运营服务，制作常态输出内容，建立持续的产业项目品牌宣传机制，提升品牌影响力
10	评价考核服务	制定综合评价考核体系，对片区产业发展带来的经济效益、社会效益和生态效益进行综合考评

2.2.3 产业服务方法

2.2.3.1 分析基本方法

2.2.3.1.1 片区梳理基本方法

片区梳理基本方法主要包括片区调研技术和调研资料分析技术，其中片区调研技术以资料收集和现场调查等行业通用调查技术为主，不涉及跨行业、跨专业的技术方法，故本节仅针对调研资料分析方法进行详细介绍。

（1）PEST 模型

1）PEST 模型概念

PEST 模型分析法，是从政治（Political）、经济（Economic）、社会（Social）和技术（Technological）4 个维度分析企业和行业外部宏观环境。

PEST 模型在片区开发中应用时，需关注的关联因素如下：

P 代表政治，是指与片区发展活动相关的各种政策、法规、政治制度和体制等，重点关注政府对片区开发的态度及出台的有关产业发展、生态环境治理、投融资等相关政策、法规，分析项目所处政治环境，适时作出必要的应对和调整。

E 代表经济，是指与片区发展活动相关的经济大环境，主要包括具体的经济制度、经济发展水平、速度和发展趋势、产业结构等经济环境要素，具体可通过地区生产总值、通货膨胀率、人均居民可支配收入值、通货膨胀率、人均居民可支配收入、居民消费物价指数（CPI）、利率和税率、货币供应量、失业率等指标，分析评估区域经济大环境。

S 代表社会，是指片区发展可能面临的各种社会问题，其中较为重要的因素主要包括人口特征、文化环境。人口特征，具体包括人口规模、民族特征、受教育水平、年龄特征、收入情况、消费水平等指标，其直接决定企业产品的市场容量情况，片区开发过程需根据人口特征设计能够满足区域人口多样化需求的产品；文化环境，具体包括文物古迹、风俗习惯、价值观念、文化传统、消费习惯等，其决定片区开发过程引入产业的方向。

T 代表技术，是指片区发展过程中面临的技术环境，主要包括与片区内的产业发展有关的新技术、新设备、新材料的产生和应用，对片区内相关企业发展影响巨大，分析企业所处技术环境和新技术应用情况，可提前研判相关企业竞争优势和发展态势。

2）PEST 模型分析法在片区梳理中的作用

针对片区开发类项目，PEST 模型分析法可从宏观角度分析和掌握项目所处区域的整体外部环境，指导项目开发策略的制定。

（2）波特钻石模型

1）波特钻石模型概念

波特钻石模型（Michael Porter diamond Model）又称波特菱形理论、钻石理论及国家竞争优势理论，是由美国哈佛商学院著名的战略管理学家迈克尔·波特提出，从生产要素、需求条件、相关产业和支持产业的表现，以及企业的战略、结构和竞争对手的表现等四大要素，结合政府与机会等因素，形成钻石模型体系（图 2-43），用于分析一个国家某种产业的竞争力。现在也被演变应用于片区竞争力分析。

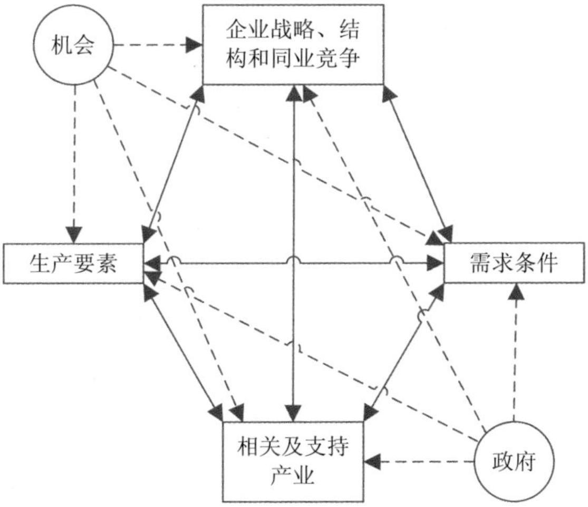

图 2-43　波特钻石模型体系

波特钻石模型在片区竞争力分析中应用时，各关联因素涉及方面如下：

生产要素分为初级生产要素和高级生产要素。初级生产要素主要指没有知识性技术条件要求的基础生产要素（如地理位置、气候条件、资源条件等自然性因素）；高级生产要素主要指需要拥有知识储备、具有能够利用高级技术的生产要素（如人才培养和技术开发等方面）[16]。

需求条件，主要指产业所在区域的需求市场，包括区域内的需求和区域外的需求。

相关产业和支持产业，主要指产业相关的原料、配套设施、销售和维护等条件情况。一个产业的发展离不开相关产业的合作，每一个产品的材料、制作、销售和维护，每一种产业的配套设施，形成一个完整的产业结构，产业结构中的各个环节共同协作，才能相互支撑并且满足市场需求。一个产业的飞速发展能够带动相关产业共同发展，相关产业的发展进一步促进产业发展，实现产业“共赢”。

企业的战略、结构、竞争对手的表现，主要指企业发展战略、治理结构和同行业发展情况。一个企业的发展需要战略规划的指引，同时也需要同行业之间的竞争刺激。良性的行业竞争可实现相互制约、相互依赖、相互促进。

2）波特钻石模型在片区梳理中的作用

此模型主要通过对生产要素、需求状况、相关及支持产业、同业竞争、政府政策和机会的分析，全面掌握片区各类产业集群具体竞争力，指导制定具有针对性的产业发展策略，因地制宜、因产施策，科学推进片区产城融合长效发展。

（3）SWOT 分析法

1）SWOT 分析法概念

SWOT 分析法，最初用于企业战略管理，是一种通过概括分析内外因素并选出最优经营战略的战略分析方法[17]。现在 SWOT 分析法的应用范围已经从企业战略管理延伸到产业发展、区域规划、城市管理等多方面。SWOT 分析法，即 S 优势（Strengths）、W 劣势（Weaknesses）、O 机会（Opportunities）、T 威胁（Threatens）4 个方面，是一种根据内、外部竞争环境和条件进行的态势分析。利用 SWOT 分析法，其目的是发挥研究对象自身优势，利用外部机遇，克服自身劣势，应对外部威胁。

2）SWOT 分析法在片区梳理中的作用

SWOT 分析法，可归纳梳理片区发展优势（如经济优势、人才优势、科技优势、区位优势、资源优势）及机遇（如政治机遇、时代机遇、政策机遇与生态文明建设机遇），综合分析片区发展存在的劣势（如规划劣势、产业发展劣势、品牌劣势）及面临的威胁（如周边竞争环境、国际经济形势等方面的风险），后续可通过重点突出优势和针对弥补劣势的方式，策划片区产业发展方向，为片区发展定位提供依据（表 2-11）。

表 2-11 片区梳理模型特点和适用场景

序号	片区梳理方法	模型特点	在片区开发中的适用场景
1	PEST 模型分析法	着重分析与片区发展相关的外部宏观因素，综合分析片区发展状况	适用于片区外部宏观环境分析
2	波特钻石模型法	着重分析与片区产业发展相关的因素，为产业导入提供参考	多用于片区内部各企业或产业的发展状况分析
3	SWOT 分析法	通过分析片区发展的内外部因素，识别片区发展的优势与机遇、劣势与威胁，可更好发挥片区发展优势，把握机遇，规避劣势和威胁因素	适用于片区内、外部竞争环境分析

2.2.3.1.2 土地资源分析基本方法

（1）静态分析与动态分析相结合方法

1）静态分析与动态分析相结合方法概念

在经济学中，静态分析法是根据既定的外生变量值求得内生变量的分析方法，是对已发生的经济活动成果进行综合性对比分析的一种分析方法。动态分析是对经济变动的实际过程进行的分析，包括分析有关变量在一定时间过程中的变动，这些经济变量在变动过程里相互影响和彼此制约的关系，以及在每个时点上变动的速率等。动态分析法的重要特点是考虑时间因素的影响，并将经济现象的变化当作一个连续的过程来看待。因此，静态分析与动态分析相结合的方法，可发挥两种方法的优势，弥补两种方法的不足，做到既可分析已有经济活动成果，又可分析预测未来经济活动的影响。

2）静态分析与动态分析相结合方法在土地资源分析中的作用

土地资源作为已经被人类所利用和可预见的未来能被人类利用的生产资料，是一种具有经济价值的资源，包括自然范畴和经济范畴，同时具备自然属性和社会属性。因此在片区土地资源开发过程中，可以运用静态分析和动态分析相结合的方式，综合评估该片区土地资源的经济价值，并预判土地未来增值的潜力，分析片区土地价值变动趋势线，制订相应的土地开发整理方案，编排合理的片区发展时序，实现土地资源开发价值最大化。

（2）外部因素评价矩阵（EFE）

1）外部因素评价矩阵（EFE）概念

EFE 矩阵（External Factor Evaluation Matrix），又称外部因素评价矩阵，是一种对外部环境进行分析的工具。EFE 矩阵通过对各类信息进行归纳总结，确定分析对象的外部关键因素，并从机会和威胁两方面对外部关键因素进行量化分析。EFE 矩阵分析的最终目的是通过计算分析对象外部环境的总加权分数，选择符合其实际发展需要的最优方案。EFE 矩阵分析实施过程如图 2-44 所示。

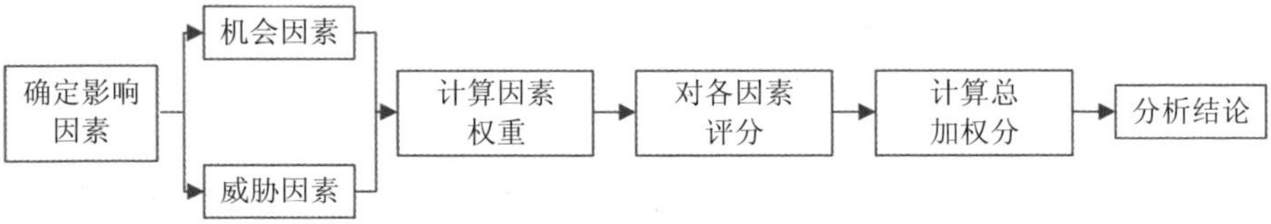

图 2-44　EFE 矩阵分析实施过程

2）外部因素评价矩阵（EFE）在土地资源分析中的作用

将 EFE 矩阵应用于片区土地资源情况分析，可以准确把握可能对其产生影响的外部环境因素，帮助片区利用外部机会因素（如片区周边土地升值、配套日趋完善、市场需求增加、居民收入提高等）提升土地资源价值，同时有效规避外在威胁因素（如政策趋严、开发周期拉长、融资进度放缓等）对土地资源价值的影响。此外，EFE 矩阵运用定性与定量相结合的方式建构数学模型，实现了定性分析与定量分析的有机结合，使片区土地价值评价结果更具科学性、实用性和可操作性[18]。

2.2.3.1.3　产业发展分析基本方法

（1）波士顿矩阵

1）波士顿矩阵概念

波士顿矩阵（BCG Matrix），又称市场增长率-相对市场份额矩阵、波士顿咨询集团法、四象限分析法、产品系列结构管理法等。该方法由波士顿咨询集团（Boston Consulting Group，BCG）于 20 世纪 70 年代初开发。

波士顿矩阵认为一般决定产品结构的基本因素有两个：市场引力与企业实力。市场引力包括整个市场的销售量（额）增长率、竞争对手强弱及利润高低等。其中最主要的是反映市场引力的综合指标——销售增长率，这是决定企业产品结构是否合理的外在因素。企业实力包括市场占有率、技术、设备、资金利用能力等，其中市场占有率是决定企业产品结构的内在要素，它直接显示出企业竞争实力。

销售增长率与市场占有率既相互影响，又互为条件：市场引力大，市场占有率高，可以显示产品发展的良好前景，企业也具备相应的适应能力，实力较强；如果仅有市场引力大，而没有相应的高市场占有率，则说明企业尚无足够实力，则该种产品也无法顺利发展。相反，企业实力强，而市场引力小的产品也预示了该产品的市场前景不佳。通过以上两个因素相互作用，会出现 4 种不同性质的产品类型，形成不同的产品发展前景（图 2-45）：

①销售增长率和市场占有率“双高”的产品群（明星类产品）。

②销售增长率和市场占有率“双低”的产品群（瘦狗类产品）。

③销售增长率高、市场占有率低的产品群（问题类产品）。

④销售增长率低、市场占有率高的产品群（金牛类产品）。

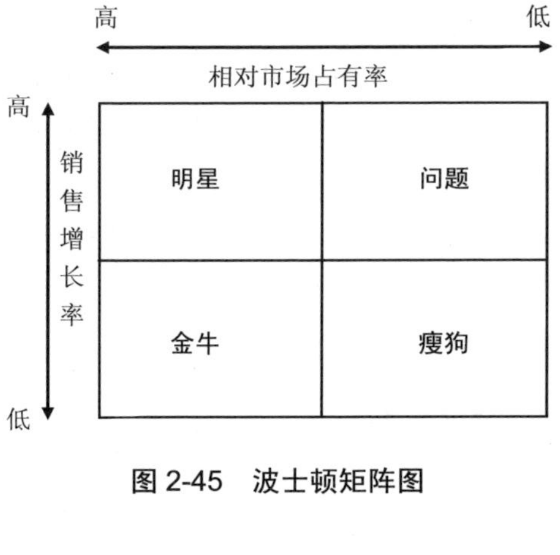

图 2-45　波士顿矩阵图

2）波士顿矩阵对于片区产业发展的作用

针对片区产业整体情况，运用波士顿矩阵方法进行分析，可以将片区各类型产业进行归类，总共归为瘦狗产业、问题产业、金牛产业、明星产业 4 类。

对于瘦狗产业，该类产业处在低增长率、低市场占有率象限内。其财务特点是利润率低、处于保本或亏损状态，负债比率高，无法为片区发展带来收益。对这类产业应采用撤退战略，逐步退出市场，对那些销售增长率和市场占有率均极低的产业应立即淘汰。

对于问题产业，该类产业处于高增长率、低市场占有率象限内，前者说明市场机会大、前景好，而后者则说明在市场营销上存在问题。这类产业通常现金流量状态较差。一方面，所在产业的市场增长率高，片区需要投入大量的投资支持其生产经营活动；另一方面，其相对市场占有率低，能够创造的资金量很小。因此，对于问题产业的进一步投资需要进行分析，判断使其转移到明星产业所需要的投资量，分析其未来盈利，研究是否值得投资等问题。因此，对该类产业应采取选择性投资战略。

对于金牛产业，该类产业处于低增长率、高市场占有率象限内，已进入成熟期。其财务特点是销售量大、产品利润率高、负债比率低，可以为片区企业提供资金，而且由于增长率低，也无须增大投资。对这一象限内的大多数产业，市场增长率的下跌已成不可阻挡之势，因此可采用收获战略，即投入资源以达到短期收益最大化为限：①把设备投资和其他投资尽量压缩；②采用榨油式方法，争取在短时间内获取更多利润，为其他产业发展提供资金。

对于明星产业，该类产业处于高增长率、高市场占有率象限内。这类业务处于快速增长的市场中并且占有支配地位的市场份额。在片区各类产业中，明星产业的增长和获利有着极好的长期机会，但它们是片区企业资源的主要消费者，需要大量的投资。为了保护和扩展明星产业在增长的市场上占主导地位，片区企业应在短期内优先供给它们所需的资源，支持它们继续发展。

通过波士顿矩阵方法，分析得出片区哪些产业是明星产业，该类产业将是片区未来重点发展和大力投资的方向。

（2）波特五力分析模型

1）波特五力分析模型概念

波特五力分析模型，又称波特竞争力模型、波特五力分析。波特五力分析模型由迈克尔·波特（Michael Porter）于 20 世纪 80 年代初提出，对企业战略制定产生全球性的深远影响。该模型用于竞争战略的分析，可以有效地分析客户的竞争环境。

根据迈克尔·波特的观点，一个行业中的竞争，不只是在原有竞争对手中进行，而是存在 5 种基本的竞争力量，这 5 种基本竞争力量的状况及综合强度，决定着行业的竞争激烈程度，从而决定着行业中最终的获利潜力以及资本向本行业的流动程度，这一切最终决定着企业保持高收益的能力。五力分别是：供应商的议价能力、购买者的议价能力、潜在竞争者进入的能力、替代品的替代能力、行业内竞争者现在的竞争能力。5 种力量的不同组合变化，最终影响行业利润潜力变化（图 2-46）。

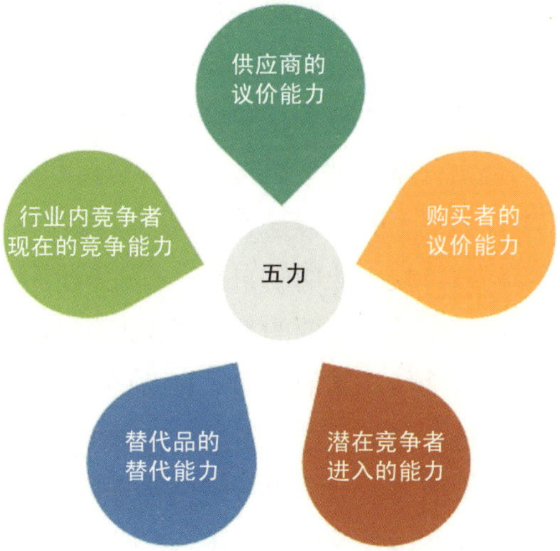

图 2-46　波特五力分析模型

2）波特五力分析模型对于片区产业发展的作用

运用波特五力分析模型，可以有效分析片区各类产业的市场竞争环境。依据产业竞争环境的分析结论，为片区不同产业的发展制定具有针对性的竞争战略，从而为不同产业的投资策略指明方向。

（3）行业价值链分析

1）行业价值链分析概念

①行业价值链定义。行业价值链是指将企业作为一个整体考虑，从最基本的

原材料投入到最终用户产品形成之间的所有价值形成和转移环节所构成的一种连锁链条。

行业价值链的概念将最终产品看作一系列作业的集合体，企业是整个作业链中的一环或几环。这样企业可以从最基本原材料的取得到最终产品使用后废弃这一整体价值链的层次上分析产品的成本和收益，从合理分享利润的角度进行战略规划。

行业价值链可以将企业、供应商和顾客都分别视作一个整体，它们之间通过上述的各种联系构成一种链条关系。这种链条关系可以向上延伸至最初原材料的最初生产者（或供应者），也可以向下延伸到达最终产品的最终用户。

②行业价值链分析概念。行业价值链分析是指企业应从行业角度，从战略的高度看待自己与供应商和经销商的关系，寻求利用行业价值链来降低成本的方法。

行业价值链分析是将企业看作整个行业价值生产的一个环节，与上游和下游有着相互依存的关系。企业可以通过协调与上游供货商和下游销售渠道的关系来优化价值链的流程，建立更持久的核心竞争能力。

进行行业价值链分析既可使企业明晰自己在行业价值链中的位置，以及与自己同处于一个行业的价值链上其他企业的整合程度对企业构成的威胁，也可使企业探索利用行业价值链达到降低成本的目的。行业的这种价值链又称垂直联结，即代表了企业在行业价值链中与其上、下游之间的关系。改善与供应商的联结关系，可以降低本企业的生产成本，通常也会使供需双方获益。例如通过并购国外公司同类业务，降低了企业在国外销售的成本，又使本企业产品更大程度上得到了当地消费者的认可，提升了本企业产品在国际上的竞争力，这就是价值链前向整合的运用。

2）行业价值链分析对于片区产业发展的作用

对于片区产业发展而言，行业价值链分析的重要作用在于找到适合片区发展的产业类型，具体地说，其研究的内容包括以下两个方面：

①产业进入和产业退出。通过对各类产业在整个纵向价值链上的分析，以及对产业未来发展趋势进行合理预判，可以为片区产业的发展重点指明方向，帮助片区决策哪些产业是可以进入重点发展的，哪些产业需要退出。

②纵向整合。纵向整合可以分为前向整合和后向整合，即在片区范围内分别

向纵向价值链的上游和下游延伸，通过这种方式来建立片区产业的优势地位。例如，某片区一制造型产业通过价值链分析，发现其采购成本过高，通过整合一部分上游供应商资源，完善其供应体系，将会大幅降低采购成本，从而增强片区该产业的综合竞争力。

行业价值链分析往往涉及的是投资决策问题，该类投资往往是投资额大、投资影响期长、战略意义重大的投资。过去此类投资决策往往简单归为一般的投资决策问题，因而未能将差异很大的投资问题区别开来，从而造成理论与实践的脱节。行业价值链分析为片区产业的发展提供了一个新的思路：以全新的角度、用战略的眼光去对待不同的投资决策问题，为产业发展提供参照。

2.2.3.1.4 产业运营管理基本方法

（1）“3C 战略”三角模型

1）“3C 战略”三角模型概念

“3C 战略”三角模型是由日本战略研究的领军人物大前研一（Kenichi Ohmae）提出的，即公司自身（Corporation）、公司顾客（Customer）、竞争对手（Competitor），在制定任何经营战略时，都必须考虑这三个因素。只有将公司、顾客与竞争者整合在同一个战略内，可持续的竞争优势才有存在的可能。

2）“3C 战略”三角模型在产业运营管理中的作用

产业运营作为产城融合发展的重要一环，在制定产业运营服务战略时，必须对企业自身、公司顾客、竞争对手这三个角色进行分析。从战略三角形的逻辑来看，战略制定者的任务是要在决定产业运营成功的关键因素上，取得相对于竞争对手的优势；同时把握其制定的运营服务战略能使运营对象和所在的行业市场需求相匹配，使市场需求与运营目标彼此协调，这对建立持续稳定的运营合作关系是必不可少的。只有这样，片区产业运营服务战略才能长期执行下去，产城融合发展才能长效推进。

（2）“4P 分析”方法

1）“4P 分析法”概念

“4P 分析法”即是从产品（Product）、价格（Price）、渠道（Place）、宣传（Promotion）4 个方面来分析研究市场营销问题。

2）“4P 分析法”在产业运营管理中的作用

在片区产业运营服务中，可以从产品、价格、渠道、宣传 4 个方面制定对应的片区营销运营策略。此方法可用于具体的产业链条运营分析，也可通过适当变形，用于片区整体产业运营分析。

针对产品、价格、渠道、宣传 4 个方面的分析情况，可以分别制定对应的产品策略、定价策略、分销策略和宣传策略，针对不同的产业链条，可以将几种不同的策略进行综合运用，以取得更加良好的运用效果。例如，对于文旅产业：在产品策略方面，可以通过打造具有特色的文旅产品，以保证产品具有较强的吸引力；在定价策略方面，不仅需要充分研究分析潜在目标客户人群的消费习惯和消费能力，同时还要对比分析同区域同类产品的价格水平，以便制定更具有竞争力的定价策略；在分销策略方面，可以通过与旅游出行软件平台合作，采用线上、线下同步销售的策略，为各类消费群体提供便捷的购票服务；在宣传策略方面，依托短视频等新媒体平台，通过网红打卡、事件营销、造节日（如音乐节）等形式制造热度，竭力挖掘周边市场。

2.2.3.2 产业导入方法

2.2.3.2.1 绿色发展理念下产业导入原则

（1）符合生态优先理念

绿色发展理念下的产业导入探索可持续发展的路线，与人类对生态环境的高要求相匹配，因而在进行产业导入与选择时，要秉承生态优先理念，注重产业发展对生态的依赖度，根据生态友好、对外开放、资源经济等原则，优先考虑先进制造业、创新科技、人工智能、绿色服务、节能环保、清洁能源、生态旅游、生态农业等产业[19]。

（2）符合政府诉求

绿色发展理念下，对于 EOD 项目，政府主要有以下 3 点诉求：一是寻求生态与产业发展之间的平衡，建立生态经济体系，促进经济高质量发展；二是将片区高污染、高能耗的落后传统产业转型升级为低污染、低能耗、高附加值的绿色新兴产业，以实现经济可持续发展，提升人民群众对优美生态环境的获得感；三是将片区生态资源优势转化为绿色产业优势，将“绿水青山”转变为可计量、可考核、可获得的“金山银山”，实现生态资源的优化配置和更多的财富积累，提升人民群众对转化成果产生的幸福感[19]。

（3）符合企业需求

应考虑拟引入企业的需求，包括以下 3 点：一是当地现有产业链生态是否迎合拟引入企业。如对于制造业行业非龙头企业而言，当地如果已经有相关制造业产业，拟引入企业可快速融入产业生态中，能尽快投入生产运营，也可节省物流等相关运营成本。二是当地政府是否鼓励其迁入，是否出台相关优惠政策，如低息贷款、社保补贴、税收减免、租金减免等。各行业龙头企业、高新技术企业等较为看重政府落地政策。如上海市政府为引入特斯拉，在土地成本、资本融资等方面量身定做了极具吸引力的优惠政策，与此同时，特斯拉必须在两年内形成相应的电动车产量，上缴相应的税收。三是当地是否具有人才和用地等成本优势。如富士康尤为看中人才成本，将精密模具自动化设备智能手机生产等劳动密集型生产线设在中西部城市（如晋城、济源、鹤壁等），这些城市有着充足的劳动力，且人工成本较低。

（4）产业链条和生态链条协同共生

从长远来看，建立 EOD 模式的产业链条也是生态链，首先确定主导产业，围绕主导产业涵盖上下游产业。主导产业以生态为引领，产业链条中的各个环节相互影响、相互制约，形成共生组合。EOD 模式下的片区开发强调产业之间的关联性，促进各种资源循环流动形成闭环回路。在生态经济与产业经济协调发展的基础上确定产业空间结构体系，搭建生态服务平台，培育发展产业竞争力，实现经济科学增长。

2.2.3.2.2 绿色发展理念下产业链条搭配模型

绿色发展理念下，搭建 EOD 项目产业链条搭配模型，为 EOD 项目打造“现金流—窗口切入—联动一、二、三产业—树立区域品牌—升级本土产业—扩大项目规模”的产业链条导入组合拳（图 2-47）。

（1）资源型产业带来现金流

EOD 项目主要由资源型产业为项目提供补偿性资金收入，带来现金流，如矿山、河砂、林权、碳排放权、农田耕地指标等收益均依赖当地资源的产业。

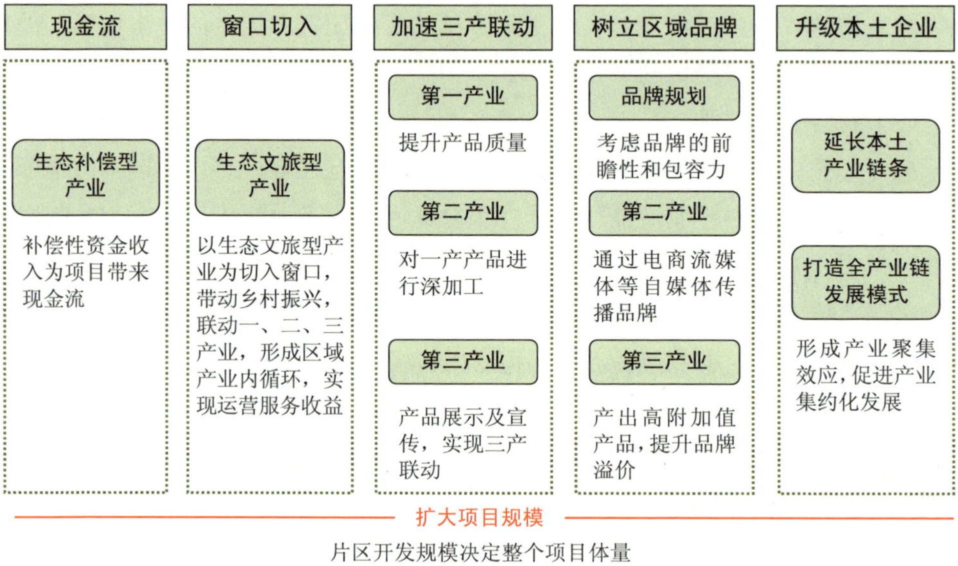

图 2-47　绿色产业组合搭配模型

（2）以生态文旅型产业为切入窗口

根据区域主导产业类型，以生态文旅型产业为切入口，带动乡村振兴、联动一、二、三产业，形成区域产业内循环，实现运营服务收益，同时将产业与生态环境进一步融合。

（3）树立区域品牌

在 EOD 项目中，依靠文旅产业，输出各类特色生态农业产品及其他产品，打造和策划品牌。

在品牌规划阶段，要顾虑到目标人群的价值观，充分考虑品牌的前瞻性和包容力。在品牌形象塑造阶段，要着眼未来，设计有辨识度的文字、图片、商标等，通过社交媒体传播出去。在品牌运营阶段，打造区域特色农产品，根据当地气候环境，导入并培育高附加值的一产新品种，再引入研发和实验基地，研究育种新技术，通过二产深加工后对外销售，从而提升品牌附加值，使得品牌相较同类传统品牌独树一帜，更容易实现产品品牌溢价。另外，在导入文旅项目时，应深挖本地资源，助推文旅项目本身成为区域性品牌。

（4）升级本土产业

按照生态产业标准，进行本土产业生态化升级，并延长相关产业链，形成生态型全产业链条体系。全产业链发展模式强调“研、产、销”一体化理念，依托现代先进科学技术应用，实现对产业链条上游材料供应、中游加工制造及下游市场营销的集成控制，形成产业聚集效应，促进产业集约化发展。

（5）扩大项目规模

EOD 项目的片区开发规模是决定整个项目规模和体量的最主要因素，包括但不限于康养小镇和疗养院的建设、商业地产开发等。项目规模的扩大还能为当地提供更多就业机会，提升经济体量。

参考文献

[1] 徐忠麟，龙淑琴. 我国流域生态环境协同治理机制探索[J]. 治理现代化研究，2023，39（2）：81-87.

[2] 刘世庆，巨栋. 岷江流域水环境综合治理调查与制度创新研究[J].产业创新研究，2020（24）：6-9.

[3] 迟国梁. 关于新时代流域水环境治理技术体系的思考[J]. 水资源保护，2022，38（1）：182-189.

[4] 黄宇，陈兴海，刘业林，等. 基于无人机高光谱成像技术的河湖水质参数反演[J]. 人民长江，2020，51（3）：8.

[5] 程雨涵，李梅，梁漫春，等. 基于在线监测数据诊断管网异常排放[J]. 给水排水，2020，46（8）：5.

[6] 孟凡能，朱晓媛，赵慧芳，等. 调蓄系统在雨水泵站升级改造中的优化设计[J]. 给水排水，2015，51（8）：45-47.

[7] 姚晓红. 水生态修复技术在河道治理中的应用[J]. 农业技术与装备，2020（3）：53-54.

[8] 何世德. 智慧水务的建设发展及展望研究[J]. 智慧城市评论，2017（1）：54-65.

[9] 谢先树. 衡阳市特色产业筛选研究[D]. 兰州：兰州大学，2011.

[10] 江少明. 揭阳市产业发展调查报告[D]. 广州：华南理工大学，2010.

[11] 李希平，王玉磊. 山东武城：探索产城融合　助推“新型城镇化”[J]. 中国经济信息，2017（4）：60-61.

[12] 黄佳. 产城融合视角下的渝北区两路城区发展思考[J]. 重庆经济，2013（3）：3.

[13] 张波，白丽媛. “两山理论”的实践路径——产业生态化和生态产业化协同发展研究[J]. 北京联合大学学报（人文社会科学版），2021，19（1）：11-19，38.

[14] 徐静，俞晓敏，张桔，等. 生态产业化与产业生态化协同发展——“山江湖”综合开发背景下的南昌产业发展新思路[J]. 中共南昌市委党校学报，2010，8（5）：48-52.

[15] 王涛. PPP 项目财务测算分析[J]. 会计师，2017（23）：2.

[16] 师佳炜. 西北地区光伏发电产业竞争力影响因素分析[D]. 西安：西安理工大学，2019.

[17] 王长明.吉林省现代农业发展的 SWOT 分析[D]. 长春：吉林大学，2014.

[18] 白华，徐英，刘云博. 基于 EFE 和 IFE 矩阵的陕西省统筹科技资源改革发展战略研究[J]. 科技进步与对策，2015，32（16）：33-37.

[19] 柳宇佩，禹建奇，庾杜锋. 以生态环境为导向的城市片区开发实施路径研究[J]. 中国工程咨询，2022（4）：86-90.

3 案例篇

在“绿色管家”模式指导下，各单位进行了大量的实践工作，本章从“绿色管家”模式实践的角度出发，列举了生态环保、产业发展两大类别8个案例，以期为业内同行及政府决策部门提供参考。

3.1 武汉市黄孝河、机场河水环境综合治理项目

3.1.1 流域概况

黄孝河、机场河流域位于武汉历史悠久的大汉口片区，该区域建设完善且人口密度大，是典型的高密度城市建成区。黄孝河、机场河流域规划范围面积为 126 km^2，流域内现状总人口约为 242 万人。黄孝河、机场河为汉口两条主要的排水河道，两河呈倒“人”字形，流经江岸、江汉、硚口、东西湖等城区，河道沿线人口密集。黄孝河全长 10.7 km，其中暗涵段长 5.3 km，明渠段长 5.4 km；机场河全长 11.4 km，其中暗涵段长 8 km，机场河明渠分为东渠和西渠，东渠长约 3.4 km，西渠长约 2.7 km。黄孝河、机场河流域水系发达，有建设渠、十大家明渠、幸福渠、岱山渠 4 条港渠，以及塔子湖、黄塘湖、张毕湖等大、中、小型湖泊共计 13 个。

流域上游有武汉市现存面积最大的合流区（约 47.9 km^2），下游以分流制排水为主，末端污水处理主要依靠三金潭污水处理厂和汉西污水处理厂进行集中处理，其中三金潭污水处理厂现状规模为 50 万 m^3/d，分两期建设，于 2015 年 8 月建成；汉西污水处理厂现状规模为 60 万 m^3/d，也分两期建设，并于 2019 年 4 月完成提标工程，污水处理厂出水均执行《城镇污水处理厂污染物排放标准》（GB 18918—2002）中的一级 A 标准，共同形成合流截流式排水体系。黄孝河、机场河上游暗涵同时承担着区域排涝及污水输送的功能（图 3-1）。

3.1.2 治理历程

3.1.2.1 黄孝河治理历程

黄孝河是随着汉口城市的发展逐步形成的。1905 年后张公堤建成，变成汉口地区排污、排渍的总排水渠道。1953—1956 年、1959—1962 年与 1973—1975 年 3 次对黄孝河进行局部整治，将河道疏浚、扩建，新建抽排能力共 50 m^3/s 的后湖一期、二期泵站，并新挖了机场河、幸福河等 12 条明渠，提高了排水能力。

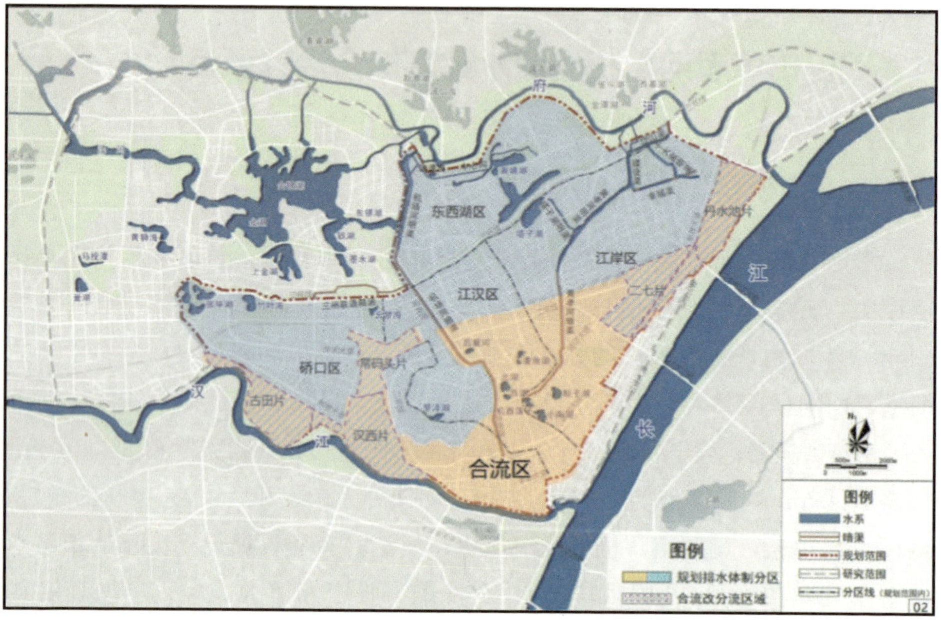

图 3-1　黄孝河、机场河的基本情况

20 世纪 70—80 年代初，渍水灾情、淤积污染越发严重，最终导致垃圾堆积，河床淤塞，蚊蝇孳生，变成了一条严重影响城市环境的臭水沟。1982—1983 年，洪涝灾害十分严重，为解决洪涝与淤积污染问题，实施了黄孝河盖板工程，同时建成常青泵站和后湖三期泵站，泵站总规模达到 186.5 m^3/s。2007 年，武汉市实施了黄孝河综合整治项目，主要包括黄孝河明渠清淤工程、明渠拓宽及驳岸工程，工程完成后，基本达到治理目标。2011 年，为迎接辛亥革命 100 周年纪念，对黄孝河采取应急处理整治措施，工程完工后，阶段性解决了黄孝河水环境问题（图 3-2）。

3.1.2.2　机场河治理历程

1984 年，为治理黄孝河、机场河排水分流工程动工。2008 年，机场河排水渠“明改暗”工程动工，此次施工局部消除了机场河的黑臭问题。2012 年，为恢复机场河箱涵的排水能力，实施机场河箱涵清淤工程，该工程实施后，大幅提高排涝能力。

图 3-2　黄孝河治理历程

3.1.2.3　小结

回顾黄孝河、机场河治理历程，历经污水体系建设、河道清淤、明渠拓宽、岸线整治、管网和泵站新建、补水截污等工程，可以发现历次治理均以局部整治、应急处理为主。而随着武汉城市的不断发展，汉口地区污水量增加、施工排水并入，已超出现状城市雨污水管网的承受能力，同时，河道还面临着雨季开闸泄水、合流制溢流污染的冲刷。若要彻底解决水环境质量差的问题，系统治理思维应贯穿黄孝河、机场河综合水环境治理工作的全过程。

3.1.3　难点问题

3.1.3.1　难点一：治理难度大

3.1.3.1.1　管网易淤积且外水多，污水体系运行效能低下

老汉口地区属于长江一级阶地，地势较平坦，地面标高在 20 m 附近，地下水以上层滞水、潜水和承压水 3 种形式存在，常年承压水水位在地面标高附近变化，导致地下水位普遍高于污水管网管底标高，降雨时外水入流入渗情况更加严重；区域地势平坦，受地形限制，管网坡度较小，排水管网流程长，管内流速普遍低于 0.4 m/s，易发生淤积；区域内合流制与分流制并存，且管网存在渗漏，施工降水、地下水、雨水等外水大量进入管网中，导致三金潭污水处理厂和汉西污水

处理厂长期处于超负荷运行状态。以上特征与问题导致了流域污水体系运行效能较低。

3.1.3.1.2 排水口单一合流区面积大，合流制溢流污染管控难度极大

黄孝河和机场河上游暗涵汇水范围均涉及大面积合流区（合流区面积约为47.9 km^2，占比 38%），仅通过暗涵末端作为排水出口进行污水输送，其面临的排水压力巨大。当处于汛期或者遇到强降雨时，合流制溢流风险增大，需综合考虑下游明渠水环境质量、管网污水传输能力、末端污水处理能力、居民生活环境影响等方面，管控合流制溢流污染的难度极大。

3.1.3.2 难点二：运维管理弱

流域内涉水要素复杂多样，涉及排水管网、雨污水泵站、污水处理厂、分散处理设施、排水口、闸门、河湖水体等，各要素之间运行管理和联合调度的方式较为低效。上游暗涵作为污水收集传输的主要通道，长期处于高水位运行状态，存在污水漫溢、溢流的风险，且对污水泵站、调蓄池、分散处理设施等要素的运行产生重要影响，因此，上游暗涵维护管理的缺乏，是影响整个排水系统稳定运行的重要因素。

3.1.3.3 小结

黄孝河、机场河流域水环境综合治理的难点问题不仅与其区域的自然特征有关，还反映出流域排水系统运行不畅、流域运维管理上存在不足等情况，出现这些问题的原因包括流域本底情况不清、技术措施针对性不强、运维管理观念薄弱等方面。因此，需加强对于问题的剖析，从源厂网河湖系统治理的角度制定针对性强、专业性高的解决方案，有效解决黄孝河、机场河流域治理面临的难点问题。

3.1.4 “绿色管家”模式实践

3.1.4.1 治理思路及目标

3.1.4.1.1 治理思路

统筹考虑全过程，综合治理多举措：通过前期大量现场调研和基础资料的分

析，遵循流域系统治理理念，结合流域水生态、水安全、水资源、水环境等方面存在的问题，以建设目标为导向，以目标可达为基准，综合制订系统全面的流域水环境综合治理方案，多措并举实施治理工程，最终实现“水清、岸绿、景美”，使得黄孝河、机场河成为汉口地区和武汉市的生态廊道、绿色廊道和文化廊道。

3.1.4.1.2 治理目标

长治久清，打造健康水系格局：按照“控源截污、内源治理、生态修复、活水保质、长治久清”的水环境综合治理思路，落实各项治理工程措施，完善两河流域排水系统，消除河道黑臭现象，提升水体水质，恢复河道生态服务功能，打造“蓝绿交织，清新明亮”的健康水系格局，打造“百年黄孝河，十里再流芳”流域治理国际典范。

3.1.4.2 模式策划与投融资服务

模式策划与投融资阶段，应打破资源整合的地域限制，打通流域治理项目财务平衡缺口与经济效应盈余的鸿沟，解决流域治理资金平衡难题。因项目投资规模大，使用者付费项目缺乏等因素，自项目策划以来，项目公司就“流域统筹治理”的思路开展多次实施模式策划与专家研讨论证会。秉承“统一规划，统一设计，统一建设，统一运营”原则，项目所有子项作为一个整体实施。同时必须平滑政府财政支出，有效降低财政支付压力。最后兼顾完善项目收益保障机制，满足社会资本或流域公司投融资要求，保证社会资本的优势资源最大化。

在推动项目实施模式创新的同时，着力确保实施模式与资金来源的合规与有效，识别各创新模式融资风险。通过引入专业咨询机构与律师团队，出具第三方专业意见书与应对措施等，避免因外部因素造成创新模式后期带来的项目履约风险。

3.1.4.3 本底调查服务

基于业主的核心诉求，广泛收集相关基础资料，在流域范围内从地块小区、管网、厂站、河湖 4 个方面开展系统的本底调查，找准流域水环境治理的痛点和难点问题（图 3-3）。

图 3-3　黄孝河、机场河流域本底调查示意图

本底调查服务将流域划分为四级管控体系，分别将污水处理厂、泵站和雨污水主次干管的服务范围划分为一级、二级和三级分区，四级分区最小管控单元为地块小区，采用智能诊断技术进行管网的快速诊断，共排查 442 个地块小区共计 1 658 km 管网，识别管网三四级结构性缺陷 2 537 处、功能性缺陷 8 030 处，辅助安装在线监测设备，共布设监测点位 100 余个，检测评估雨污混错接点 1 226 个，明渠沿线排口共 51 个，辅助采用模型模拟分析得到黄孝河系统不满足 50 年一遇防洪排涝标准，管网标准不满 P=1 a 占比较大。基于以上水环境问题，结合黄孝河、机场河流域自身特点和实际，构建流域评估管控指标体系，建立水环境类、内涝风险类、设施效能类、社会影响类、水生态类 5 类共计 22 项流域管控指标，用于对水环境现状进行分析评估，为摸清流域现状水环境情况提供了重要保障，为流域规划的编制提供了指引和方向，为开展流域系统综合治理奠定了坚实的基础。

3.1.4.4　方案编制服务

在本底调查精准溯源基础上，立足区域发展需求，充分考虑流域特点，统筹城市水环境综合治理规划，综合考虑当下和中长期发展需求，分步推进，系统性谋划源—厂—网—河湖等治理工程，从全流域统筹治理的角度谋划，依据工程的实施条件和现实需求，将黄孝河、机场河流域水环境综合治理项目划分 3 个阶段进行，专属定制系统解决方案。结合水体水质目标可达的思路，从技术、投资、管理、运维等多角度论证，保障流域整体建设标准统一、实施节奏统一、考核目标统一，水质达到流域规划目标要求。

3.1.4.5 项目实施服务

依托中建三局高度成熟领先的施工和管理体系，实施规范化施工，通过组建高素质管理团队，贯彻中建三局管理优势，严格落实质量管控措施，做到精细化管控；依托智慧建造平台，构建三维可视化 BIM 模型，优化设计施工方案，在科学合理实施保证工程质量的同时进行全过程管控；通过持续的区域深耕，加深对流域问题的认知，不断优化完善针对性解决方案，从根本上把握流域水环境客观规律，为实现区域水环境长治久清提供决策依据。各阶段工程内容及其实施目标如下：

第一阶段以消除晴天黑臭为目标。通过在合流区末端建设钢坝闸及临时分散处理设施解决晴天污水溢流问题，构建补水机制加强河道水体循环，基本消除了黄孝河、机场河晴天黑臭现象（图 3-4）。

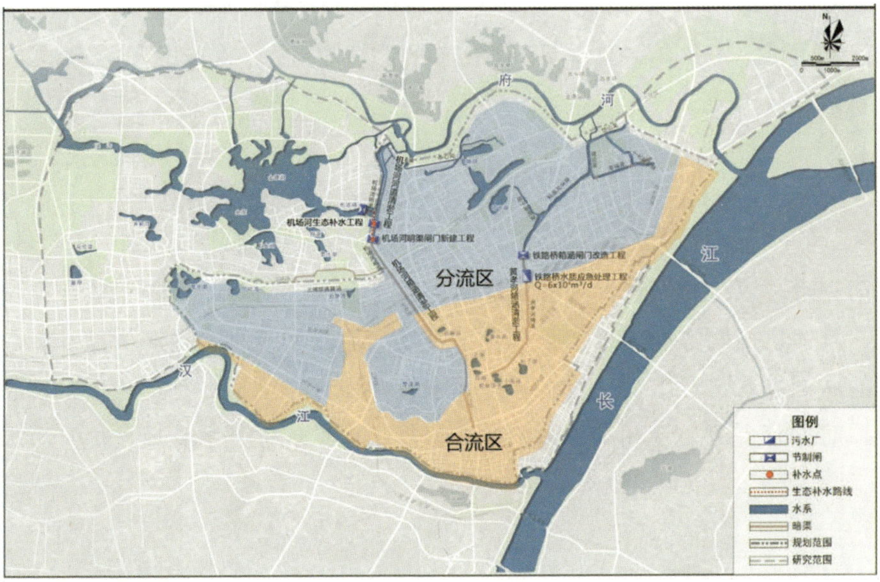

图 3-4 黄孝河、机场河流域水环境综合治理第一阶段工程

第二阶段以补齐污水收集处理短板、保障两河水环境质量为目标。通过新建地下净水厂有效解决黄孝河系统旱天污水处理能力不足的问题。通过新建调蓄池及强化处理设施，有效控制雨天合流制溢流污染。利用污水处理厂出水对明渠进行生态补水，进一步提升水体流动性。开展生态修复，提升水体自净能力，有效改善明渠水生态和水环境质量；通过构建河道监控与调度系统，全面掌握两河水环境的动态变化情况，提升区域监管水平（图 3-5）。

图 3-5　黄孝河、机场河流域水环境综合治理第二阶段工程

第三阶段以流域系统治理、实现两河长治久清为目标。当前已实施流域一期工程，具体包括两方面内容：一是骨干管涵河道清淤工程，在源头减少降雨对污染物的冲刷进入自然水体，对水环境改善起到积极作用；二是提质增效管涵修复工程，对上游合流区管涵实施清淤检测修复工程，加强外水管控，提升污水体系效能（图 3-6）。

图 3-6　黄孝河、机场河流域综合治理项目作战图

3.1.4.6　运维管理服务

工程实施后的精细化运维管理是保障流域水环境质量的关键举措。流域涉水要素包含雨污水管网、泵站、调蓄池、闸门、排口、分散处理设施、污水处理厂等，各要素间的运行管理以及联调联控是影响流域精细化、智慧化运维的重要因素。

基于获取的系统实时监测数据，通过建立流域综合管理平台，覆盖整个流域范围，将流域内各涉水要素的运行纳入平台统一管理。运用智慧化理念在流域内实现全面监控、智能预测预警、各要素联合调度、清晰透明的监管和考核、高效的系统运维辅助等重要功能。从项目建设到后期的运维管理全过程提供精细化和实时监管服务（图 3-7）。

通过对整个流域内各涉水要素进行全面监测、实时管理、联控联调，实现全流域的水质水量管理、内涝防控和设施维护的精细化、科学化、动态化管理，让“智慧化”管理成为黄孝河、机场河流域的标签，真正达到“岸水共治”。

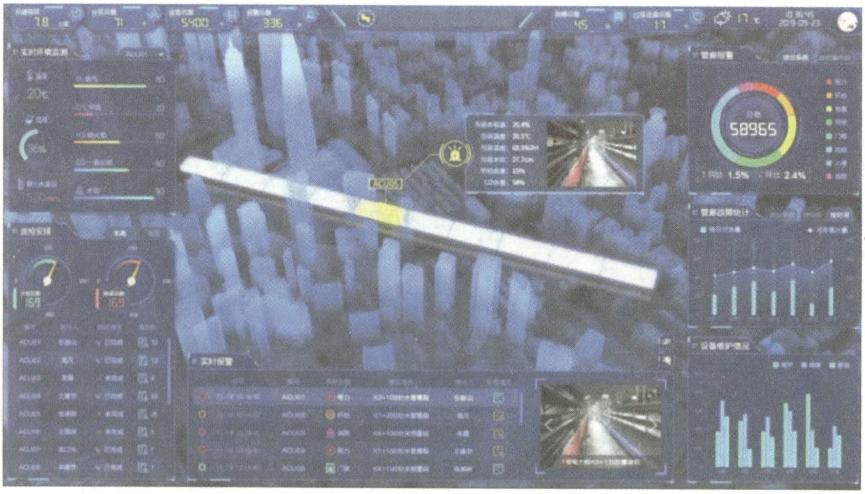

图 3-7　黄孝河、机场河项目流域综合管理平台三维界面示意图

3.1.4.7　技术引领

3.1.4.7.1　基于投资目标可观的技术管控

基于功能目标，将估算及概算重新进行合理分配，实现投资价值的最大化。如对黄孝河 CSO、常青公园 CSO 等重要子项结合选址调整，进行支护和结构的优化设计等。

3.1.4.7.2　基于建设目标可达的技术管控

限额设计前提下，充分发挥对现场实际情况的精确把握，联动施工与设计的优势，借助内外部资源，不断寻求投资、建造、运营的最优解，在施工阶段主导与各项目部持续开展优化论证工作。

3.1.4.7.3　基于运营目标可控的技术管控

项目边界条件复杂，为确保高标准、多目标、大尺度的运营维护管理考核目标的实现，特别是水质目标的可持续性，依托 MIKE 系列模型工作，通过细致调查及本底监测，构建耦合数学模型进行定量化分析，模拟流域水动力、水环境状况，同时评估在各种工程措施和治理方案下河道污染负荷、流场、浓度场的变化，并予以技术优化，化解运营风险。

3.1.4.7.4 基于完美履约的技术服务增值

项目位于高密度建成区，边界条件复杂，通过系统勘查、全流域模拟、持续监测为治理提供了基础支撑，及时解决实施阶段的各项技术问题，也为后续的提质增效、管网修复提供了良好的基础，助力武汉市实施“长江大保护”战略。

借助项目实施契机，直面合流制溢流污染根治难题，开展水环境数学模型研究与应用、合流制溢流污染处理核心装置及控制系统、地下污水处理厂新型建造技术 3 项研究内容，通过调研、数据分析、模拟、试验、优化等方法最终形成优化决策模型，提升管理效能，打造科技项目示范。

3.1.5 工作成果

3.1.5.1 实施效果

黄孝河、机场河流域水环境综合治理项目的工程实施划分为 3 个阶段，其中第一阶段已实施完成，实现基本消除晴天黑臭的目的；第二阶段和第三阶段部分工程目前正在实施中。在项目实施的各阶段各节点，都展现出了典型治水成效，主要体现在以下两个方面。

3.1.5.1.1 污水提质增效成果显著

流域内 64.2 km 主干管涵包括黄孝河和机场河暗涵约 13.3 km 以及主干管道和箱涵约 50.9 km，目前工程已完工，采用非开挖修复技术进行管涵修复，极大地改善了流域排水系统的运行状况，大大降低外水入流入渗、管道淤积及腐蚀的风险，同时增强管道过流能力，提升管道输水的流畅性，使整个排水系统的运行更加稳定、顺畅，是充分响应和落实污水提质增效行动方案的重要举措（图 3-8、图 3-9）。

3.1.5.1.2 水环境质量明显改善

黄孝河和机场河明渠在第一阶段工程实施前，旱天水环境质量处于重度黑臭状态，在第一阶段实施截污、补水、清淤等工程后基本消除晴天黑臭，两河水环境状况得到明显提升，水质由治理前的重度黑臭变化到现阶段的主要指标达到地表Ⅴ类标准（图 3-10、图 3-11）。

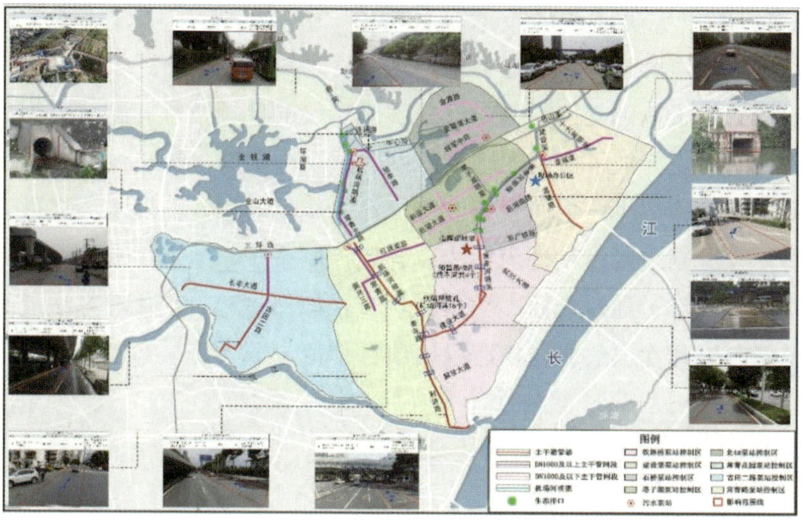

图 3-8　黄孝河、机场河流域主干管涵清淤修复示意图

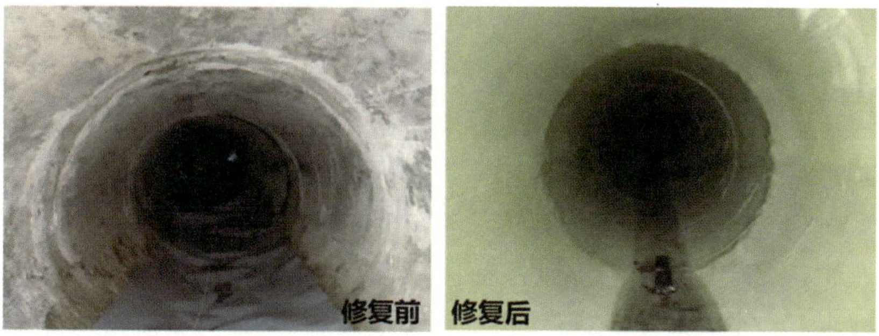

图 3-9　黄孝河、机场河流域主干管涵修复前后对比情况

图 3-10　黄孝河明渠治理前和阶段性治理后对比情况

图 3-11 机场河明渠治理前和阶段性治理后对比情况

3.1.5.2 环境效益

通过实施管涵缺陷修复、沿河截污、明渠清淤、水生态修复等工程，有效提升管网运行效能，减轻内源和外源污染，增强水体自净能力，在改善水生态和水环境质量的同时提升人居环境，区域生态环境整体提升，环境功能得到大幅凸显。

3.1.5.3 社会效益

黄孝河、机场河流域水环境综合治理项目的工程内容涉及调蓄池及强化处理设施、地下净水厂、海绵设施的建设，大大增加汉口地区基础排水设施规模和容量，促进城市排水系统更加完善发展，提高汉口地区城市环境品质，推动环境和城市的协调发展。

3.2 武汉市东西湖区排水管网系统本底调查项目

3.2.1 区域概况

东西湖区地貌属岗边湖积平原，四周高、中间低，状如盆碟，自西向东倾斜。沿新沟向内缓倾，坡降 1/4 000，成土母质为近代无石灰性的湖泊静水沉积物。

东西湖区三面临水，属汉北平原湖区，四周环以大堤，堤内地势西高东低，间以残丘小岭，形若“盆碟”，地貌属岗边湖积平原，自西向东倾斜，大部分地区海拔在 23.37～27.87 m（吴淞高程，下同），西南沿堤一线较高为 26.03 m，西湖平原最低在 19.53～20.53 m，全区最高点睡虎山高程为 69.03 m。东西湖区行政区划如图 3-12 所示。

图 3-12　东西湖区行政区划

图片来源：《东西湖区水环境流域治理规划（2020—2030 年）》。

经初步调研，东西湖区排水设施存在安全隐患，部分穿堤涵闸运行多年，需整险加固。排水设施不够完善，排涝体系尚不完善，水系调度有待优化。管网不配套，港渠过流能力不足，现有泵站排涝能力不能完全发挥效益。污水处理厂能力不足，污水收集与处理运行效能较低，进厂浓度不足，需提质增效。污水收集管网不完善，雨污分流不到位。区内存在雨污合流制排水体制，错接混接现象频发，污水不经处理排入水体，污染水环境、危害水安全、破坏水生态。水环境存在污染，劣Ⅴ类湖泊依然存在，与健康河湖要求差距较大。水系缺乏连通，岸线缺少生态性。

为贯彻落实党中央关于共抓“长江大保护”、打好水污染防治攻坚战的决策部署，武汉市启动了河湖流域水环境“三清”行动。为全面提升东西湖区水环境质量，东西湖区政府着眼区域内的实际情况与项目要求，启动了《东西湖区流域水环境综合治理规划》的本底调查及文本编制工作。

3.2.2 “绿色管家”模式实践

3.2.2.1 调查思路

为积极落实武汉市政府“三清”行动要求，给东西湖区长期以来存在的城市内涝、黑臭水体、管网隐患等问题找到治理良策，中建三局成立东西湖区排水管网系统本底调查项目指挥部，对东西湖区污染源、管网隐患及综合水环境状况进行彻底排查，全面评估东西湖区水环境承载力，详细分析现存问题的症结所在，并为东西湖区水环境治理提供了翔实可靠的数据支撑（图 3-13）。

东西湖本底调查治理思路分为以下 4 个部分。

3.2.2.1.1 初步诊断，试点排查指方向

项目中标后，项目组立即着手展开工作。根据项目范围，针对涉及内容选取了一批具有代表性的点位进行了初步踏勘，总结了管网的典型问题：管网堵塞、破损、暴雨渍水、水体黑臭等，针对典型问题，项目组召开研讨会，进一步确定工作方案。

3.2.2.1.2 全面排查，高效工作摸家底

初步掌握了现场情况后，项目组针对全区域制订了工作计划。本底调查做到了水环境调查 5 个全覆盖，一是全区 26 个湖泊全覆盖；二是 27 个河渠建成区范围内全覆盖；三是污水系统水质水量监测布点方案全覆盖；四是全区管网建成区管网物探全覆盖；五是管网隐患排查风险点全覆盖。

3.2.2.1.3 系统分析，顶层规划添助力

该项目通过扎实的本底调查工作，获取了全流域雨污系统现场资料，并结合城市水环境模型，系统分析了问题成因，形成了“专项报告”和“成果图纸”。在此基础上，统筹多学科交叉协作，助力东西湖水环境流域规划编制，获得业主充分肯定，为后期水环境治理、管网修复提供了坚实、可靠的数据支撑。

3.2.2.1.4 改造修复，管网水体复健康

道路渍水点改造、金银湖穿湖管修复等项目经过本底调查阶段的初步诊断和改造修补，区域已有 12 个传统渍水点在 2021 年汛期无渍水现象。

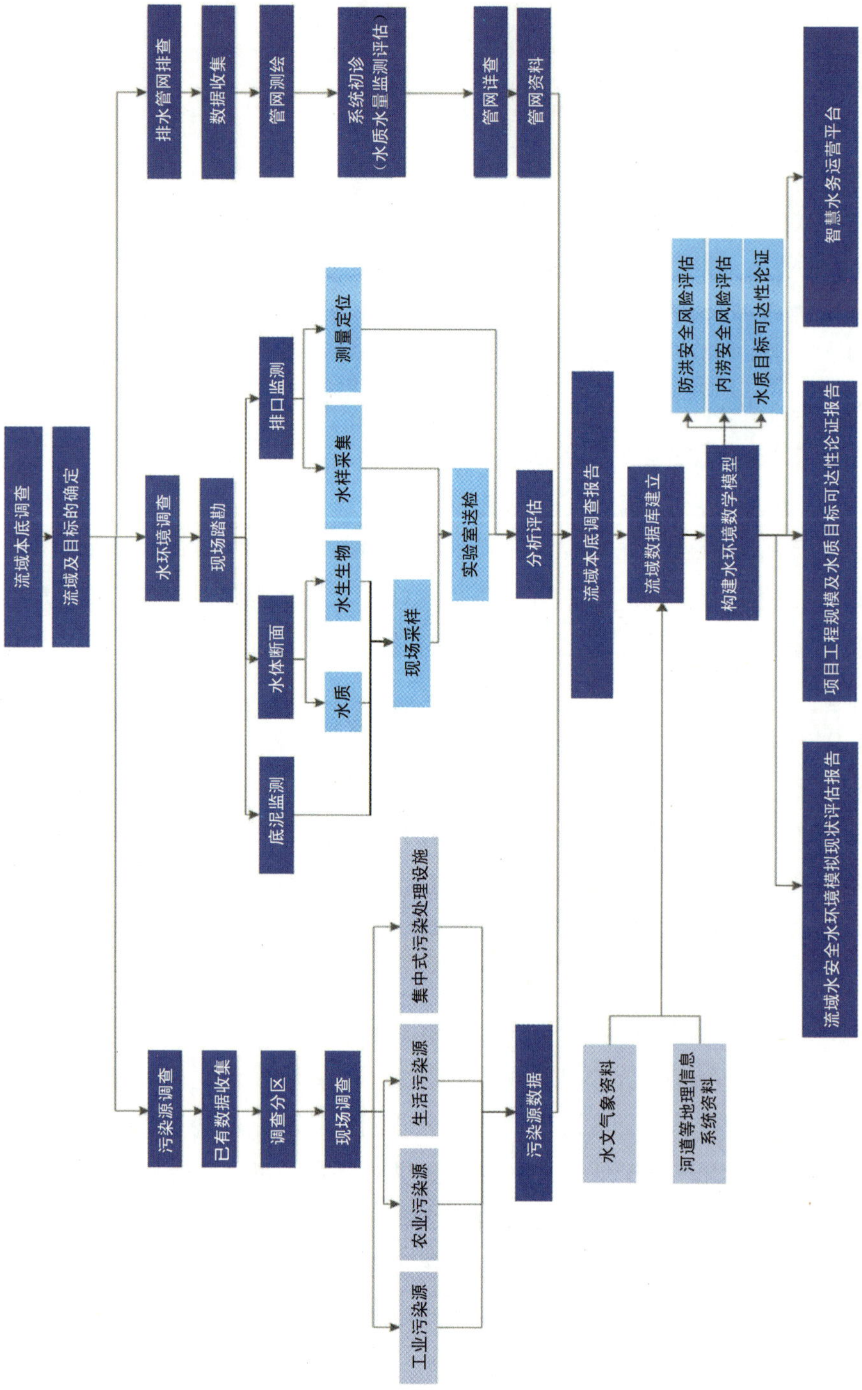

图 3-13　东西湖本底调查思路

3.2.2.2 实施模式

2020 年 1 月 21 日，中建三局绿色产业投资有限公司与中冶集团武汉勘察研究院有限公司组成联合体，中标东西湖区排水管网系统本底调查项目，并与东西湖区水务和湖泊局签订合同，项目总投资 4 184.979 万元。

3.2.2.3 系统治理

3.2.2.3.1 监测方案制定

收集东西湖区研究范围内相关数据资料，分析各个系统排水管网拓扑连接关系，划分监测单元，制订排水管网监测方案，初步确定监测点位，结合现场调研及现场勘查情况，基于采集的监测数据分析，实现监测方案不断优化。

3.2.2.3.2 监测布点实施

监测体系覆盖东西湖片区 3 个一级分区 16 个二级分区的所有排水管网，同时涵盖水力与水质全要素。监测布点方案要对重点区域和重点问题进行有针对性的设计。重点区域主要包括马池片区、东西湖污水处理厂片区与东山辛安渡片区，重点问题主要为污水管网入流入渗分析、水量平衡关系分析监测。

在设计布点方案时，根据管网结构及水力拓扑结构、区块面积、覆盖人口数、管网长度等要素，按照污水系统与雨水系统进行合理划分，在保障监测效果的基础上，兼顾了监测方案的经济合理性。

本项目选用超声波在线监测流量计。该设备采用多普勒原理进行流速测量，即通过发射和接受超声波频率的变化，转化为流体中颗粒的速度变化，从而反映流体的流速，最终通过过流面积计算得出流量。

根据东西湖片区管网及排水设施的拓扑关系，分别在汉西污水处理厂系统、东西湖污水处理厂系统、三金潭污水处理厂系统共布设了 93 个在线流量监测点，其中主干管及泵站进水口等核心监测点位共计 56 个（其中汉西污水处理厂系统 32 个监测点，东西湖污水处理厂系统 23 个监测点、三金潭污水处理厂 1 个监测点），每个监测点位需同时进行水质监测工作。

3.2.2.3.3 建设实施

根据现场情况，选择 L 杆方式固定传感探头。安装前需查看管道大小、形状、底部淤泥情况、水深、流速等，确定安装条件是否满足要求。设置设备相关参数，安装传感探头，以超声波能很好扫描到水流断面为衡量原则。固定主机设备，将主机固定于检查井井壁上，并做好防护措施，标记监测点位置，定期清理维护。

3.2.2.4 技术引领

项目中以系统思维，直击痛点，重点区域项目采用“边调查、边诊断、边施工、边验证”机制，探索本底调查技术体系，形成东西湖全流域问题诊断模式。

3.2.3 工作成果

该项目通过系统全面的本底调查工作，摸清家底、精准治理，探索全方位网格化治水的“绿色管家”模式，形成“发现问题—初步诊断—详细排查—板块联动”的本底调查工作机制和“边调查、边诊断、边施工、边验证”的重点区域项目推进机制。通过全流域、全方位、全过程的本底调查，结合城市水环境模型，系统分析问题成因，最终东西湖区排水管网系统本底调查项目部形成了相关成果报告及东西湖管线淤积图、河道排口分布图、东西湖渍水点分布图等图纸，为后期水环境规划编制、项目实施提供依据。

3.3 武汉市大东湖核心区污水传输系统工程项目

3.3.1 区域概况

大东湖地区是以东湖、沙湖、严西湖、严东湖等湖泊为中心的武昌北部地区，总面积约为 431 km^2（湖泊面积约为 65 km^2）。该区域集中了湖北省省级行政中心、杨春湖城市副中心、光谷城市副中心、东湖国家级风景名胜区、中央商务旅游区、武昌滨江商务区、沙湖城市公园、严西湖及严东湖湿地公园等重要的城市功能区，区内重点高校集中、商务及高新技术企业发展迅速，是代表武汉市城市发展水平的重点地区（图 3-14）。

图 3-14　大东湖地区范围及污水系统分布区位

图片来源：武汉市政工程设计研究院有限责任公司、泛华建设集团有限公司编制的《沙湖、二郎庙污水处理厂搬迁及落步咀污水处理厂升级改造工程——大东湖核心区污水传输系统工程项目建议书》。

大东湖地区内西侧地块为核心区域，区域内主要存在沙湖污水处理厂、二郎庙污水处理厂、落步咀污水处理厂。其中沙湖污水处理厂是武汉市第一座污水处理厂，建于 20 世纪 80 年代，建厂之初，沙湖污水处理厂选址用地位于城市建设边缘区，东临武重工业区，离居住区和公建区较远，与当时的城市布局没有矛盾。随着城市的发展和市区版图的扩张，污水处理厂南部变为中南商业中心，东南面为省级行政中心，东面为中北路商务中心，沙湖污水处理厂所在位置逐渐成为城市核心区，污水处理厂与周边地区的功能定位格格不入，影响地区发展。随着沙湖污水处理厂南侧东沙湖地区建设的启动，沙湖污水处理厂周边地区土地价值快速提升，沙湖污水处理厂与地区发展、土地利用的矛盾更加突出。

为解决上述问题，武汉市提出将沙湖污水处理厂搬迁至二郎庙污水处理厂的设想。

3.3.2 “绿色管家”模式实践

3.3.2.1 治理思路

沙湖污水处理厂的搬迁能解决一时之需，但不能系统解决大东湖地区的水环境问题。为此基于“绿色管家”模式，对区域水环境治理问题进行系统谋划。

首先综合各类本底调查手段对大东湖地区进行系统调研，发现该区域主要存在五大水问题。一是水体现状水质不容乐观，东湖、沙湖等5个湖泊水质不达标，不达标水体水面面积占比为76%；二是污水治理滞后城市发展，地区污水处理率为63.3%，达标处理率仅为3%，污水排放要求提高导致处理达标率大幅降低；三是污水处理厂与城市矛盾激化，经常受到周边居民投诉；四是径流污染治理困难重重，尚未得到有效控制；五是城市内涝防治压力巨大，雨季渍水严重。

为综合解决上述问题，在广泛调研国内外项目的基础上，提出“深隧传输、集中处理”的治理思路，即在城市郊区新建一座超大型污水处理厂，通过地下深层隧道将城区污水传输至郊区进行集中处理。该治理思路获得行业专家和业主的一致认可，在此基础上规划形成了大东湖深隧项目。

3.3.2.2 实施模式

大东湖深隧项目属于公益性市政管网建设项目，项目资产本身无经营性收入，需通过政府付费获取合理的投资回报，且市政管网建设影响城市建设发展规划，不适宜社会资本长期拥有。

根据项目基本情况及市政设施管理发展趋势，结合国家有关PPP的政策及运作实务，最终确定采用PPP模式中BOT运作方式建设该项目，由项目公司负责项目的设计、投融资、建设及运营维护，为政府提供符合标准的污水传输设施及运维服务；项目公司通过政府付费形成的收入（包括资产可用性付费、运维绩效费）获得合理的投资回报。该项目PPP合作期设定为12.5年，合作期满后项目公司将项目所有资产无偿移交给武汉市人民政府或其指定的相关部门，项目公司自行解散清算。

该项目作为湖北省第一批政府和社会资本合作示范项目，开创了湖北省PPP项目之先河，进一步拓展了“绿色管家”模式的应用范围。

3.3.2.3 融资模式

大东湖深隧项目政府批复概算总投资 30.29 亿元，合同约定由社会资本方负责除政府出资方出资的注册资本金以外的所有资金筹措，融资规模达 24 亿元。同时约定实际融资资金成本率不超过 4.9%，实际债务融资资金成本率超过上述控制水平的，超出部分的债务融资成本费用由社会资本方承担。

受金融政策收紧影响，商业银行贷款利率为基准利率上浮 5%（5.145%），成本高于合同约定的融资资金成本率，不符合项目需求。综合考虑融资成本和项目性质，在广泛调研国家支持性政策的基础上，确定因项目属于海绵城市建设类型，符合人民银行批准中国农业发展银行开办的专项用于支持水利建设的抵押补充贷款业务。最终项目成功申报水利建设专项贷款，并作为典型项目，受邀参加中国农业发展银行总行 PPP 项目信贷管理研讨交流会。

项目实施过程中，分别获得了中国农业发展银行和交通银行高额授信额度，实现了项目融资资金充分储备，确保了项目实施过程中的资金支付，也拓展了“绿色管家”模式的融资方式。

3.3.2.4 系统治理

为统筹解决区域水环境问题，策划阶段规划了北线污水深隧、南线复合深隧和北线雨水深隧三条线路。三条深隧组成的系统将全面有效地解决整个大东湖地区的雨污水问题，但如果三条深隧同时实施，工程投资规模巨大，且实施周期将被拉长，不利于快速解决亟待处理的突出水环境问题，因此确定了“整体规划、分项建设”的原则，先启动北线污水深隧，在污水深隧建设过程中预留接口，待远期条件成熟后再实施其他内容（图 3-15）。

目前北线深隧已正式投入使用，后续将根据城市面临的新的水环境问题择机启动剩余内容。这也是“绿色管家”模式所一直秉持的理念，即针对区域水环境问题规划系统的全套解决方案，近远统筹，区分主要矛盾与次要矛盾，优先解决最为紧迫的问题。

图 3-15　大东湖深隧项目三条线路规划示意图

3.3.2.5　产城共荣

大东湖深隧项目通过位于城市深层地下空间的隧道将城市核心区污水输送至城市边缘，一方面能解决城市核心区污水处理厂带来的邻避效应，改善厂区周边居民生活体验，促进周围商圈发展；另一方面原污水处理厂用地腾退后，可重新用于城市开发，通过策划产业导入，能有效带动区域发展，带来可观的经济效益。同时，通过深层隧道传输污水，预留城市地表发展空间，优化区域基础设施布局，能最大限度发挥城市核心区价值，有利于城市未来发展。这充分体现了“绿色管家”模式一直秉持的理念，即在解决区域环境问题的同时，最大限度地促进城市发展，真正实现“绿水青山就是金山银山”。

3.3.2.6　技术引领

水务环保是一项系统的工作，需要多专业融合，涉及众多新技术的开发与应用，这在大东湖深隧项目得到很好的体现。作为内地第一条正式建设并投入使用的城市深层排水隧道，项目在建设与运营过程中面临众多技术难题，为此立项科技研发课题“城市污水处理深隧工程建造及运维关键技术”，突破制约项目实施的难题。建造阶段研发针对性的竖井、盾构、二衬、顶管施工技术，提高施工效率与工程质量；运维阶段开发智慧深隧系统、健康监测系统、水下机器人巡检系统、无人机巡线系统，助力项目安全高效运营（图 3-16）。

图 3-16　大东湖深隧项目智慧管控平台界面

目前，大东湖深隧项目累计获得专利受理 43 项，专利授权 16 项，形成省、部级和企业级工法 4 项，发表论文 23 篇，登记软件著作权 2 项，形成核心装备 4 套，2 项科技成果达到国际先进水平，并荣获全国首届地下空间创新大赛十大典范项目。针对国内排水深隧蓬勃发展的势头，牵头组建城市深隧工程技术中心，牵头制定《城市排水深隧工程技术标准》《城市排水深隧工程技术规程》两项标准，推动行业规范化发展。

作为“绿色管家”模式在城市排水深隧领域的首次实践，项目尤为重视科技研发工作，不仅通过科技研发创新性地解决现有问题，还着眼于行业未来，有力推动城市排水深隧这个新兴领域的健康蓬勃发展。这也正是绿色管家模式“科技引领、创新发展”理念的最好体现。

3.3.3 工作成果

3.3.3.1 实施效果

目前大东湖地区水环境问题基本得到治理，大东湖深隧正源源不断地将服务范围内的污水输送至末端污水处理厂进行集中处理，截至 2022 年 1 月 31 日，累计输水量超 2.56 亿 t，解决了城市核心区原有污水处理厂处理能力不足及尾水达标排放的矛盾，又有助于保护城市中心湖泊和港渠，有利于区域水环境水质目标的实现。

上海、深圳等城市排水深隧正在如火如荼的建设中，北京、成都、昆明等城市也将排水深隧建设提上了议程。随着城市排水深隧在我国的推广应用，以大东湖深隧项目为代表的“绿色管家”模式有望为越来越多的城市提供服务。

3.3.3.2 环境效益

该工程将城市中心的污水处理厂迁建远离城区，环境效益明显，有效改善了城市市容，提高了卫生水平，大东湖深隧项目近期传输规模 80 万 t/d，解决了目前城市核心区污水处理厂处理能力不足和尾水达标排放的矛盾，改善了区域内居民生活工作环境，有效减轻了城市内涝和污水溢流压力，保护了城市中心湖泊和港渠，实现了区域水环境水质目标。

3.3.3.3 社会效益

该项目是武汉市践行“长江大保护”的标杆工程、推进“四水共治”的头号工程，也是建设水生态文明的示范工程。工程的建设可有效减轻城市中心的尾水污染问题，改善城市市容，提高区域卫生水平，保护城区水环境，保障周边居民生活品质；同时可释放中心城区宝贵的土地资源，完善城市配套工程建设，改善中心城区投资环境，吸引更多的商业投资，进而促进城市发展，助力“长江大保护”与“美丽中国”建设，社会效益突出（图 3-17）。

图 3-17 大东湖深隧相关图片

3.4 武汉市东湖绿道项目

3.4.1 区域概况

武汉拥有“百湖之市”的美誉。水域面积为 33 km^2 的东湖则是其中最耀眼的一颗“明珠”。武汉东湖绿道位于湖北省武汉市东湖风景区内，是国内首条城区内 5A 级旅游景区绿道，全长 101.98 km，宽 6 m，串联起东湖磨山、听涛、落雁、渔光、喻家湖五大景区的东湖绿道，由湖中道、湖山道、磨山道、郊野道、听涛道、森林道、白马道等主题绿道组成。

20 世纪 50—60 年代，东湖水体清澈，透明度达 2 m 以上，水质在Ⅱ～Ⅲ类。但在 70 年代开始，蓝藻水华频发，1975 年水质下降至Ⅴ类；1979—1985 年，水质维持在Ⅴ～劣Ⅴ类；1985 年后，蓝藻水华消失，但水质仍差，透明度低，到 21 世纪初水质一直在Ⅴ类左右徘徊。80 年代后期，排入东湖的污水，高峰期超过 30 万 m^3/d。90 年代，水质持续恶化，甚至有有毒化学物质流入水体，给武汉人民身体健康带来严重威胁。

2009 年，投资规模达 150 亿元的《武汉市“大东湖”生态水网构建总体方案》获国家发展改革委批复；2012 年，武汉市《主城区污水全收集全处理五年行动计划》制订实施；2013 年，国内最长城中湖隧道东湖隧道动工开挖；2015 年 12 月 23 日，东湖绿道一期正式开工，2016 年 12 月 28 日，东湖绿道一期工程（28.7 km）建成开放；2017 年 12 月 26 日，二期工程（68.8 km）建成开放。

3.4.2 “绿色管家”模式实践

3.4.2.1 项目概况

位于东湖风景区的绿道规划设计无缝对接《武汉市“大东湖”生态水网构建总体方案》，促进构建一个健康、可持续发展的水网水体，恢复江湖之间的生态联系，实现江湖相济，改善湖泊、港渠生境，实现湖泊水体功能达标，恢复东湖战略应急备用水源地功能，促进滨水旅游产业的发展，彰显武汉市的滨江滨湖特色。

2017 年，东湖水质迎来拐点，主湖水质进入“Ⅲ类时代”，位于其上的绿道在这个湖泊水质转好的历史性阶段分两期建成。

一期绿道 28.7 km，包含环郭郑湖绿道、磨山核心景区绿道和环团湖落雁景区绿道三大部分，于 2016 年 12 月 28 日建成开放，由湖中道、湖山道、磨山道、郊野道 4 条主题绿道组成，串联起景点 67 个。

二期全长 73.28 km，包括环郭郑湖绿道、环汤菱湖绿道、环后湖绿道三大部分，分为湖城道、湖泽道、湖町道、湖林道、森林道五大主题，串联起磨山景区、听涛景区、落雁景区、武汉植物园、马鞍山森林公园等生态旅游景区资源。

中建三局全程高标准参与东湖绿道建设，负责一期工程中的湖中道（hzdK0+000—hzdK2+410）和湖山道 1 线，共计 7.4 km，负责二期工程中的湖城道和湖林道两条主题绿道，共计 23.1 km。

3.4.2.2 精益建造

中建三局在项目建设过程中非常注重对东湖现有生态环境的保护，东湖绿道的每棵树都是一段历史，都有一段故事，中建三局建设者在东湖绿道施工过程中对树木保护做到极致。通过优化方案设计，合理布线，施工全线完全避免了对现有树的直径为 8 cm 以上树木的移栽。为了保护道路两侧现有树木，通过调整设计方案将磨山道原设计 6 m 宽的绿道建设改为 4 m 宽。施工过程中的现有树木全部捆绑 1.5～1.8 m 高的麻绳，加缠绿布，最大限度减少施工中对树木可能造成的损害。施工中加强施工管理，过程监督，成立植被保护专班，不间断巡查，严格奖惩制度，一经发现对树木造成影响的施工行为，严惩不贷，予以重罚。通过种种措施，绿道的原木得到完好的保护。其中湖城道沿线 2 km 内有上百棵树龄在 40 年以上的法桐，建设过程中，中建三局项目部定期邀请农林专家实地指导，建立了统一的古树名木档案资料，并换挂永久性标牌对其保护。

施工期间，东湖水位上涨，明显高于往年平均水位，由于绿道二期整个施工过程均在东湖水域施工，施工人员在做好围堰施工的同时，调配 25 台抽水泵进行 24 h 不间断抽水工作，保证施工质量和进度。

湖林道植物园施工过程中，为避免对原来生态环境造成破坏，及时挖除淤泥并清理干净，严格做到不将建筑垃圾带入东湖。

东湖绿道的小料石铺装可以说是“技术”与“技艺”的完美结合。为将东湖绿道人行道上的小料石铺得整齐美观，中建三局技术员先采用电脑模拟排版，在计算机程序（CAD）里将每块小料石的位置固定，反复调试，深化设计，再根据电脑图纸实施精细化施工，以确保人行道上的每条沟缝都整齐划一，极致完美。而遇到人行道的弯道、坡道、弯坡组合道，即便是计算机程序，也很难将弧形道上的规格 10 cm×10 cm 方方正正的小料石排版得圆顺而妥帖。中建三局技术人员通过百余次的试验找到了外弧 11～12 mm，内弧 6～7 mm 的参考标准，用精准的细线比量铺出了天衣无缝的弧形段。

为保证人行道的美观性，中建三局应用专利技术——“隐形井盖”使绿道的井盖“隐身”，井盖内框与外框间隙控制在 3～5 mm，短边比长边缩小 4 cm，使井盖在检修过程中，缝隙不易堵塞，便于开启。此外，隐形井盖除格栅外其余部分材质由镀锌钢板调整为不锈钢钢板，不锈钢钢板不易锈蚀，耐久性好，外观良好，且刚度较大，不易变形，能较好地保护铺装层，减少维护费用（图 3-18）。

沥青混凝土路面就好比人的脸面，为从源头确保沥青摊铺质量，中建三局组织参建各方对多个沥青生产厂家进行实地考察，根据综合评价结果选取了符合要求的沥青工程分包方；为做好沥青摊铺质量过程控制，邀请专家进行培训并于现场进行指导，管理人员严格进行温度、厚度等检测工作，以精益求精的态度总结施工经验及质量控制要点。

图 3-18 隐形井盖

3.4.2.3 产城共荣

中建三局项目部自建设之日起，就坚持“山水林田湖草沙”系统治理和“人与自然和谐共生”的环保理念，既让千万市民尽享大东湖之美，也让大家真切感受到“绿水青山就是金山银山”。

作为国内首条中心城区 5A 级景区绿道，东湖绿道构建了人性化游径系统，同时注重生态环境构建及科技成果支持，有效串联起东湖丰富的人文和自然资源，扩充了城市共享生活空间，被联合国人居署列为“改善中国城市公共空间示范项目”。

东湖绿道投入使用以来，相继承办了第七届世界军人运动会等大型国际赛事及重大外事活动数十次，成为武汉的一张闪亮名片，并为全球城市湖泊综合治理提供了新思路、新方法。

3.4.2.4 技术引领

东湖绿道采用“海绵城市”理念，用“渗、滞、蓄、净、用、排”等多种生态措施有针对性地净化东湖水体，起到削减径流量和污染物、降低洪峰流量、补充地下水、保护水体作用，使绿道沿线生态环境将持续渐进好转。

3.4.3 工作成果

东湖绿道从前期踏勘、方案设计到具体建设，始终避免大拆大建，最大限度地保护了东湖之美。通过采用透水人行道、下沉式绿地分隔带、两侧生态缓坡等举措，让雨水经过滤净化后入湖，既减少了污染入湖，又增强了东湖调蓄功能。如今，百余公里的东湖绿道，仿佛一条“超级项链”，江湖山脉、高校都市、现代郊野的世界级城市环湖绿链徐徐展开，形成城湖相融、山水相依的百余公里绿色画廊（图 3-19）。

图 3-19　东湖绿道

3.5 汕头潮南纺织印染环保综合处理中心项目

3.5.1 项目概况

汕头潮南纺织印染环保综合处理中心项目（以下简称潮南印染中心项目）位于汕头市潮南区的东部，距离汕头市区约 40 km，北邻井都镇，西临成田镇，东侧为南海沿岸，南邻陇田镇，用地约 3 650 亩，总用地规模为 2.43 km^2。

纺织服装产业是潮南区的支柱产业之一，占潮南地区生产总值的 60%以上。项目未建设投产前，潮南区漂染、洗水、纱线等纺织漂染企业分布在练江流域两岸，因企业过于分散，无法形成规模，加之自身技术水平低下、管理水平有限，污染防治措施不到位，对周边环境，特别是水域生态环境造成严重影响。项目实施前练江全流域水污染严重，干流和绝大多数直流水质劣于V类，劣V类检测断面占比达96%以上，主要污染因子为化学需氧量、氨氮和总磷，耗氧有机物和氮磷营养物污染十分突出，水体发黑发臭，是全省污染最严重的河流，水污染防治形势十分严峻。

根据《练江流域水环境综合整治方案（2014—2020年）》实施要求，汕头市潮南区启动汕头市潮南区印染行业转型升级规划，工作由汕头市潮南区经济和信息化局牵头实施，潮南印染中心由中信环境技术有限公司的控股子公司中信环境（汕头）印染环保综合开发有限公司负责项目配套设施投资、建设及运营管理。

潮南印染中心项目是练江流域综合整治中最重要的举措之一，通过将现有132家印染企业引入处理中心，实现印染产业发展集约化、规范化；通过污水集中处理、中水回用、集中供热、固体废物协同处置、余热利用等配套设施的规划建设，实现印染行业污染物集中控制和统一处理。项目总投资约43亿元，于2016年开始设计建设，分期投产，现已全部建成投运。

2020年1月，潮南印染中心项目被国家发展改革委、生态环境部评为全国环境污染第三方治理试点园区；2021年1月，被广东省工信厅评为“广东省循环化改造试点园区”；2021年7月，被中国印染行业协会评为中国纺织印染循环经济产业园示范基地；2021年12月，入选生态环境部“一带一路”减污降碳协同增效典型案例（图3-20）。

图3-20　项目航拍

3.5.2 项目开展思路及目标

潮南印染中心项目建设目标定位是成为中国内衣家居服装品牌企业集聚区、产业转型升级标杆区、绿色发展先行区。

项目开展坚持环保整治和产业转型升级相结合，以科学治理、环保技术创新为园区发展做支撑，以经营模式、管理模式、服务模式创新为内核，以绿色、循环发展方面持续深耕，力争为全国工业园区开展第三方治理树立行业新标杆，为全国探索工业园区管家治理新模式提供可复制、可推广的做法与成功经验。

3.5.3 建设内容

潮南印染中心项目为循环经济产业园项目，由六大部分组成。

3.5.3.1 污水处理厂工程

污水处理厂项目总设计规模为 15.5 万 t/d，分两期进行建设，首期工程建设内容为 4 万 t/d 污水处理厂一座及配套厂外污水管网系统等，二期工程建设规模为 11.5 万 t/d。项目采用中信环境技术有限公司的高性能 MBR 膜处理工艺，污水处理工艺：企业来水→调节池→混凝沉淀→水解酸化池→A^2/O→MBR→臭氧接触氧化→外排/中水回用，确保处理后的污水能长期稳定地达标排放（图 3-21、图 3-22）。

图 3-21　污水处理厂一期工程实景

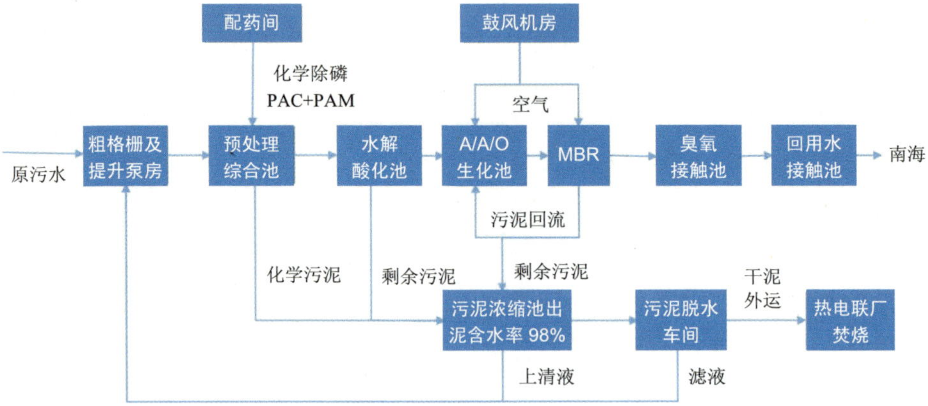

图 3-22　污水处理厂工艺流程

3.5.3.2　中水回用工程

项目配套建设 8 万 t/d 的中水回用处理设施，采用中信美能膜的 UF/RO 双膜法工艺，其中回用于上游印染企业的中水为“超滤+一级 RO 系统”产水，回用于热电厂的锅炉用水为“超滤+一级 RO+二级 RO+EDI 系统”产水，达标外排至南海 7.5 万 t/d（图 3-23、图 3-24）。

图 3-23　潮南印染中心化水一车间实景

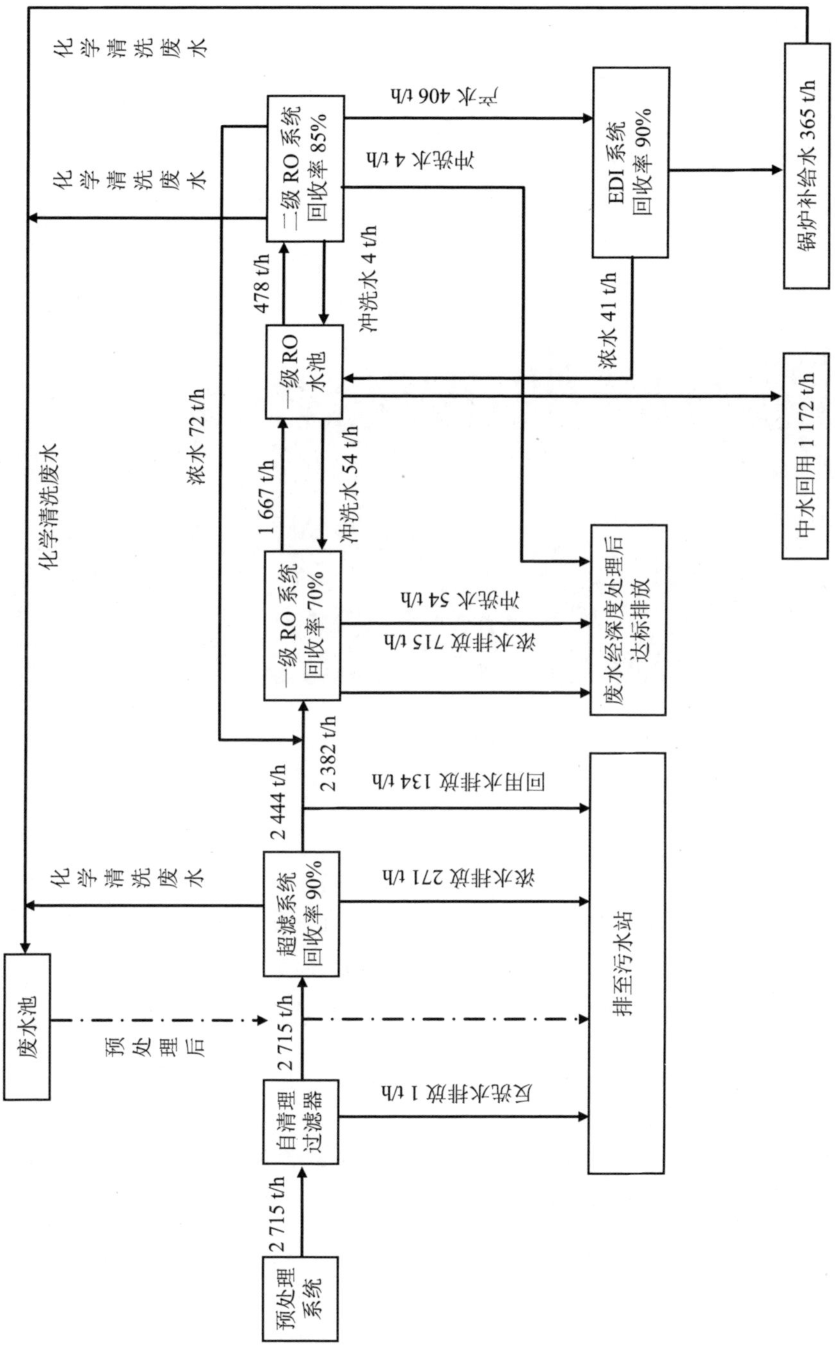

图 3-24　潮南印染中心化水工艺流程

3.5.3.3 净水厂工程

园区配套建设 6 万 t/d 的净水处理设施，水源为五沟水库，与市政供水管网一并为印染园区提供生产生活用水（图 3-25）。

图 3-25 净水厂实景

3.5.3.4 热电联产项目工程

热电联产项目主要建设 970 t/h 高温高压循环流化床锅炉和 10 万 kW 背压式汽轮发电机组，实现以热定电、热电联供的高效能源解决方案。在降低整个区域生产供热能耗的同时，提高园区企业供热的可靠性和稳定性（图 3-26）。

3.5.3.5 园区配套商住配套服务设施建设项目

园区配套商住配套服务设施主要包括商业服务配套设施、宿舍配套设施、文化娱乐设施等，为园区提供后勤保障（图 3-27）。

图 3-26 热电厂航拍实景

图 3-27 园区配套商住服务项目效果

3.5.3.6 通用厂房项目

园区配套建设标准厂房 10 座，为 76 家无自建能力的中小印染企业提供配套厂房（图 3-28～图 3-30）。

图 3-28 通用厂房设计效果

图 3-29 通用厂房外部照片

图 3-30 通用厂房内部照片

3.5.4 项目开展历程

在项目筹备阶段，中信环境技术进行了大量经验总结及技术调研工作，并通过对已有项目的经验总结为潮南印染中心项目顶层设计规划提供指导。同时，中信环境技术对拟入园的主要印染企业的生产工艺、原辅材料进行了详细调研，并对典型企业排水进行大量取样检测及工艺研究实验，为污水处理及中水回用工程设计提供数据支持。

在项目实施阶段，潮南印染中心从投资、设计、施工到运营环节均实行统一管理，减少了政府部门的协调工作量，降低了项目由于界面不清晰而导致的沟通成本，加快了园区的建设速度。在项目设计过程中，潮南印染中心配合对接园区企业生产需求，按照印染企业的使用要求进行设计及建设施工，缩短项目整体建设及投资回报周期；在项目施工过程中，潮南印染中心对项目统筹安排、科学规划，将项目按功能划分为若干子项目，全力抢工期、赶进度，优先完成园区通用厂房交付企业、配套污水处理厂、供水厂、热电厂、供排水管网等关键节点工程，加快推进潮南印染中心建设及投运。

项目运营阶段，潮南纺织印染中心由中信环境技术有限公司的控股子公司中信环境（汕头）印染环保综合开发有限公司负责园区配套设施运营管理，从企业入园生产到生产保障全覆盖，为园区企业提供管家式服务，提升了项目管理及服务效率。

在印染企业入园前，项目公司已与企业进行对接，严格对入园企业资格审核，并对接 76 家印染企业对标准厂房使用要求，按照印染企业的使用要求对标准厂房进行设计及建设施工，实现印染企业拎包入住，缩短整个项目的投资回报周期。

在印染企业入园后，项目公司从企业生产到提供污水处理、供水、中水回用及供汽、物业、商业配套等一系列专业服务，实现了印染企业生产配套全过程第三方专业管理，降低了成本，促进了企业转型升级。

3.5.5 工作成果

自潮南印染中心建成投产以来，通过实施纺织印染、供水、污水处理、中水回用、热电联产、固体废物处理与资源化“六位一体”循环经济产业经营模式，对进园印染企业采用集中治污、集中供热、中水回用等统一管理措施，实现了对污水、废气污染物排放量的有效控制以达到减污降碳协同增效效果，同时采用节能降耗技术，折合减少碳排放量共计 65.95 万～68.55 万 t/a（图 3-31）。

3.5.5.1 实施效果

潮南印染中心项目是按照千亿产业园区规划，园区已入驻企业 125 家，2022 年，日均污水处理量约 11 万 t，热电联厂项目日供应蒸汽约 8 700 t，日上网电能约 80 万 kW·h。项目自建成投运以来，经济产值及节能减排效果显著。

3.5.5.1.1 项目经济效益

结合 2020 年、2021 年两年园区的经济收入及发展趋势对园区 2022 年产值进行预测，2022 年园区预计总产值可达 200 多亿元，其中潮南印染中心项目在污水处理、供水（自来水、原水、中水）等方面的收入预计 4 亿元，园区热电厂在售电收入、供热收入、压缩空气收入等方面收入预计 10 亿元，园区纺织印染企业加工产品收入预计 200 亿元左右，整个项目经济产值较为可观，本项目同时还产生其他经济产值效益，如税收、人员就业效益、附带产业效益，可促进当地财政收入，加快地方经济发展。

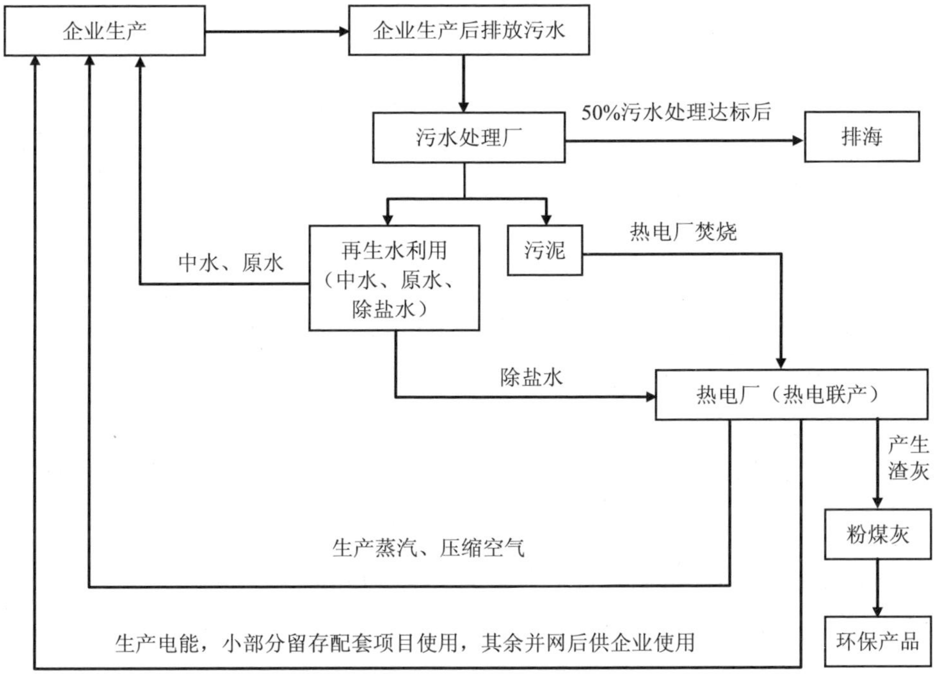

图 3-31 潮南印染中心项目循环经济模式

3.5.5.1.2 项目节能减排效果

潮南印染中心项目建设投产前，企业生产无序，排污模式分散，企业排污水量约 17.5 万 t/d，在潮南地区印染产业转型升级政策引导下，入园印染企业采用先进印染设备及生产工艺，企业排污量减少至 15.5 万 t/d，即企业生产用水量减少 2 万 t/d，折合节约用水 600 万 t/a（按 300 d 计）。污水经污水处理厂处理再通过中水回用系统后，污水处理厂外排污水削减为 7.5 万 t/d，减排量达 8 万 t/d，合计 2 400 万 t/a（按 300 d 计），污水减排率达 51.61%。

潮南印染中心热电联产项目建成后，向印染企业统一提供（中压、低压）蒸汽、压缩空气及工业用电。热电联产项目采用先进的循环流化床锅炉，其清洁燃烧方式使烟气中原始生成的 NO_x 含量很低，同时废气处理采用氨法脱硫、SNCR+SCR 脱硝、布袋除尘器和深度除尘等治理措施，使烟囱排放的烟尘、NO_x 和 SO_2 排放总量大大低于国家现行的标准和排量限值要求，削减了废气及污染物排放量。热电联产项目结合自身工艺水平，协同处置污水处理厂项目处理印染废水产生的污泥，增加了约 250 t/d 的污泥协同处置量，使固体废物实现园区闭园管理，焚烧产生的灰渣则作为建材生产原料，实现资源化。投产至今，项目年累计协同处置污泥约 75 000 t，日发电量约 86.66 万 kW·h，折合减碳量为 783.406 4 t/d（产生 1 kW·h 电折合排放 CO_2 0.904 kg）（表 3-1）。

表 3-1　热电联产项目批复排放量与实际排放总量对比（2020 年度）　单位：t/a

污染种类		污染物名称	批复排放总量	实施排放总量	削减量
废气	燃料废气	二氧化硫	106.06	58.039	48.021
		氮氧化物	151.51	76.945	74.565
		烟尘	30.30	13.197	17.103

印染企业入园后，印染设备及印染工艺统一升级，提升节能降耗水平，从入园前的自主供热到入园后的集中供热，提升节能减碳水平。园区企业整体环评合计约 400 台定型机，单台定型机汽耗从入园前的 1.3 t/h 降低至 0.9 t/h，入园企业定型机整体运行状态节约蒸汽 3 840 t/d、1 152 000 t/a（按 300 d 计），按生产每吨蒸汽消耗 0.103 t 煤，每吨煤燃烧产生 2.7 t CO_2，预计每年（按 300 d 计）减少排放约 32.04 万 t CO_2（节约蒸汽 1 152 000 t/a×每吨蒸汽耗煤量 0.103 t×1 t 煤燃烧产生 CO_2 2.7 t）；单台定型机电耗从入园前的 100～110 kW 降低至 60～70 kW，入园企业定型机整体运行状态每小时节约用电 16 000～20 000 kW·h，折合每日节约用电量 384 000 ～ 480 000 kW·h，每年节约用电量 115 200 000 ～ 144 000 000 kW·h（按 300 d 计）。按节约 1 kW·h 电减碳 0.904 kg CO_2，预计每年（按 300 d 计）减少排放约 10.41 万～13.02 万 t CO_2（每年节约用电量 115 200 000～144 000 000 kW·h×节约每度电减碳量 0.904 kg）。

3.5.5.2　环境效益

印染企业入园集中生产，有效杜绝了企业偷排到自然水体的情况发生，印染企业污水 100%收治及达标处理，企业污水排放量从原来 17.5 万 t/d 降低至 15.5 万 t/d，园区通过中水回用进一步将外排污水削减为 7.5 万 t/d，减排量达 8 万 t/d，合计 2 400 万 t/a（按 300 d 计），污水减排率达 51.61%。企业污水全部经污水管网排入污水处理厂进行统一处理，处理后废水水质符合国家、省有关排放标准。

3.5.5.3 社会效益

3.5.5.3.1 促进产业转型升级，拉动区域就业

潮南印染中心项目实施后，促进当地印染产业转型升级，发展循环经济，加强生态保护，使企业更具备市场竞争力，同时带动上、下游产业的发展，解决了高污染、高耗能等制约印染产业可持续发展的关键问题。项目总就业人口约 37 000 人，创造大量就业岗位解决当地农民的工作问题，加快潮南地区城市化进程。

3.5.5.3.2 改善城市环境，助力城市经济建设

项目实施极大地改善了城市环境，印染企业集中入园后，练江两岸的受污染的情况得以彻底改变，潮南印染中心项目的建设定位清晰、配套齐全、位置优越、环境优美，改善汕头市潮南区的投资硬环境，提高汕头市潮南区土地附加价值，美化城市环境，改善居民生活环境，促进地区经济的建设。潮南印染中心项目结合高铁新城的建设投运，必将更好助力城市经济建设。

3.5.5.3.3 提供印染产业循环发展新方案

潮南印染中心已成为印染行业产业园的标杆，通过构建集纺织印染、污水处理、再生水利用、集中供热、余热发电、固体废物资源利用于一体的循环经济产业链，为该区域纺织印染产业在新环保形势下铺就了一条出路，为全国类似印染工业园区建设及升级改造提供了发展标本。潮南印染环保中心也将为全国工业园区开展第三方治理树立行业新标杆，现已入选国家深入推进环境污染第三方治理示范园区、广东省十大民生工程、广东省循环化改造试点园区，得到了国家政策及国家资金补助大力支持，其间吸引全国各地众多领导及同行前往参观指导，项目对“循环经济产业园区”的推进具有很大的示范与指导意义，为全国探索绿色环境管理治理新模式提供可复制、可推广的做法与成功经验。

3.6 华中某四线城市 Z 湖新城智慧健康示范区策划

3.6.1 项目概况

项目位于中国中部某四线城市 X 市，临近一中部大型城市，是该中部大型城市圈空间拓展轴上的重要节点，该项目区域与该市形成产业发展互动，以及人才和资源的共享上有明显优势。区域对外交通发达，有 3 条高速公路、3 条铁路，增强了 Z 湖新城区域通达性及可辐射范围，辐射区域大且覆盖人口大；内部交通目前已基本形成“三纵四横”的城市道路体系，但内部公共交通相对匮乏，限制了区域人口及产业的导入。区域具备历史人文资源，但整体 IP 影响力及挖掘发展潜力有限，较难成为区域发展核心驱动力。根据上位规划，Z 湖新城定位全省区域性健康产业发展和高科技研发产业转化的重要承接地，打造全国健康养生养老示范区，规划面积约为 53 km^2。

3.6.2 片区生态及产业调查分析

3.6.2.1 生态调查分析

该项目区域气候适宜、生态环境良好，具备人体最适宜的“四度环境”，同时紧邻 Z 湖拥有丰富的自然湿地资源，为发展康养产业提供了良好的基底条件。

3.6.2.2 产业调查分析

X 市物产资源丰富，Z 湖淡水资源及农副产品丰富，并已在国内形成了一定的品牌效应。Z 湖新城片区可承载产业的用地总量为 6 200.2 亩，其中商业用地为 965.8 亩、商住混合用地为 3 900.22 亩、体育用地为 203.78 亩、高等教育用地为 1 040.4 亩。经过 10 年的开发，引进重点项目重点企业，Z 湖新城已具备一定产业发展基础，目前主要以地产项目和文旅项目为主。其中地产重点项目多以健康养老为特色，融入健康服务元素，但多处于规划阶段，实际入住率较低，而区域文旅产业发展存在年龄覆盖度单一、IP 影响力不足、时段性及季节性明显等问题，尚未形成完善的旅游线路及相关配套服务体系。区域常住人口仍主要为原住居民，人口结构老龄化，在产业基础薄弱和城市配套欠缺双重因素影响下，区域对X市主城区人口及市外高素质人才吸引较困难，人口的导入有限，随着区域三甲医院、医学院及康养职业学校等重点项目的落地，为区域提供优质医疗资源及人才，将利于区域发展大健康相关产业。

对X市的竞品城市进行分析，发现X市周边2个四线城市均已作为临近中部大城市大健康产业全产业链的部分环节，但在大健康领域产业布局策略方面存在差异，分别主要发展中医药产业和生物医药及医疗器械研发制造。因此考虑竞争区域及内部协同发展，建议Z湖新城以错位竞争为策略，重点发展健康应用服务，同时凭借Z湖地理环境优势，承接中部大型城市的大健康产业转移和外溢。总体上，Z湖新城在区位交通及自然环境条件具备先天发展条件，且区域健康产业目前已进入发展落地阶段，健康产业发展初见成效，但仍存在产业名片模糊、带动力有限的问题，加上城市基础配套尚不完善，限制了优质人口的导入，迟滞了Z湖新城的发展步伐。

对研发类企业进行访谈，发现企业选址核心诉求包括优质的物业载体需求、先进的共享研发配套、便捷的企业政府服务、内外部便利的交通、税收、土地等优惠政策扶持、产业发展引导机制政策、人才引入奖励政策、完善的生活配套设施等。而根据Z湖现状发展条件，健康研发类企业选址诉求匹配度较低，市场行为招商难度较大。因此，具备意向的研发类企业主要由企业自身资源带动引进，健康研发环节前期发展需要以企业自身资源为抓手，吸引企业入驻，充分发挥企业资源整合能力，引入健康研发类龙头企业，完成产业链布局，吸引关联企业集聚；后期通过品牌效应集聚研发企业，随着城市成熟度提升及大健康产业品牌效应树立，围绕健康服务环节，以高端应用场景聚集创新研发企业，实现规模性扩张。通过现代健康服务细分环节发展趋势分析，该项目重点分析的健康产业发展方向如表3-2所示。

表 3-2 健康产业发展方向

现代健康服务环节	细分领域	现代健康服务环节	细分领域
分级诊疗	三级医院	医学美容	医学美容
	二级医院/专科医院	母婴照护	母婴照护
	社区诊所/社区医院	抗衰老医学	生物技术抗衰老技术
精准医疗	精准诊断		功能医学抗衰老技术
	精准治疗		激素药物抗衰老技术
养老服务	社区养老		整形美容抗衰老技术
	机构养老		中医抗衰老技术
	度假养老		心理抗衰老技术
康复疗养	慢性病康复		运动医学抗衰老技术
	亚健康养生康疗		饮食营养抗衰老技术
	儿童康复	健康管理	健康体检主导型
	运动康复		健康体检+度假养生型
	术后康复		私人医生型
中医药健康服务	中医医疗	—	—
	中医养生		
	中医康复		

3.6.2.2.1 分级诊疗/医疗服务

从企业选址特征及发展条件来看，Z 湖区域发展现状不支持发展大型综合性医院。可通过知名医疗资源及机构的引入，逐步构建三级分级诊疗医疗服务体系。首先重点构建完善的社区医院，作为社区居民医疗首诊的窗口，提供全科医生、家庭医生、远程医疗等服务，实现与二级、三级医院的双向转诊制度；其次选择性发展一般综合/专科医院，结合当地特色（如皮肤、针灸、中医）医疗资源或机构发展专科医院与国际/国内知名专科医疗机构合作，引进特色医疗资源，打造品牌优势；最后依托企业或政府资源整合能力，直接新建或引入三级医院，与国内外知名三级医院合作采取医疗合作、委托管理、股权合作的模式，引进医疗资源。

3.6.2.2.2 精准医疗

精准医疗企业选择国内一线、二线城市，重点关注城市辐射能级及高素质科研及医疗人才资源获取难易程度。国内精准医疗技术能力有限，限制产业发展，行业壁垒高，发展难度大。由于该项目处于四线城市，竞争力有限，难以吸引外区域高素质医疗人才，且本区域对高素质人才吸引能力有限，尚无高档次医学院可培养企业所需人才，尚无针对性优惠政策出台。故受制于行业发展壁垒及进入难度，且区域在城市辐射能级及人才资源竞争力有限，该项目不适合发展精准医疗。

3.6.2.2.3 养老服务

养老项目主要在高龄化的经济发达城市、大城市周边的优美小镇、宜居性经济发达的移民城市和生态人文资源强势的全国目的地城市发展。Z 湖已引入多家大型养老项目，龙头企业带动效应显著，未来将主要对不同类型养老方式，覆盖各类型的老人，重点发展度假型养老，同时完善居家养老及社区养老服务，最终形成有梯度的养老产品体系，度假型养老主要表现为季节性度假需求，主要人群为低龄健康老人，以避暑度假物业为主，如海南、云南为全国性的目的地，核心城市周边 1 h 半径内的度假区，如北京昌平太申祥和山庄、延庆龙庆峡大仁温泉庄园。Z 湖新城针对老人具备的时代特征和需求喜好打造活力康养生活体系，包含文化教育、健康运动、活力社区、合家欢乐，树立特色养老服务品牌。

3.6.2.2.4 康复疗养

依托 Z 湖自身区位、自然及人才培养资源，重点发展以慢性病、亚健康及术后康复为主的康复疗养产业，重点引进品牌效应强的康复疗养企业或机构，加强医企合作，建立转诊合作机制，同时以更优的政策支持吸附相关企业落位。针对核心客群“慢性病康复”，将中医引入老年康复；针对重要客群“亚健康养生康疗”，引进日本及欧美先进康疗技术，并结合中医、临床西医等；针对辅助客群“术后康复疗养”，打造高能级康复疗养中心，实施系统化康复疗养体系。

3.6.2.2.5 中医药健康服务

Z 湖自身无中医药特色资源，但通过联动 X 市中医药资源，形成产业发展互动，通过融入中医元素，促进自身大健康产业发展。以中医元素为特色，与养老、康复疗养、互联网及健康旅游产业融合发展，打造全周期、多业态融合性的现代中医药健康服务，如中医药特色旅游度假、文化街、主题酒店等。

3.6.2.2.6 抗衰老医学

抗衰老医学匹配 Z 湖自身资源要素，可重点发展饮食、心理、运动和中医抗衰老四大领域，但Z湖新城相对产业基础薄弱、人才匮乏。一要引入领域相关知名机构，强化营销，树立品牌，有选择地引入饮食、心理、运动和中医抗衰老四大领域机构，通过机构客群带动项目知名度；二要引入/培育抗衰老领域人才，包括医疗人员、服务人员、技术人才等，短期内通过工资补贴、住房补贴等方式吸引X市本地及周边人员，中长期利用培训学校等教育资源培育人才；三要深挖生态资源，完善配套设施建设，引入各类城市生活服务配套，可根据大型机构选址需求，依托生态资源定制抗衰主题化度假项目。

3.6.2.2.7 健康管理

该项目交通条件优越，可快速通达，且生态环境优良，具备丰富的自然资源，中医药材及传统中医疗养资源丰富，健康管理与本案区位、资源等进行匹配。“健康体检+度假养生型”目标客群为养老人群和养生度假人群，发展核心关注系统科学的健康管理体系、独特极具竞争力的健康养生技术和相关适合养老人群、养生度假人群的生活配套，建议该项目以“健康体检+度假养生型”为主要发展方向。

3.6.2.2.8 小结

综上所述，该项目以健康产业研发环节及三大健康服务环节为核心，以龙头产业资源导入为驱动，延伸大健康产业链条，形成“1+3+N”复合型产业体系。“1”是指健康产业研发、“3”是指核心健康服务，包括度假养老、康复疗养和智慧健康；“N”是指辅助健康服务，包括医疗服务、自然抗衰、中医药健康服务、健康管理等。

3.6.3 片区绿色发展策划方案

3.6.3.1 项目空间布局

目前区域以文旅产业为主，规划的健康产业还未入市。在产业布局方面，交通可达性是重要影响因素之一，旅游产业对城市交通可达性依赖较高。康旅产业则对生态依赖性极高。因此综合考虑城市交通路网密度和片区生态，发现片区生态等级由西北向东南逐级递减，片区可利用的产业空间集中在中部和南部，共计34块可建设用地。

总体结构为“一核一心两带三城三区”，“一核”是指健康服务核，打造以康复疗养、健康管理为核心的健康服务核；“一心”是指健康产业研发中心，科研+技术创新中心；“两带”是指生态环湖游憩带，依托 Z 湖打造沿湖游憩带和健康+文旅创新融合带，依托轨道交通打造的健康+产业；“三城”是指国际健康养老城、健康生态城、健康养生谷；“三区”是指乐养康养融合区：旅游+康养示范区，乐享康养融合区：旅游+度假升级区，乐拓旅游+产业区：旅游+教育示范区。

3.6.3.2 产业项目

3.6.3.2.1 健康研发科技中心

围绕健康产业，包括医疗器械研发、癌症筛查、转诊中心等上、下游关键环节，打造健康研发科技中心，在保证产品品质的同时，基于研发类企业办公诉求，以及产品的差异化竞争层面，可重点打造低密生态办公产品，吸引企业入驻。针对需求体量较小且要求相对独立的研发企业设计独栋产品，针对需求体量相对较大的研发企业设计多层产品。

3.6.3.2.2 共享创新中心

针对大健康双创企业及产品研发过程中的实验需求，打造智能化的共享创新中心，助力企业成长。建议共享创新中心体量为 5 000～7 000 m^2，包括众创空间创新创业基地、创客世界、恒温泳池、食堂、多功能厅、培训师、办公室等。

3.6.3.2.3 智慧企服中心

建议智慧企服中心设置共享会议室、智慧企服中心和展览馆，面积控制为 1 300～2 000 m^2。租赁面积较大的中大型企业，一般均会设置内部会议空间，满足日常会议需求，共享会议室一般针对租赁面积较小的企业，企业展示空间一般设置在大厅公共空间或专门的企业展示区，建议设置 600～1 000 m^2 的总计会议面积，500～600 m^2 的行政服务中心，200～300 m^2 的企业展览馆。

3.6.3.2.4 国医馆

项目以医为主，禅修文化及太极养生元素为辅助，提供中医诊疗、禅修静养等养生服务。融合中医医疗及禅修养生功能，建议体量为 3 000～4 000 m^3。

3.6.4 项目成效

该项目从政策、机制、要素进行全方位保障，实现升级、引领与协同。

首先用前瞻性、个性化的政策为区域引领的产业和企业保驾护航，促进引爆，例如先行先试产业设点设立，财政补贴、税收减免等政策倾斜，保障大健康产业用地等政策。

其次是机制保障，助力协同，合力机制有助于实现产业资源的协同，政府可以搭平台完善政产学研协同机制，健全专业服务机制，夯实专业化、个性化和一站式的服务配套。要完善政产学研协同机制，产业协会、校企联合、财务扶持三管齐下。政府指导成立地区健康产业协会，由健康企业负责人，科研学者和专业服务机构高管等参与协会运营，鼓励协会参与到产业相关的政府事务中，为政府政策制定、招商引资等提供建议。政府引导建设校企合作平台，企业与高校进行行业交流，邀请高校教授定期授课，为高校人才提供实习、就业机会，通过校企联合，将高校科研成果通过企业市场化。政府设立专项基金，对研发成果产业化给予鼓励。

最后是要素保障，匹配升级，用专业性、系统化的保障措施集聚高质的人才和数据要素，如一站式服务聚拢人才，与其他区域进行数据共享等。强化产业核心要素，从人才、资金、数据 3 方面构建良好产业环境。优先吸引领先创投机构，进而吸引中小型创投机构跟投，以点带面地撬动中小机构投资，完善保障机制，提高投资积极性，对创投企业的大规模投资给予风险补偿，对科创企业周期长、不确定性大的研发项目给予科技创新保险。项目为单位导入人才，争取政策倾斜，招聘项目组或团队整体迁入，完善人才宜居软硬环境，帮助人才落户、争取政策、提供子女/家眷服务，完善校企对接平台，人力资源信息发布平台，打通校企人才流实习/就业。由政府层面出头，与周边区域联动发展，共享数据资源。

在社会效益方面，通过开发商自身资源的导入，未来将引入国际知名康养、文旅资源，将有利于带动区域产业发展，打造国际性康旅目的地。通过相关产业的导入，助推 X 市打造全国健康养生养老示范区；通过医、养、游 3 个方面产业的融合发展、协作发展，实现区域产业多元化，形成大健康产业生态圈；知名企业及强势 IP 的植入将快速引爆区域，最终打造全新健康+目的地。

在经济效益方面，通过项目开发运营，引入大健康企业，推动地区产业结构完善升级，获得多项持续稳定税收、增加区域就业岗位，实现社会可持续发展。预计产业总产值将提升，保证税收稳定增长，引入重点发展项目，增加投资金额，规划产业引入及现有产业提升带动就业岗位增加。

3.7 华中某大型城市科技产业园区产业策划

3.7.1 项目概况

该科技产业园位于华中某大型城市高新产业新区发展黄金轴线最核心地段，建筑面积为 115 万 m^2，是某大型建筑央企打造的产城融合示范园区。距离周边两座高铁站、火车站 30 min 内可达，距离机场 50 min 车程，公交和地铁发达，通达全城。

3.7.2 片区生态及产业调查分析

3.7.2.1 生态调查分析

该项目所在地处于华中大型城市，常年雨量丰富，热量丰富，四季分明。本科技产业园附近分布的国家森林公园，且湖泊水系丰富，生态环境良好。

3.7.2.2 产业调查分析

该项目所在位置是城市政策高地，具有千亿元产业，属于人才密集区，是国家自主创新示范区、中国自由贸易试验区、国家科技金融改革试点区、中国三大智力密集区。

所在高新区下辖八大产业园区，集聚了 30 余所高等院校、百万在校大学生、60 余个国家及省部级科研院所、上市公司 30 余家、新三板企业 100 余家，占全省 1/3，已培育独角兽企业多家，瞪羚企业 300 余家，世界 500 强企业入驻超过 80 家。

3.7.3 片区绿色发展策划方案

该项目的开发商是世界 500 强大型建筑央企，是具有多功能、集团化经营的国有大型建筑安装骨干企业，企业综合实力强，其央企效应可“构建中国建筑产业龙头企业集聚发展高地、中国建筑‘一带一路’出海发展战略支点”，故该项目中可作为最大 IP 植入，以该央企优势产业资源为着力点，拓展产业发展方向研究。所在高新区目前产业发展以高新技术产业为主导，设计研发为发展短板。科技产业园可补齐这一发展短板，增强文创设计产业发展，如发展高科技产业相关设计产业。

高新区强势的电子信息产业、装备制造产业为建筑前沿产业发展提供良好产业基础，加上资本方带来的完备的建筑产业链，使建筑产业与高科技产业发展相结合，可向智能建筑、绿色建筑等前沿建筑产业领域拓展发展，形成建筑产业生态链，打造智慧城市。

该项目同时位于自由贸易试验区范围内。自由贸易试验区内实行“负面清单”管理方式，极大地增加了各类产业的开放程度，其中服务业及制造业为重点开放产业领域。在中国自由贸易区中，上海、天津、广东、福建自由贸易试验区成立时间较长，产业发展依托原有产业基础，以及结合自由贸易试验区产业开发政策，以服务业为主导，高端装备制造业发展迅速。故借鉴其他自由贸易试验区的发展经验，该项目可重点发展金融服务业。

根据上述条件，科技产业园可重点发展三大核心产业板块：智慧城市、文创设计和建筑产业；一大配套产业领域：科技服务产业，其中以金融服务业为重点。综上所述，科技产业园可形成“3+1”产业板块：以智慧城市、文创设计和建筑产业为三大核心产业板块，以金融服务业为配套产业。

3.7.3.1 项目空间布局

商业写字楼分为“核心产业区+产业支撑配套区+增值服务功能区”三大功能空间，构建集聚发展、协同共生的产业空间生态体系。在核心产业功能区中坐落智慧城市产业、文创设计产业、建筑产业；在产业支撑配套区中坐落科技服务产业、配套支持机构（如服务中心、创新中心等）；在增值服务功能区内坐落建筑博物馆、特色商业街区、国际会议中心、高尔夫球场、万豪国际酒店和品质公寓等。其中核心产业功能区的优先产业位于高层，次优先产业位于中层，产业支撑配套区位于低层。

3.7.3.2 产业项目

3.7.3.2.1 建筑产业

在建筑产业链中，建筑施工、建材及构件、房地产开发以及勘察设计为产业规模较大的领域。当前建筑业市场竞争压力进一步增大，工程成本不断上涨，严重挤压了建筑施工企业的利润空间，但其中智能建筑、绿色建筑以及装配式建筑产业产值利润率相对较高。根据多方资料分析总结，绿色建筑、智能建筑以及装配式建筑作为建筑产业前沿发展领域，未来上升发展空间较大。

对建筑产业资源梳理，主要分为建筑及房地产开发、钢结构及混凝土制造、建筑服务、前沿产业领域共 4 个产业领域，下设有建筑施工、房地产开发、钢结构制造、混凝土制造、建筑设计、工程监理、项目管理、绿色建筑、智能建筑、装配式建筑等行业类型。笔者随后对各个行业类型进行评价，得出各个行业的分数，建议发展产业吸引力≥6 且产业可行性≥3 的行业，由此共筛选出九大行业类型，即绿色建筑、智能建筑、装配式建筑、房地产开发、工程勘查设计、建材及构件、建筑设备、工程咨询、工程监理（图 3-32）。

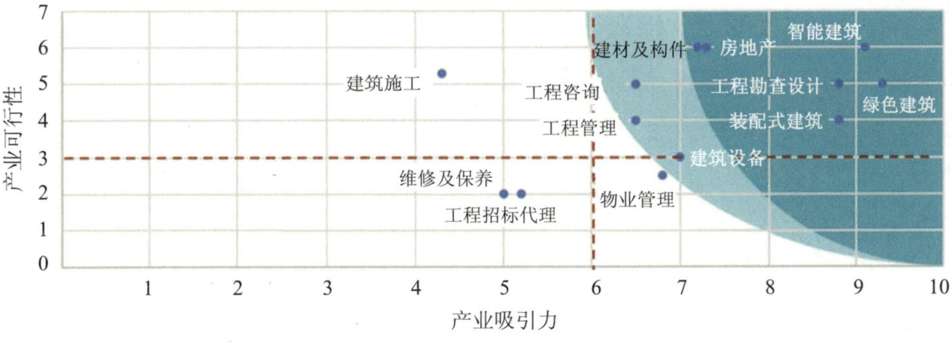

图 3-32 建筑产业细分产业优先级划分

3.7.3.2.2 智慧城市

高新区发展优势领域主要在信息技术产业，集成电路及专用设备、信息通信设备（含光电子信息产业）和数据、操作系统与软件等领域发展较好，为智慧城市的发展提供了较好的基础设施。而智能制造核心信息设备在高新区发展中处于相对弱势的地位，故该项目与高新区现有产业差异发展，借势发展。

智慧城市产业的带动性维度主要有运营服务层、基础设施层和系统集成商，而系统集成商在智慧城市产业链中，集成基础设施层及运营服务层发展，对于上、下游企业具有更好的带动作用。故可以重点发展系统集成商，带动产业上、下游；次要发展基础设施层，借势高新区优势差异化发展；配套发展运营服务商。

3.7.3.2.3 文创设计

文创设计包括建筑与环境设计、产品设计、视觉传达设计和其他设计。我国文化创意产业占 GDP 比重仅有 3%，远低于全球平均 7%，但我国文创产业规模逐年高速上升。故从各国文化创意产业占 GDP 比重和中国文创产业规模可以看出，我国文创产业增长速度迅速，但与发达国家相比仍有提升空间。

该项目所在大型中部城市在工程设计领域综合实力全国领先，在建筑与环境设计行业中的工程设计领域产业资源基础雄厚，利好产业集聚与发展。故依托该项目建筑产业及高新区区域高新技术产业，可带动部分建筑与环境设计、工业设计产业需求，以大型央企的建筑行业可衍生出相关建筑与环境设计需求，高新区区域信息技术产业发展集聚可衍生出部分集成电路等工业设计需求。

从产业发展吸引力、产业发展可行性和项目产业互动 3 个方面来看，文创设计产业中最优先发展的应是建筑与环境设计（如规划设计、建筑设计、工程设计）；其次是产品设计（如工业设计、集成电路设计）；最后是视觉传达设计（如平面设计、展示设计）。产业聚合路径应以建筑为引擎带动，战略聚合文创+科技产业发展。

3.7.4 片区产业招商引资

3.7.4.1 产业招商路径

目标企业从两方面筛选：一方面，是否有落位项目的可能性，即企业现状布局、企业发展战略和上、下游依赖性；另一方面，是否符合项目发展目标及定位，即企业盈利能力、企业发展规模和企业品牌效益。

建筑产业招商应以跨国知名企业及国内行业领先企业为主。建筑与环境设计业考虑部分单位的特殊需求，建议重点招商单位如下：外地设计院、外资设计单位、知名个人设计工作室等。智慧城市产业招商应以系统集成商为核心，聚合发展，根据具体招商情况灵活处置。其中，系统集成的优先级最高，重点招商企业为国际及国内龙头企业；运营服务的优先级次之，如国内龙头运营服务企业中国移动、中国电信等。文创设计产业中，建筑与环境设计优先级最高；产品设计、视觉传达设计等优先级次之。而配套产业，主要包括科技金融和科技服务。

3.7.4.2 产业招商策略

项目招商中传统的“房东”模式，盈利单一，可持续发展性较弱，对城市经济及财政提升性较差，而新型的“企业事业合伙人”是“企业+房东”，可入股企业，深度参与，共同成长，多样化企业盈利渠道，盈利增长潜力更大，发展可持续性较强，产业发展给城市经济发展带来更为强劲的提升力，同时也为财政带来源源不断丰厚的收入。故该项目采取“企业事业合伙人”发展战略，以升级产业园传统模式，引领市场，突破市场，实现项目产业定位。“企业事业合伙人”新型产业园商业模式之下，开发商不仅需要导入产业，更要“运营”产业，使之发展成长。

产业发展需要整合各类资源，可以在互联网智慧平台线上整合各类资源，将“产业+智慧+人才+技术+服务+物业+资本+政府”整合，在实现基本功能基础之上，聚焦线上产业协作功能，深化产业发展功能。也可以在产业发展生态系统中，根据产业发展规律，从基础动力创新层至深层驱动资本驱动层，再到政策、服务、物业外围支撑层，构建“创新发展”“资本驱动”“产业政策”“产业服务”“特色物业”五大产业发展生态圈，从五大生态圈再构建立体生态系统。

“产业+人才”可创新发展生态圈，由“创新引擎+创新载体+创新养分+创新服务”四位一体整合资源构建可持续创新生态。创新引擎即引入创新人才及创新技术资源丰富的高校、专业机构及行业协会，采用人才+技术+市场综合模式，打造产学研平台。

“产业+资本+服务”可使资本驱动生态圈。在初创期，建立天使投资基金，开发商资本入股；在成长期，金融超市打包；在成熟期，产融对接平台，由此从企业初创至成熟构建全生命周期资本链。一般参与方式如直接入股企业、产业基金投资、金融超市衍生运用等。

“产业+政策”从企业的入驻到运营由政府全链政策支持，形成产业政策生态圈，为产业发展护航，如合同签订时有一次性入园奖励，证件办理时有一站式服务中心，简化入驻手续办理流程，有各种社保优惠、就业人口奖励、人才激励机制、员工培训补贴、出入境手续简化等政策促进业务发展。一方面，申请针对建筑、智慧城市、文创设计相关企业的租赁补贴，如直接按租用面积进行补贴，根据财政贡献度按比例补贴；另一方面，增强导入产业和产业发展的扶持力度，按照引入园区企业的级别向相应园区运营企业进行补贴，或入园企业每培育一家优质企业给予园区运营企业相应奖励。

“产业+服务”可建立产业服务生态圈，形成360度全方位立体产业服务体系。例如，引入天使基金、PE、VC，为创新创业企业提供金融资本支持；打造“O2O”线上及线下结合的产业服务信息平台，提供最高效的信息服务；为企业提供设计产品客户对接，产品包装，产权申请等一系列服务，促进设计研发成果转化等。

“产业+物业”可建立名师之作人文合一，使用企业移动办公系统、智能桌面、智能监控和智能多媒体信息发布系统等，形成物业智能化体系，并形成特色产品体系，使产业+商购文娱住全面配套。

3.7.4.3 产业营销推广

营销推广分为线上、线下，线上的渠道营销推广和推介营销推广针对性强，主要针对大客户，活动媒体营销推广针对性较弱，适于全面撒网。线下营销有以商招商、协会招商、委托招商、中介代理招商和政府合作招商等。以商招商可以制定本地企业推荐招商奖励计划，鼓励本地企业推荐引进投资商；利用家乡或者故地亲情，鼓励在外企业家回家乡投资创业。协会招商通过建筑业、智慧城市以及文创设计类产业协会连接与引入相关产业客户资源。委托招商针对目标企业，项目可采取有偿或无偿的办法，联合地方相关政府机构、引入中介机构等进行招商引资操作。在招商活动后，可以收集参加招商活动的所有客商信息，填写统一的客商信息表对活动进行总结和分析，整理经验和成果，综合评价本次活动的效果对潜在关键驻商按一定筛选标准进行综合分析，并优先排序，制定客商入驻可能性分析，并制订客户拜访计划，根据潜在关键驻商名单，确定进一步联系计划，根据招商可能性制定客户拜访频率及预算，设计拜访的目的，期望效果，并且准备相关的文件及宣传资料，最后落实客户拜访，收集客户拜访反馈，更新盈率分析，并计划进一步沟通。

根据媒体的感官属性可以将媒体分为视觉媒体、听觉媒体和视听媒体，其中平面、户外、视觉和网络媒体在园区营销较为普遍。建议该项目采取园区形象广告投放包括在航空公司读物、银行高端会员读物、外包协会、欧洲商会会员期刊等，发布园区新闻和园区企业新闻，参与经济类访谈节目，转载平面及电视媒体新闻，采用冠名、品牌代言等长期的活动推广等方式进行宣传。

3.7.5 项目成效

该产业园构建了全生命周期产业服务体系，建立智慧基础设施、企业服务、党群服务、社区服务、商业服务等智慧运营；物业管理、基础设施管理等基础服务及法律服务、人才服务、金融服务、招投标服务等增值服务；提供产业合作平台、产融投资平台、政企对接平台等产业平台；拥有企业专属孵化器和产业园品牌孵化。

该产业园以互联网+物联网系统基础，线下打造园区总面积超过 1 000 m^2 的公共服务中心，集成园区所有线下办事窗口，实现园区企业贴身服务、高效服务；线上打造一站式智慧服务平台 App，线上集成园区所有服务事项，实现智慧便捷、覆盖全面的产业园运营，快捷高效事务办理，促进龙头引领、产业互助、创新共享、金融支持、发展共赢的产融创新联盟生态系统形成，同时也是园区企业共享的信息沟通和品牌宣传平台，为每家入驻企业提供全生命周期的系统服务。

产业园内建设有高校创新、创业双创基地，百万校友资智战略合作基地，引入本地多所 985/211 高校、科研机构、国际智库和顶级建筑行业机构，成功打造建筑科技产学研战略联盟。园区定制组织政府相关部门和园区企业召开联席会议，进行政策宣讲咨询，提供政企对接平台。定期举办建筑前沿科技学术讲座，打造世界建筑前沿思想和技术的首发地、高端学术名片；邀约全球范围内行业顶级专家和企业家，政府相关部门、专业机构等展开高水平学术论坛和产业峰会。

产业园汇聚千亿元产业集群，依托央企全产业链资源优势，在片区打造世界级建筑科技高地。

3.8 华中新一线城市某新区片区策划

3.8.1 项目概况

该新区距周边经济开发区约 10 min 车程，距离高铁站约 20 min 车程，距离市区约 30 min 车程，交通便利。“十四五”期间，新区将作为联动“一江两岸”城市发展的城北客厅和城市中心重点发展。

根据该新区“十四五”规划，智能制造、创新研发和智慧城市将成为今后国民经济和社会发展的重点产业方向，该新区通过新一代信息技术赋能制造业升级，延伸发展现代服务业。

3.8.2 片区生态及产业调查分析

3.8.2.1 生态调查分析

新区内拥有天然湿地湖，观鸟胜地，生态环境良好，且有一线江景，江湖河岛多重生态要素叠加，生态优势显著。

3.8.2.2 产业调查分析

区域南部有高校和电子设备、乳品等多家行业龙头企业，已初步形成总部集聚区，周边高新技术产业基础良好；周边国家级经开区制造产业基础优势显著，在先进智能制造高地的发展目标下，智能赋能制造业需求及市场广阔，现已入驻企业 3 000 余家。已形成智能终端产业链、新一代半导体产业链、绿色食品产业链、先进硬质材料产业链、新型轻合金产业链、先进储能材料产业链、生物医药产业链七条产业链。

3.8.3 片区绿色发展策划方案

结合产业宏观政策趋势、区域产业基础、环境资源禀赋，匹配项目自身资源及发展诉求，新区重点发展智能制造（研发）以及生态休闲融合发展的一主一特产业体系。主导产业是智能制造，打造以智能终端、生命健康为发展方向，以大数据、云计算、物联网等新一代信息技术及生物医药、基因工程、细胞工程等生命科学技术为主导的主导产业体系；特色产业是生态休闲，布局“一园一带三中心”，围绕滨水主题、休闲娱乐与文化创意三大主题，同时与现代服务业功能充分融合，引领城市生态休闲新方式，满足高端人才对人居环境、人文环境的高品质追求。

综合上述产业体系发展方向，新区总体定位围绕“3T”人—城—产的发展理念，即国内外高素质人才集聚区、国际化多元生活方式和多元文化交融的生态城市、高新科技汇聚的智慧产业创新发展平台，成为面向世界、展示未来的，集智慧科创、生态休闲、都市服务、人才集聚于一体的大美公园城市样板。

3.8.3.1 产业项目

3.8.3.1.1 智能制造产业

产业介绍：智能制造（Intelligent Manufacturing，IM）是一种由智能机器和人类专家共同组成的人机一体化智能系统，它在制造过程中能进行智能活动（如分析、推理、判断、构思和决策等）。该项目所在城市智能制造产业各个环节零散分布于各个园区内，目前已有高新园区内发展态势较好，但或偏重软件研发或偏重工业互联网，总体来说，该新一线城市智能制造行业处于发展初期，缺乏具有强大带动力的智能制造核心园区，产业链核心技术及关键研发环节缺失明显，是该项目进入的重要空间。

产业策略：针对该新一线城市整体智能制造发展情况，结合周边国家级经开区未来先进智能制造发展定位，以及该项目区域自身条件禀赋，对该项目重点发展建议在智能制造产业技术研发运营、智能制造整合服务环节，主导发展大数据及云技术研发/服务环节以及智能制造服务龙头企业。其中，以智能制造（大数据云计算及集成系统）为核心，重点发展技术研发创新及多领域的技术应用服务，形成该项目的核心产业优势及吸引力。具体措施有：一是在现有产业基础上招大补强，扩大在大数据及云计算环节的产业优势及技术壁垒，打造产业发展核心基础；二是针对目前智慧产业龙头集成企业进行定向重点招商，最终形成应用层智能制造领域集成商总部集聚；三是针对周边经开区未来先进智能制造业高地定位所产生的服务需求，引入硬件生产及原材料供应商以及智能设备租售供应商。

产业预期：根据区域“十四五”发展规划分析，工业发展主要依托于经开区，产业链强链、补链、融链诉求明显，以智能制造融合赋能已有产业集群，打造全新一代产业链格局的市场进入空间明显。

首先，在生命健康产业链中，在原料药领域已有一定规模的基础上，原料药和药用辅料生产集群已形成，其核心研发能力及核心收益合成药环节短板明显，是未来发展主要方向，新型药物研发及合成药生产为趋势。其次，在智能终端产业链中，以华为、证通电子为代表的终端生产、大数据储存、整机生产等已形成规模，但随着整机市场扩张放缓，未来行业发展突破口聚焦于以芯片、半导体及人工算法为代表的核心技术及零部件的研发生产领域，核心零部件研发及生产成为趋势。最后，在新型材料产业链中，借助智能制造及人工智能技术能极大减少开发和应用试点周期成本，同时新材料的智能化生产也是产业未来突破的重要方向。

智能制造的龙头产业项目及科研平台沿江布置，创新孵化企业及展示交流项目环湖布置，生命健康产业项目临综合医院布置。智能制造产业亮点项目主要有承接中大型总部企业办公、展示及交流需求的国际创智总部；为区域内企业提供商务服务及商务会议服务功能的智慧产业服务中心；为产业相关初创企业提供一系列服务支持的国家高新技术孵化器（含办公）；集聚行业龙头企业和顶尖科研院所设立联合实验室，发挥研发能力优势，培养企业自身的研发技术人员的智慧城市实验室及工程中心等，以及海归学院、海归双创基地（含办公）等。

3.8.3.1.2 生态休闲产业

本市旅游市场中生态风光类和历史文化类游乐项目同质竞争激烈，市场较为缺乏参与感和体验感强的特色文化旅游产品。在旅游项目中，生态观光产品均是森林公园，其历史文化产品多为单一的文化建筑，主题公园也集中在周边休闲度假区，定位发展成为国际性旅游目的地；而文化旅游产品多为生态休闲游憩或者文化艺术展示，主题单一，参与感体验感欠缺。针对新区生态环境好、交通通畅且旅游资源多，但缺乏文化底蕴的古镇群，考虑其差异化竞争，该项目发展特色文化旅游产品，增加游客参与环节，增强体验感，与周边公园差异化、竞争化；同时采取与周边生态旅游板块协同互补的策略，以“生态+特色商业”为方向，增设如发展互动式、体验式动态项目，控制发展风景文化类静态项目，形成统一主题的集娱乐、消费、休闲、度假于一体的滨水活力都市文旅目的地，以扩大吸引力。

生态休闲产业，主要按照“一园一带三中心”布局，将文体设施与沿江风光带结合，建设湿地公园、滨水艺术中心、滨水体育中心和智慧展示中心等亮点项目。

3.8.3.1.3 都市服务产业

都市服务业的发展，主要围绕服务人口需求，建立具有独特个性的居住、医疗、教育、商业、商务等生活配套功能体系，为产业发展所需要的高端智力人才提供全方位的城市服务。

该项目所在新区住宅市场最为火爆，办公市场中供应及价格在市内均垫底，星级酒店类型单一提质空间较大，由于投资门槛低成为商业主力成交区之一。因此，为契合新区规划高端人才产业园发展，建设服务高端产业人才的国际社区。具体策略：一是在商务方面，围绕智能制造产业发展特色主题办公；二是在商业方面，结合地铁及居住社区打造社区级商业，打造文旅商业；三是在酒店方面，结合高端商务客群需求，打造生态型精品商务酒店；四是在教育方面，重点引入重点高中和国际学校，同时完善基础教育配套；五是在医疗方面，配合市级医院，延伸打造生命健康产业；六是在住宅方面，结合区域优越区位和生态资源，打造第四代住宅等生态型社区和智慧社区等。

都市服务业亮点项目主要有：涵盖国内名校升学通道和国际名校升学通道，为学生提供多元的升学选择的国际双语学校；引入国际知名医疗资源，以及高端医疗设备，提供最优质一站式综合医疗服务的生命健康中心；将休闲购物、娱乐体验、快消零售、演绎活动等业态所需空间与自然艺术结合，重新定义城市—人—自然的关系的湖滨购物公园；专注服务于区域内大量的优秀年轻人才的高端人才服务公馆等。

3.8.4 片区开发建设

该项目整体开发目标为通过“生态立名—产业立势—产城融合”3 个阶段发展，按照“三年初见成效，五年初见规模，十年基本建成”的发展目标，打造一个产、城、人融合的生态智慧新城，形成新城市客厅和兼具生态和产业特色的城北新引擎。该项目开发难点：一是前期拆迁及基础设施投资额高，造成运营资金压力大；二是未来同类新城项目土地供应大，市场潜在竞争激烈；三是项目地区人气不旺，高素质人口凝聚力仍较弱，商业商务运营难度大，土地运营缺乏亮点及引擎带动。基于以上难点，该项目开发采取环境先行、产业引擎拉动、产业分期及产城同步策略。其中环境先行是指环境改造先行，提升区域整体环境，启动区重点聚焦景区的开发，增强区域吸引力，减少区域抗性；产业引擎拉动是指通过引擎项目的塑造，形成资源的聚合点，强力引爆市场；产业分期是指根据不同产业实施策略及招商路径，分期实施，结合土地开发分期，每个阶段配置产业的引爆点；产城同步，是指同步开发生活性配套产品和住宅产品，以完善的配套设施，增强区域认同感，吸引人口集聚，产城同步，同时可以平衡前期开发现金流。

项目的开发模式采取“政府引导、市场运作、产业主导”的方式，由政府平台公司联合社会资本，打造载体建设、产业投资、招商运营三大平台，“三位一体”共同负责智能制造产业园区的产业开发和运营。

总体开发次序，首先是引擎拉动，由南向北开发，同时分阶段分时序打造引擎亮点项目，提高片区知名度，提升土地热度。片区开发分四期：一期以湖景、教育资源及智慧产业为引擎，带动启动区开发；二期完善滨江景观带及智慧产业总部，完成新区南片区开发；三期、四期以 D 湖周边都市文旅商业、智慧创新产业园及国际学校等为引擎，进行北片区开发。

3.8.5 片区开发项目实施

项目的产业招商策略采用政府主导，招商龙头企业，设定四大门槛，企业入驻后，由园区运营管理引导基金运营，产业扶持基金入股孵化器，加快成果转换，助力区域实体经济发展，制造业做实做强。

在招商过程中，具体的保障措施如下：首先，产业主题需要聚焦，一是要明确招引产业方向和“两端”产业环节，专做智能智造及智能终端、生命健康及新材料，只聚焦“研发”和“应用”等产业链两端，明确片区产业主题，避免随意招商零散招商，努力使片区产业形成集聚效应；二是“宁缺毋滥”严格审核，详尽背景调查，如园区运营团队制定严格的审核标准，针对每一家申请企业有翔实的背景调查环节。其次，要丰富企业服务生态，一是专业运营团队，合理完善基础设施配套，如客户服务中心，专门对接企业和员工系列需求；二是丰富资金、人才、专业咨询等服务，如资金端统一打包6家小型企业需求合并融资招标，联合中国银行设立科技支行，开通园区金融特批，专业咨询端成立“园区上市办”专业辅助企业成长上市等。最后，建立园区信息化网站，一是园区内部设立公共信息网站、企业LED服务平台、数字化发布中心等，联立园区企业，从行业招商；二是内部园区企业联谊，通过园区搭建平台建立互利互联的沟通桥梁，助力企业互帮互助型发展。同时政府提供招商运营支持、科技支持、金融支持和政策支持辅助招商，并鼓励片区政策创新，引进海归人才和项目、加速建设产业国际孵化器等政策突破。

3.8.6 项目成效

项目规划以“智能制造（研发）”为主导产业，以“生态休闲”产业为特色产业，“都市服务”为配套支撑，在整个产业布局中，绿色理念贯穿其中。在智能制造产业方面，多引入科技创新的智能生产企业，而非传统的环境污染型制造业，如有生产生命健康产业药品及药械创新研发及智能技术融合发展研究中心功能的材料工程实验室、生物医药研发中心、细胞/基因工程实验室等；在特色产业生态休闲方面，重点强调绿色发展理念，围绕湿地公园，建设沿江智慧城市风光带、湿地生态公园、现代艺术中心、智慧展示中心、智慧城市风光带和全民体育中心，布局“一园一带三中心”围绕滨水主题、休闲娱乐与文化创意三大主题，同时与现代服务业功能充分融合，引领城市生态休闲新方式，满足高端人才对人居环境、人文环境的高品质追求；在都市服务方面，融入绿色理念，结合湿地打造文旅商业，打造生命健康产业，强调结合区域优越区位和生态资源，打造第四代住宅等生态型社区和智慧社区。整体目标为用绿色理念打造以高端人才集聚为原动力，以智能制造产业为主导，宜居宜业、产城融合、生态友好、合作开放的国际化新区范本。